rowohlt
POLARIS

ANTJE JOEL

JAGD

UNSERE VERSÖHNUNG MIT DER NATUR

ROWOHLT POLARIS

Originalausgabe
Veröffentlicht im Rowohlt Taschenbuch Verlag,
Reinbek bei Hamburg, März 2018
Copyright © 2018 by Rowohlt Verlag GmbH, Reinbek bei Hamburg
Lektorat Sophie Ewald
Umschlaggestaltung Hauptmann & Kompanie Werbeagentur, Zürich
Umschlagabbildung Steve Wisbauer / Getty Images;
Umschlaginnenseiten Hauptmann & Kompanie Werbeagentur
Abbildungen im Innenteil David Bowman, Pixabay / Pexels.com
Satz aus der Documenta, InDesign, bei Dörlemann Satz, Lemförde
Druck und Bindung CPI books GmbH, Leck, Germany
ISBN 978 3 499 63279 2

INHALT

«Unsere Vergesslichkeit ist hauptsächlich das Produkt von Supermärkten. Wo wir uns von den Regalen Stücke verarbeiteter Pflanzen und Tiere nehmen, die versteckt sind in Kisten, Dosen und Verpackungen – und in uns die Illusion erzeugen, dass wir essen können, ohne zu ernten; dass Leben erhalten werden kann, ohne dass jemand dafür sterben muss; dass unsere tägliche Existenz nichts mit der Erde zu tun hat. Und dass wir uns von allen anderen Organismen grundlegend unterscheiden.»

RICHARD K. NELSON: A HUNTER'S HEART

SAINT JOE RIVER

IDAHO 2017

DIES IST DAS ENDE. Die letzten, lächerlichen Minuten. Mein Leben, da rauscht es an mir vorbei, mit hundert Sachen, eiskalt, schmerzhaft. Oder eigentlich: rausche ich vorbei an ihm. Fliege dahin, über weites Weiß. Durch die Dämmerung, durch das Nichts. Ich bin ein Niemand, bin schon weit weg von allem. Und allen. Am weitesten von mir selbst. Noch bin ich nicht tot, was unfassbar ist, aber es gibt kein Leben mehr, nicht mehr wirklich, nicht für mich. Für mich herrscht Stillstand. Bei fünfundsechzig Meilen, hundert Kilometern in der Stunde, mindestens. Was es in diesen Minuten noch gibt: Motorenlärm. Benzingestank. Fahrtwind, der in meinen Augen brennt und in meine Wangen schneidet. Schwarze Fichtenwaldmasse. Felsen. Eine Uferböschung, nah, viel zu nah, keine dreißig Zentimeter. Und jenseits von ihr, in der Tiefe, der Fluss. Saint Joe River.

Vor mir ein Körper, um den ich die Arme schlinge. Tarnfarbene Kleider, in die ich nutzlos meine Finger kralle. Das Visier eines Helmes, meines, das gegen den Helm vor mir schlägt und meinen Kopf in die Schräglage zwingt. Und da ist der Lauf eines Gewehrs. Es ragt über das Schultermassiv vor mir. Verrutscht, wird zurechtgerückt. Einhändig. Alle paar Meter. So wie ich mich einhändig auf dem Sitz des springenden, fliegenden Schneemobils alle paar Meter zurechtrücken muss, um nicht in den Kurven vom glatten Leder zu rutschen. Um nicht gegen die Felswand oder über die

Böschung katapultiert zu werden, wenn wir über den nächsten Schneehügel krachen. Ich denke: Ich kann nicht mehr. Wir rasen hier so seit Stunden, immer haarscharf an der Kante. Rasiermesserwind auf den Wangen und in den Augen. Oberschenkel, die von der Anstrengung, an Bord zu bleiben, zittern. Vor Kälte und vom Klammern schmerzende, lahme Finger. Ist das alles noch meins, gehört das noch mir, bin das noch ich?

Ich denke: Egal.

Ich denke: Lass dich fallen.

Ich denke: Das war's.

Ich denke: Sicher, einer hätte hier heute sterben sollen. Aber doch bitte nicht ich!

Ich muss an Debbie denken, der ich das hier zu verdanken habe, und daran, wie sie mich ein paar Tage zuvor am Telefon hoffnungsfroh gefragt hat: «Wie sind die da oben denn so? Ganz okay oder eher so ein bisschen furchterregend? Wie in *Deliverance*?» Sie meinte den Filmklassiker aus den frühen Siebzigern von Regisseur John Boorman. Der geht so: Vier Geschäftsleute brechen aus Atlanta zu einem Kanutrip auf dem Cahulawassee River auf, um noch einmal seine Schönheit und die Abgeschiedenheit der Natur ringsum zu genießen, bevor der Fluss per Dammbau geflutet wird. Nur zwei der Jungs haben Wildniserfahrung. Und die von der Wildnis geprägten, isolierten, inzestgeschädigten Einheimischen erweisen sich als so gefährlich wie die Natur selbst. Nur drei der Stadtburschen überleben. Der vierte wird erschossen. Oder ertrinkt im Fluss. Oder beides, in Kombination. Das lässt sich später für seine Begleiter nicht genau rekonstruieren.

Natürlich ist es hier oben in Nordidaho nicht wie in den Südstaaten, geschweige denn wie in Boormans Film. «Alle sind wahnsinnig nett, und kein Einziger ist debil oder sonst wie gefährlich», habe ich zu der enttäuschten Debbie gesagt. Und das war wahr. Der Grund, dass ich jetzt dennoch an Debbies Frage und den verfluchten Film denken muss, ist die Tatsache, dass darin einer ersäuft. Und dass der Film auf Deutsch *Beim Sterben ist jeder der Erste* heißt. Wie blöde passend das ist, darüber würde ich sehr gerne lachen. Aber erstens kann ich nicht mehr. Und zweitens ist es hundsgemein traurig, dass, weil ich jetzt und hier beim Sterben tatsächlich die Erste sein werde, ich keinem mehr von diesem lustigen Rendezvous von Hollywoodtitel und Wirklichkeit werde erzählen können. «Weißt du, das Leben ist eine blöde Sau», hat mein alter Freund Bernhard immer gesagt. Und das ist es doch oft genug wirklich. Ich meine: Es gönnt einem nicht mal diese platte, kleine Pointe. «Ich bin froh, wenn es endlich vorbei ist», sagte Bernhard auch. Und ich denke: Ich wäre froh, wenn ich darüber froh sein könnte. Denn dann könnte ich jetzt loslassen. Vom Schneemobil rutschen. Mich von seinem Sitz in die weiße Wildnis katapultieren lassen. Aus und vorbei. Stattdessen klammere ich mich an die Falten von Roberts Tarnanzug, als hätte ich tatsächlich Grund zur Hoffnung. «Wie eine Ertrinkende an eine Ziege!», hat meine Omma immer gesagt.

Wie lange noch? Wie weit bis zurück zum Parkplatz, zum Truck? Wie weit sind wir schon gefahren, über wie viele Kilometer, für wie viele Stunden? Ich weiß es nicht. Jeder Teil der Strecke sieht aus wie der vorherige. Eine endlose Aneinanderreihung von Kurven und Windungen um die Felswand zur Rechten. Immer mit dem Fluss tief unten zur Linken. Schnee, Wald, Dämmerung. Zeit und Raum. Alles ist nichts. Die einzige Stelle, die sich für mich von allen anderen Stellen in diesem Winter-Wildnis-Einerlei unterscheidet, die ich mir zutraue zu erkennen, ist mein Unglücksort. Die Stelle, an der Robert vor Stunden seinen Spaten in den Schnee an der Überböschung gesteckt hat, um sie für die Bergung des nun im Fluss schwimmenden Schneemobils am kommenden Tag zu markieren. Der Ort, an dem ich dachte, ich hätte das für den Tag Schlimmstmögliche erlebt und überstanden. Und von dem wir dann, jetzt zu zweit auf einem Schneemobil, weiterrasten. Tiefer in die Wildnis, in meine Verzweiflung hinein. Haben wir diese Stelle jetzt, auf dem Rückweg, schon passiert?

Ich habe immer gedacht, dass die Natur mir die Angst vor dem Tod nehmen könne. Meine fürchterliche, lähmende, rasende Angst. Ich glaubte allen Ernstes, draußen, in der Natur, könne mir der Tod nicht wirklich etwas anhaben. Ich meine: psychisch. Ich stellte mir vor, dass, wenn es einst so weit wäre, mir das Sterben unter freiem Himmel weniger ausmachen würde. Dass ich es dort als Teil meiner Selbst und des großen Ganzen würde annehmen können. Weil ich ein Teil dieses großen Ganzen sei und es, wenn auch in anderer Form, im Tod bliebe. Und wirklich: Wenn ich mit den Hunden im Wald spazieren ging, bei meinen Pferden war oder am Meer herumsaß, erschien mir mein Sterbenmüssen wunderbar nichtig. Statt der alten verzehrenden Angst und Hoffnungslosigkeit spürte ich einen großen Frieden. Na ja, denke ich jetzt, war ein Selbstbeschiss, alt wie die Zeit. Jetzt, wo das Sterben jede Sekunde Wirklichkeit werden wird und mir der Arsch auf Grundeis geht. Natur ringsherum hin oder her.

Das Schneemobil kippt nach rechts. Die linke Kufe löst sich von der Schneedecke. Für einen Augenblick sehe ich über Roberts Schulter hinweg ihre Spitze grotesk in das Himmelsgrau ragen. Dann wirft sich Robert vor das Bild, nach links. Ich werfe mich mit. Unsere Körper schießen waagerecht über den Schnee hinweg, unsere Köpfe kurz vor der Kliffkante. Jenseits von ihr, in der Tiefe, der Fluß. Ich gebe einen Laut von mir, von dem ich nicht wusste, dass ich ihn in mir hatte. Ein tiefes, aus der Lunge gepresstes Klagen. Der Motor des Schneemobils röhrt. Es rast, unseren Bemühungen zum Trotz, noch immer auf einer Kufe dahin, und für einen Wimpernschlag denke ich, ich will weinen. Weil das Leben eine blöde Sau und das alles hier so verflucht dämlich und lächerlich ist. Weil wir jetzt jeden Augenblick über die Kante rauschen und ich doch noch in den schwarzen Februarfluten des Saint Joe Rivers ersaufe. Obwohl ich ihm heute schon einmal allerknappstens entkommen bin. «Dem Tod noch mal gerade so von der Schippe gesprungen!», hat meine Omma immer gesagt.

Meine Omma war die weltbeste Dem-Tod-von-der-Schippe-Springerin. Ohne sich auf ein Schneemobil oder auch nur einen Fuß in die Wildnis zu setzen. Das hatte Omma nicht nötig. Sie war einfach nur dick, so richtig. Und herzkrank. Das ist lebensgefährlich genug. Ich kann nicht zählen, wie oft meine Eltern in meinen Kindertagen des Abends mit ernsten Mienen bei mir auf der Bettkannte saßen und sagten: «Mach dich gefasst, deine Omma wird diese Nacht nicht überleben.» Ich machte mich gefasst. So gut das als Neun- und dann Zehn- und dann Elf- und dann Jedes-Jahr-wieder-Jährige geht. Jedes Mal kam der Morgen, und Omma war noch da. Sie frohlockte: «Da bin ich dem Tod wieder von der Schippe gesprungen!» Das eine Mal dann, das sie nicht sprang, war kein Mensch mehr darauf gefasst. Sie schlief am Abend ein, ganz normal, und ratzte dann einfach so weg, für immer. Am Morgen wachte nur noch der Oppa auf, in den Kissen gleich neben ihr. Er schüttelte sie, rief immer wieder ihren Namen und wollte es partout nicht glauben. Die scheußliche Moral von Ommas und überhaupt jedermanns Geschichte ist: Egal, wie oft du dem Tod von der Schippe springst, kein Sieg über ihn ist endgültig. Irgendwann kriegt er dich und uns alle. Das weiß jeder, das weiß sogar ich. Und doch kann ich's jetzt, wo es so weit ist, nicht fassen.

Warum ich? Warum hier? Warum jetzt? Ich bin nicht herzkrank, nicht dass ich's wüsste. Und nur ein ganz kleines bisschen übergewichtig. Fürs Erste habe ich nur Asthma. Das hat in meiner Familie sonst keiner. Es ist auch nicht wirklich schlimm, keine pfeifende, rasselnde Rund-um-die-Uhr-Atemlosigkeit. Ich pfeife und rassele und schnaufe nur, wenn ich mich körperlich anstrenge. Oder im Kopf unter Stress gerate. Meine Asthma-tabletten, «Davon nehmen Sie morgens und abends je eine», habe ich darum so gut wie abgesetzt. Na ja, nicht nur darum. Nicht in erster Linie. In erster Linie war es so: Die Vorstellung, von nun an auf immer und ewig täglich zwei Pillen schlucken zu müssen, ging mir mehr auf den Keks als meine Schnauferei. Sie behelligte mich mit dem Gefühl, ich sei alt. So gut wie am Ende. Ich fühlte mich, als mutiere ich hinterrücks, über die Asthma-Schiene, zu meiner Mutter und Omma.

Und dann haben wir plötzlich genug Gewicht, und das Schnee-mobil kippt zurück, nach links. Auf den letzten Rutsch. Rast wei-ter auf zwei Kufen. Über den Schnee, durch die Fichtenwaldfins-ternis. Immer noch haarscharf an der Kante. In diesem Moment sehe ich ihn: den Spaten. Er steckt aufrecht in der verschneiten Böschung neben dem Trail. Wir haben ihn nicht passiert, haben ihn nicht übersehen. Sein Anblick erstickt in mir jede Hoffnung. Ich weiß jetzt, was ich die letzten Minuten über nicht wissen wollte: Es sind noch sechzig Kilometer zurück zum Truck. Vier-zig Minuten. Ich weiß jetzt: Wir werden es nicht schaffen. Ich werde es nicht schaffen. Es ist vorbei. Schluss mit dem famosen Selbstbeschiss und der Kasperei. Ich bin kein Überlebenskünstler. Kein knallharter Outdoorbrocken. Ich bin ein «Naturfreund» in Anführungsstrichen. Ein Mensch, der an die heilige Verbunden-heit mit der Natur, Vibram-Sohlen und Goretex glaubt. Und der überrascht feststellt, dass der Fünf-Kilometer-Spaziergang ihn trotz Zweihundert-Euro-Boots aus der Puste bringt. Und dass der Regen trotz Goretex nass ist.

Ich denke an meine Tochter. Meine mittlere, unglaublich fitte Tochter. Die jeden Tag zäh ihr Sportprogramm abreißt und die vor ein paar Wochen, als ich großartig verkündete, dass ich nach Idaho reisen würde, um in seinen entlegenen, derzeit tiefverschneiten

Bergwäldern mit ein paar Trappern auf Jagd zu gehen, die Stirn runzelte und sagte: «Dann solltest du vorher unbedingt mit mir trainieren, damit du fit bist!» Ich fand das ein wenig herablassend, hielt es aber grundsätzlich für eine gute Idee. Leider kam dem Trainingsbeginn stets etwas dazwischen. Die Arbeit. Der Einkauf. Ein Buch. Ein Film. Das Internet. Und vor allem anderen die Erinnerung an frühere Trainingsversuche. Daran, wie mein Schwitzen und Keuchen und Klagen in einem überraschenden Gegensatz zu meinem «relativ fitten» Selbstbild stand. Und so ist meine letzte Erinnerung an diese Tochter, wie sie sich erbost umdreht, davonstapft und ruft: «Dann stirb doch demnächst da oben, auf deinem blöden Berg!» Ist das Reue, was ich jetzt empfinde? Oder nur Selbstmitleid?

Ich denke: Ich bin kein Jäger. Ich war seit Ewigkeiten nicht mehr auf der Jagd. Hatte schon vor Jahren scheinbar jedes Interesse an ihr verloren. Meine Waffen verkauft. Vorbei. Ich dachte, das lag daran, dass die Jagd, so wie ich sie in braven deutschen Wäldern erlebt hatte, nicht meinen Vorstellungen von ihr entsprach. Nicht: lebhaft, natürlich, erfrischend. Sondern: behäbig, steril und altbacken. Ich dachte, es lag daran, dass ich mit den Jägern, wie ich sie in ernüchternder Überzahl kennengelernt hatte, nichts gemeinsam hatte. Dass ich ganz anders war als sie. Im besten Sinne. Jetzt, hier, in der echten Wildnis, mit echten Jägern, auf echter Jagd, so wie ich mir immer vorgestellt hatte, dass die Wildnis, die Jagd und die Jäger sein müssten, stellt sich eine Art Vibram-Goretex-Déjà-vu ein. Kalt und schmerzhaft. Und ich denke: Was, wenn das der wahre Grund meines einstweiligen Abschiedes von der Jagd war? Weil ich nicht anders, sondern haargenau wie die anderen bin? Der italienische Autor und Philosoph Umberto Eco hat einmal gesagt, dass, wann immer wir unsinnig denken, reden, handeln, wann immer wir uns selbst betrügen, wir «an den harten Kern der Realität und an die Linien des

Widerstands stoßen». Das ist tröstlich. Nur manchmal stoßen wir uns offenbar zu spät.

Ich denke: Die Natur, ich, das war alles ein Missverständnis. Es gibt zwischen uns keine Verbundenheit. Wir sind kein großes Ganzes. Es gibt nur die Natur, in ihrer Allmacht und Gleichgültigkeit. Und es gibt mich und mein absolutes Darin-verloren-Sein. Ich will das alles nicht mehr. Nicht mehr Angst haben und nicht mehr hoffen. Ich will absteigen, mich fallen lassen. Mich auf den harten Schnee betten, in der fremden, feindlichen Dunkelheit. Ich will ein Ende. Wenn's sein muss, das meine. Es ist kein Gefühl der inneren Ruhe. Nur trostloses Scheißegal. Hoffentlich faselt bei meiner Totenfeier keiner: «Wenigstens starb sie in der Ausübung einer Tätigkeit, die sie liebte!» Hätte ich das letzte Wort, könnte ich noch eine einzige Botschaft vermitteln, es wäre diese: «Meine Lieben, das war mir in den letzten Minuten ein beschissener Trost!» Nämlich: keiner.

Das Schneemobil springt über einen Buckel gefrorenen Schnees. Kracht auf der anderen Seite auf. Der Aufprall katapultiert mich um ein Haar vom Sitz. Ich hänge an der Seite, an Robert. Wie eine Ertrinkende an der Ziege. Für ein paar Sekunden nur, dann ziehe ich mich mit aller Kraft zurück. Meine Finger in die Falten von Roberts Tarnanzug gekrallt. Meine Beine vor Anstrengung zitternd. Irgendetwas in mir hält hier verflucht und verzweifelt fest. Ich denke: Gegen meinen Willen! Oder? Ich bin nicht sicher. Robert zieht an dem Gewehrriemen über seiner Schulter, ruckt die Waffe vor seiner Brust zurecht. Er dreht sich zu mir. Die Hand unvermindert am Gas. Er lacht. Brüllt Unverständliches über dem Motorenlärm. Ich will ihn bitten, nach vorn zu sehen. Ich will ihn bitten, langsam zu fahren, langsamer, wenigstens das. Ich will ihn bitten, inständig, beide Hände am Lenker zu lassen. Und weil ich längst weiß, dass das alles sinnlos ist, werde ich ihm einfach nur sagen, dass er mich absetzen soll. Gleich hier. Auf der Stelle. Ich halte es keinen Meter weiter aus. Aber wunderlicherweise brülle ich nur über seine Schulter zurück: «Was?!» Robert dreht sich wieder um. Hand am Gas. Und jetzt, beim zweiten Mal, verstehe ich, was er brüllt: «Genießt du die Fahrt?!»

ERSTER WAFFENKONTAKT

NORDFRIESLAND 1999

MEINE JÄGERKARRIERE, wenn sie denn eine war, folgte einem jeder profanen Logik entbehrenden Zickzackverlauf. Ich bin im Weserbergland aufgewachsen, am Rand des Sollings, einer wald- und wildreichen Gegend in Mitteldeutschland. Ich weiß nicht, ob das allein eine gute Voraussetzung fürs Jägerwerden ist. Auf jeden Fall impfte es mich mit einer lebenslangen Sehnsucht nach Wald.

Einmal war ich für ein Magazin auf den Shetlandinseln unterwegs, einer kargen, windgefegten Inselgruppe oberhalb Schottlands. Ich fuhr mit dem Mietwagen kreuz und quer über die Insel, sah mir alles an, war rechtschaffen begeistert, wie man von der Fremde eben leicht zu begeistern ist. Es gab endlose, braungelbe Heidehügel, gesprenkelt mit dem Weiß von Schafen. Es gab Klippen und ein Meer, das gegen schroffe Felsen schäumte. Es gab Papageientaucher, die berühmten Ponys, eine Ortschaft namens «Gott» und das Hinweisschild dorthin: «Gott – 2 km». Ich fuhr ihm neugierig nach. Dann, weil bei Gott nichts los war, immer weiter, so weit, wie man auf kleinen Inseln eben fahren kann. Ich suchte etwas. Irgendetwas fehlte. Das begriff ich in dem Moment, als ich es fand: eine Baumgruppe, krumm und schief und erbärmlich, mitten in der Heidewüste. Kein Wald, aber immerhin Bäume. Es waren die einzigen auf den Inseln.

Als ich am nächsten Tag den Fotografen vom Flughafen abholte, brachte ich ihn geradewegs zu den paar Bäumchen. Auf der Fahrt sagte ich: «Ich habe da etwas Tolles gefunden. Das muss ich dir zeigen. Wart's ab!» Er ließ sich von meiner Begeisterung anstecken, war voller Neugier. Und stand dann fassungslos vor meinem Glücksfund. Er war Schweizer. Er warf einen Blick auf die krüpplige Gruppe mit ihren krummen, dürftig belaubten Ästchen, dann einen Blick auf mich, dann sagte er: «Weißt du, in der Schweiz haben wir sehr viele Bäume. Ich meine: so richtig dichte Wälder.» Das wusste ich, klar. War ein paarmal schon in der Schweiz gewesen, hatte als Kind auch *Heidi* gelesen. Ich dachte: Eben deshalb ja musste er diesen Miniwald hier doch so toll finden wie ich! Aber ich sagte nichts mehr. Wir fuhren wortlos zurück zum Hotel. Ich glaube, wir waren beide ein bisschen enttäuscht.

Ich war das tierverrückte Kind eines Paares, das sich, um seine Sofas und starren Gemüter zu schützen, gegen jede Tierhaltung sträubte. Entsprechend verzehrte ich mich nach einem Hund. Meine Eltern gestatteten einen Wellensittich. Als ich acht war, kaufte ich heimlich einen Hamster. Drei Euro, von meinem Taschengeld. Ich versteckte ihn in einem Pappkarton unter meinem Bett. Wie ich meinte: erfolgreich. Bis mein Stiefvater beim Zubettbringen übergangslos sagte: «Und morgen ist das Vieh da unter deinem Bett wieder verschwunden!» Er ließ sich dann, mit viel Betteln und Tränen, doch noch erweichen. Ich kaufte dem Hamster einen Käfig, ein Haus, ein Laufrad. Eine Woche darauf hatte er sich das Leben genommen. Klemmte eines Nachts unbemerkt unter dem Laufrad fest und war doch immer weiter und weiter gelaufen. Als ich ihn morgens fand, war er eine platte Wurst.

Ich weiß nicht, ob es vor oder nach dem Hamstertod war, dass ich meine Fähigkeit entdeckte, mit Tieren zu sprechen. Natürlich nicht hörbar, mit Worten. Nicht, wie ich mit meiner Mutter, dem Stiefvater, mit Lehrern und Schulfreunden sprach. So nichtssagend und alltäglich war meine Beziehung zu den Tieren nicht.

Ich verband mich mit ihnen exklusiv, mittels der Übertragung von Gefühl. Über den Geist. Über unsere Seelen. Damals glaubte ich noch an die Seele. Ich war das katholische Kind einer katholischen Mutter, aufgewachsen in einem katholischen Dorf. Das reichte. Hätte damals einer vorgeschlagen, dass meine Tier-Seelen- Durchgeistigkeit mit meiner frühen Katholizismusvergiftung zu tun hatte, ich hätte gelacht. Vielleicht auch getobt. Damals als Kind und noch viele Jahre später. Als Kind, weil ich glaubte, mein Verbundenheitsgefühl sei etwas ganz Eigenes. Später, weil ich gern klüger gewesen wäre als der gewöhnliche «Spirituelle».

Wenn ich als Kind an einer Weide vorbeiging und die Pferde aus der hintersten Weidenecke dicht an den Zaun kamen, wusste ich: Das taten sie wegen mir. Weil ich diese besondere Ausstrahlung, eine spezielle Verbindung zu ihnen hatte. Weil ich speziell war. Ganz und gar anders als alle anderen. Die Kinder, die neben mir am Zaun standen, waren Kinder, die naiv ein paar Ponys streichelten. Ich war diejenige, wegen der die Ponys kamen. Von der sie wussten: Das ist sie! Die Ponys und ich sahen einander in die Augen und wussten Bescheid. Mit Hunden ging es mir ähnlich. Logisch. Ich hatte zu allen Hunden in unserer Nachbarschaft dieses geistig-seelische Dingens aufgebaut, über das die Hunde spürten, dass ich eine Weise war.

Ich schöpfte Froschlaich aus Tümpeln, stellte ihn in einer mit Wasser und Moder gemütlich ausgestatteten Schüssel erwartungsfroh auf den Balkon und weinte, wenn nach Wochen statt lustiger Kaulquappen darin nur fauliger Laichbrei schwamm. Ich ließ mich davon nicht entmutigen. Ich schöpfte, wartete, weinte. Jedes Frühjahr ein paarmal aufs Neue. Ich war eine so erfolglose wie unermüdliche Froschzüchterin. Ich vernichtete Froschlaich in Massen und bester Absicht. Ich trug halbtote Igel und aus dem Nest gefallene Vögel heim. Auch die verlausten. Und die noch nackten. Oder anderswie hoffnungslosen. Ich bettete sie in Papp-

kartons, stopfte ihnen selbstgerührten Spinnen-Ameisen-Flie-
gen-Brei in die widerstrebenden Mäuler und schlappen Schnäbel
und schützte sie vor Kälte und Räubern. Und vor meinen Eltern,
die, das hatte ich längst mit Kummer zur Kenntnis genommen,
gewöhnliche Menschen waren, die gewöhnliche Sachen sagten.
So was wie: «Wer weiß, was das Vieh für Krankheiten hat!» Oder,
schlimmer: «Der stirbt sowieso!» Dass sie mit Letzterem meist
recht behielten, sah ich nur den Verstorbenen nach. Wenn überhaupt. Leiden war in meiner Vorstellung von einer gerechten, er-
träglichen Welt nicht vorgesehen. Sterben schon gar nicht.

Und doch pirschte ich, Ponyverstehern, Hundeverbundene,
Tiermutter-Teresa, regelmäßig mit selbstgebasteltem Bogen und
Pfeilen hinaus in den Wald. Ich suchte die Eingänge der Kanin-
chenbauten. Und, wenn ich sie gefunden hatte, einen Platz für
mich in der Deckung, gegen den Wind. Da saß ich dann, Stunde
um Stunde, weitgehend reglos. Immun gegen Kälte, Regen und
gegen die Zeit. Wenn ich glaubte, am Eingang des Baues ein Ra-
scheln zu hören, wenn ich mich überzeugt hatte, dass ich in seinen
Schatten Bewegung sah, hob ich den Bogen und legte den Pfeil an
die Sehne. Schauer liefen mir über die Arme und über den Rücken.
Ich fühlte den harten Schlag meines Herzens gegen die Rippen
und in meinem zu engen Hals. Meine Hand, mit dem Pfeil im
Anschlag, zitterte. Hätte sich ein Kaninchen aus dem Bau gewagt,
ich – Doktor Doolittle – hätte auf es geschossen.

Ich plante seinen Tod mit der gleichen Hingabe, mit der gleichen Leidenschaft, mit der ich, hätte ich es sterbend am Waldrand
gefunden, versucht hätte, es im Leben zu halten. Es nahm sich für
mich nichts, es war beides das Gleiche. Das verzweifelte Bedürfnis,
Leben zu erhalten, und die Bereitschaft, zu töten, sie entsprangen
beide dem Verlangen nach Kontrolle.

Ich wurde Jägerin in Nordfriesland, gleich an der dänischen
Grenze. Das ist kein Landstrich, der einen, wettermäßig, zu über-

triebenen Außer-Haus-Aktivitäten lockt. Es regnet oft. Es ist oft windig. Im Herbst und Winter rasen Stürme über die flachen, nahezu baumlosen Ebenen und drücken das Meer mit Macht gegen die Deiche. Manchmal auch darüber. Oder, wenn's dicke kommt, mitten hindurch. Ich kannte eine alte Frau auf einem alten Hof, gleich am Meer, die durchwachte die Sturmnächte in jedem Herbst und Winter auf ihrem Dachboden. Sie hatte Stricke um ihre Dachsparren geschlungen, das andere Ende um ihre Hände gewickelt. So saß sie stundenlang allein in der Dunkelheit und Kälte und hielt verbissen ihr Dach gegen das Rasen und Reißen des Sturmes fest. Sie war sechsundsiebzig. Einmal kam sie nach so einer Sturmnacht nach unten: siegreich. Sie hatte alle Sparren gehalten. Dann sah sie: Im Stall stand meterhoch das Wasser. Zwei ihrer Kühe waren ersoffen. Freunde, oder sonst jemanden, der ihr in ihrer Not hätte helfen können, hatte sie nicht. Sie war eine Zugezogene, seit fünfundsechzig Jahren. War in den letzten Kriegsjahren als verirrtes Flüchtlingskind aus dem Ruhrgebiet auf den Hof gekommen. Fand ihre Eltern auch nach dem Krieg nicht wieder, blieb also, wo sie war. Und weil das Bauernpaar selbst keine Kinder hatte, gehörte nach deren Tod der Hof ihr. Ich weiß nicht, ob sie das als Glück empfinden konnte.

Auch ich kam als Verirrte nach Nordfriesland. So wie ich zu den Buddhisten, den Juden und den Cowboys gekommen war. Als Kind hatte ich mit meinen Eltern jeden Feriensommer an der nordfriesischen Küste verbracht. Dass das Wetter dort öfter als anderswo scheiße war, wusste ich also schon. Oder: ich hätte es wissen können, wäre die Erinnerung eine rationale Sache. Stattdessen kaufte ich einen Hof in einem winzigen Friesendorf und stellte mir mein Leben, mit Mann und Kindern, fortan gemütlich vor. Losgelöst von allem. So wie ich meine Kinderferienwochen einst erlebt hatte. Freunde, die mich ungläubig fragten: «In dieses Scheißwetter willst du ziehen?!», belehrte ich mit der Arroganz aller Möchtegern-Erleuchteten und dem Standardspruch meiner Eltern: «Es gibt kein schlechtes Wetter. Nur schlechte Kleidung!»

Meine erste Begegnung im Dorf war, Zufall oder nicht, mit einem Mann in Grün. Er kam die paar Meter vom Haus gegenüber geradelt, in vollem Jägerornat, mit Hund und Knarre, sprang vor unserem Haus ab und lehnte das Rad gegen den Zaun. Ich sah ihm vom Küchenfenster aus zu. Beziehungsweise von dem Fenster, das zu dem Raum gehörte, der einmal unsere Küche werden sollte. Wir wohnten noch nicht wirklich dort. Waren nur eine Woche zum Renovieren gekommen. Mit Kindern – es waren damals erst fünf –, zwei Hunden, Minibus und ein bisschen Sack und Pack. Ich hätte gerne gedacht: «Wie schön, hier will uns der erste gemütliche Friese begrüßen.» Nur leider zitterten mir schon bei seinem Anblick die Knie. Er grüßte nicht oder gab sich sonst wie gemütlich. Er schulterte das Gewehr und blaffte: «Gibt es hier einen Mann!» Ich antwortete wackelig: «Sie dürfen gern auch mit mir sprechen.» Das wollte er nicht. Oder konnte er nicht. Ob das daran lag, dass er so ein alter Knarzfriese war oder Jäger – und zwar einer, wie er im Buche stand – oder einfach nur ein Arschloch oder alles zusammen, weiß ich nicht.

Auf jeden Fall: Ein Mann musste ran! Wenn es denn einen gab. Irgendeinen. Weil: «Verheiratet sind Sie ja sicher nicht!» Das sagte er tatsächlich. Mit Blick auf den Hund, den Kleinbus und mich. «Doch», sagte ich, «seit zehn Jahren.» Ich hatte amüsiert klingen wollen, schaffte aber nur «gekränkt». Er machte ein Wer's-glaubt-wird-selig-Gesicht. Als dann der Mann, der zu jener Zeit rechtmäßig meiner war, endlich da war, konnte der Jäger seine nächste Ausrufefrage stellen: «Ist der Hund da Ihrer!» Gemeint war Schröder, der schwarze Labradorirgendwas, der gerade sein Bein in Fahrradnähe hob. «Der ist meiner!», rief ich, ein bisschen schadenfroh. Und dann ging es los: «Der Hund darf sich nicht unangeleint außerhalb ihres Grundstücks bewegen!» Nein, auch nicht genau vorm Haus, nicht mal einen Meter. Verordnung sowieso, Absatz dies und das. Er hatte sie alle im Kopf und auf Abruf parat. Ich nahm an: für den Ernstfall. Der waren jetzt wir, Schröder und ich. «Sehe ich den Hund außerhalb des umzäunten Grundstücks laufen, melde ich das dem Ordnungsamt. Und der Polizei.» Später lernten wir, dass beide ihn natürlich schon kannten. Zur Genüge. Aber weil er um all die Verordnungen wusste, mit all ihren Absätzen, und weil er ihnen auch sonst furchtbar unangenehm war, sprangen sie doch immer wieder für ihn los.

Schießen durfte er in seiner Eigenschaft als der Jagdpächter auch. Und zwar nicht nur Rehe. «Das hier ist *mein* Revier!» Und zu *seinem* Revier gehörte, wie ich zu meiner Überraschung erfuhr, auch *meine* Weide. Die drei mit Bäumen und Büschen gesäumten Hektar Land hinter dem Haus, auf denen meine Pferde grasten. Wegen denen ich das Haus in erster Linie gekauft hatte. Darauf durfte er herumballern, wie er und seine Verordnung es für richtig hielten. So sagte er es natürlich nicht. Denn er gehörte ja zu den Korrekten. Was er sagte, war: «Das Grundstück ist Teil der Pacht, auf der ich das Jagdrecht ausübe.» Ich konnte es nicht glauben. Ich bezahlte das Land, und dieser grüne Großkotz hier durfte darüber mit seiner Knarre ungefragt herrschen? Wo gab's denn so was! Und nach welchem Recht? Der Großkotz sagte: «Sie müssen sich mal besser informieren!»

Er war noch nicht fertig. Hatten wir etwa auch eine Katze? In diesem Fall: «Sehe ich die mehr als zweihundert Meter von den Häusern entfernt, erschieße ich sie.» Ich hatte – noch – keine Katze. Aber umso mehr Angst um Schröder. Den hatte ich etwa zwei Jahre zuvor von einem groben Mann im fleckigen Unterhemd aus dessen rostigem Baustahlmattenzwinger freigekauft. Da war Schröder schon ein erwachsener Hund. Und mit einem unheilbaren Drang nach Freiheit versaut.

Bevor wir auf das Friesendorf zogen, hatten wir in der Lüneburger Heide gewohnt. In einem Haus mit Ställen und Weide, an einem großen Wald gelegen. In dem ging Schröder gern spazieren. Allein. Wann immer sich die Gelegenheit bot. Sie bot sich immer dann, wenn ich ihn für eine Sekunde aus den Augen ließ. Ich drehte mich um, und zack, Schröder war weg. Nicht mehr zu sehen. Dieser Hund, der sich jedes Mal, wenn ich aufs Klo ging, leise weinend draußen vor die Badezimmertür legte und auch sonst so tat, als könne er keine Minute ohne mich an seiner Seite überleben, konnte gar nicht abwarten, so weit wie möglich von meiner Seite wegzukommen. Rufen half auch nicht. Zumindest nicht, sobald er wusste, dass er außer Sichtweite war. Sobald er in meiner Stimme und meinem Tonfall *hörte*, dass er außer Sichtweite war. So stellte ich mir das vor. Ich versuchte also, ihn zu rufen, als sähe ich ihn. Nicht bittend, mit hoher Stimme: «Schröder? Schröööö-derrrr?!» Sondern im Polterbass: «Schröder! Komm jetzt hierher!» Aber natürlich hörte Schröder nicht nur heraus, dass ich ihn nicht mehr sah. Er hörte auch, dass ich nur so tat, als sähe ich ihn. Er war ja ein Hund. Ich stand dann da, rufend, pfeifend, unerhört, blöde. Und stellte mir vor, wie Schröder, unsichtbar, gar nicht weit, weiter und immer weiter lief. Und musste lachen.

Nach ein, zwei oder drei Stunden kam er zurück. Die ersten Male durchsuchte ich seinen schwarzen Pelz noch nach Blutspuren. Fremden Blutspuren. Nur für den Fall. Aber da war nichts, nie. Und ich dachte: Solange er kein Schaf, Reh oder weiß ich was ermordet und solange er wieder zurückkommt, geht mich eigentlich nichts an, was Schröder in seiner Freizeit macht. Ich gönnte ihm nach den Jahren hinter Baustahlgittern diese Zeit und die Freiheit. Ziellos, zeitlos durch Wald und Feld zu streifen. Tat ich doch selbst gern. Mit Schröder, wenn er Lust auf Gesellschaft hatte. Oder allein. Oder, das am liebsten, zu Pferd. Man sah sehr viel mehr von da oben.

Wenn wir durch die Heide ritten, kreuzten oft Rehe unsere

Wege. Einmal eine Hirschkuh. Die Wildschweine, die des Nachts unseren Vorgarten zerwühlten, begegneten mir dagegen nie. Ich sah nur, wo sie wohnten. Oder wo sie ihre Freizeit verbrachten. Die Zeit, die nicht beherrscht von Nahrungssuche und Fortpflanzungsbusiness war. Etwas abseits des Weges, in einem Waldteil, in dem nur in einigem Abstand alte Buchen und ein paar Eichen standen, wo kein Buschwerk, kein Dickicht, der Wald also licht und sein Boden dauerhaft mit goldbraunem Laub bedeckt war, lag ihre Suhle. Eine morastige, nach starken Regenfällen wassergefüllte Senke. In deren Schlamm wühlten sie und wälzten sich, um sich abzukühlen und ihre Haut mit der später trockenen, harten Dreckschicht gegen Parasiten zu schützen. Die umstehenden Stämme waren auf Wildschweinhöhe weißgrau gefärbt, schlammgestrichen. Ihre Rinde von den Zähnen und schubbernden Leibern der Schweine zum Teil abgescheuert. «Malbäume» heißen sie. Wusste ich das damals schon?

Diesem Ort wohnte etwas inne. Das Pferd schnaubte, scheute, sprang zur Seite. Wollte hier unter keinen Umständen verweilen, am liebsten nicht mal an der Stelle vorbei. Mich zog sie an. «Magisch». Das ist so ein Wort. Aber natürlich hatte der Ort – beziehungsweise seine Wirkung auf mich und das Pferd – nichts mit Magie zu tun. Ich ging oft auf eigenen Füßen dorthin. Grub und stocherte in dem Schlamm, in dem die Schweine gegraben hatten. Fragte mich: Wann? Vor wie langer Zeit? Der Schlamm gab das nicht her. Ich befühlte ihre Spuren. Die Abdrücke ihrer Hufe am Senkenrand. Ich strich mit der flachen Hand über die schlammbedeckten Stämme. Saß eine ganze Weile einfach so da, auf einem Baumstumpf, und stellte mir den Ort vor. Des Nachts, wenn ihn die Schweine beherrschten. Die überhaupt erst von uns, den Menschen, in ein Nachtleben abgedrängt worden waren. Am Tag war nicht länger Platz für uns beide. Der Kulturfolger Schwein hatte sich dem gebeugt.

Nachts, stellte ich mir vor, wäre die Suhle ein anderer Ort. Fremd. Fern. Zugehörig zu einer anderen Welt: der Welt der Schweine. Zu der ich keinen Zutritt hatte. An der ich keinen Anteil hatte. Ich dachte: Das Pferd, schnaubend, scheuend, springend, hatte das gewusst. Und Schröder. Der auf seinen Streifzügen vielleicht auch hierher, zur Kuhle, kam. Allein.

Jäger hatte es selbstverständlich auch in dem Heidewald gegeben. An zwei Samstagvormittagen in jedem Jahr kam der Graf, dem das Haus, der Wald, die Schweine und anderen Tiere darin gehörten, mit einem Traktor vorgefahren. Dahinter hatte er einen Anhänger gekoppelt, oben offen, auf dem sich seine Jagdgesellschaft drängte. Sie sahen genauso aus, wie man sich eine solche Gesellschaft vorstellt: Auf dem Kopf grau und sonst grün, gewandet in Loden und Leder. Mit Knarren, Keksen, Kaffee und anderem Trinkzeugs beladen. Sie stiegen vor unserem Haus vom Hänger, mit viel Halali und Trara. Stiefelten hochherrschaftlich auf und ab. Wickelten Schokoriegel aus buntem Papier und ließen es achtlos auf den Weg vor dem Haus oder in den Vorgarten fallen, schlürften Kaffee aus Pappbechern mit wer weiß was noch drin. Palaverten, schimpften, lachten. Warteten auf die Männer in den Jeeps, mit den Hunden. Waren die endlich angekommen, setzte die Gesellschaft sich ihre grünen Hütchen auf die Köpfe, schulterte ihre Knarren, und dann ging es auf, in den Wald, zu den Schweinen. Hurra. Die Natur sollte was erleben!

Für die Dauer ihres «Jagdvergnügens», so nannten sie es damals noch leichtfertig, war uns «Normalsterblichen» der Zutritt zum Wald verboten. Es drohte Gefahr für Leib und Leben, nicht nur für Schweine. Selbstverständlich verachtete ich das alles. Als «Normalsterbliche». Das war ein Ausdruck, den meine Eltern gern benutzten. In Bezug auf sich, mich und die vielen anderen machtlosen Seelen. Wenn der Graf seine Gesellschaft kurz nach Einbruch der Dunkelheit wieder einsammelte, fehlte es ihnen nicht nur an Balance, sondern oft auch an Hunden. Drahtige Terrier, die leuchtend orangefarbene Westen trugen und die Stunden nach dem Jagdabschluss-Tuten mehr oder weniger orientierungslos bei uns auf dem Hof aufliefen, winselnd und aufgeregt im Kreis herumschnüffelnd. Ihre Jagdherren saßen da längst schon weit weg in der Kneipe beim Essen. Wir lasen ihre Hunde, ihre vor dem Haus leergeschossenen Schrotpatronen und ihr leergefressenes Schokopapier auf. Ich verachtete das alles. Und ich verachtete die Jäger. Beinahe so, wie ich später, im Friesischen, meinen Nachbarn verachtete, wenn er wieder, mit Verordnungen und Knarre bewaffnet, vor mir stand. Ihn verachtete ich allerdings mehr. Denn vor ihm hatte ich Angst.

Vielleicht war das ein Grund, warum ich mich knapp zwei Jahre später bei der nordfriesischen Jägerschaft zum Jagdkurs anmeldete. Beinahe zu meiner eigenen Überraschung.

UNTER WÖLFEN

NORDFRIESLAND 2001

AM ANFANG WAR MAGDA. Magda fragte, Magda drohte, Magda befahl: «Raus mit der Sprache! Warum wollt ihr Jäger werden? Reihum aufstellen und euch bekennen!» Und so standen wir da. Einer nach dem anderen musste antworten, reihum. Ich wette, ich war nicht die Einzige, der bei dieser Frage die Knie wackelten. Dass jedem die Stimme zitterte, war ja leicht zu hören. Warum wollten wir Jäger werden. Was war das überhaupt für eine Scheißfrage? Was konnte, sollte, wollte man darauf sagen? Ich meine: ehrlich?

Ich war hier sowieso falsch. Aber so was von. Man musste sich ja nur mal umsehen in der Bude: blauweiße Friesenkacheln, düsteres Eichendekor, Butzenscheiben. Eine norddeutsche Bauernspelunke von der finstersten Sorte. Und dann diese Magda. Mit ihren kurzen Beinen, den dicken Brüsten und dem weißgelben Haar. Ende sechzig, grob geschätzt. Und mit dieser typischen Wasserwelle oder wie man das nennt, was der Kleinstadtfrisör seinen Bauernladys da Halblockiges auf den Schädel zaubert. Neben ihr thronte ein bärtiger Fettsack im Karohemd, der schon vom Sitzen am Kneipentisch und der ganzen Bierglas-rauf-Bierglas-runter-Arie schwer aus der Puste war. Stützte immer wieder mal die Hände auf die Schenkel und lehnte sich schnaufend zurück, um seiner armen Lunge Platz zu machen. Vielleicht rauchte er auch. Klar war: In den Wald schaffte der's nicht mehr! Wem wollte er das erzählen? Den Dritten im Bunde erinnere ich gar nicht mehr. Nur dass da ein Dritter war. So gesehen war er die traurigste Gestalt von den dreien. Aber der Dicke und der Dritte waren ja ohnehin nur die Statisten. Das Sagen hatte Magda. Gar keine Frage.

Zwanzig Jahre Jagdlehrgangsleiterin. Und, bei Gott, in denen hatte sie gelernt, die jagdtauglichen Schüler von den hoffnungslosen Fällen zu unterscheiden. Notfalls am ersten Abend. Ihr machte keiner was vor. Dafür mussten wir unsere – womöglich finsteren – Beweggründe gar nicht erst bekennen. Sie hatte auch so den Durchblick. Von dem konnten wir, ob wir ihr das glauben wollten oder nicht, nur profitieren. «Zum Beispiel», warnte Magda. «Wenn hier einer in schmierigen Stiefeln zum Unterricht kommt, dann weiß ich, der verdirbt in so einem Aufzug später auch seinen Kameraden die Jagd.» Wird also gar nicht erst eingeladen. Kann darum auch gerne von Anfang an wegbleiben. «Da hat er sich eine Menge Zeit und Geld gespart.» Die Gebühren hier waren in der Tat nicht von Pappe. Schon tausend Mark allein für den Lehrgang. Den Euro gab es noch nicht, in jenem September, anno 2000. Er existierte nur als vage Bedrohung. Als die wenig willkommene Aussicht darauf, dass – o weh! – demnächst mal wieder alles anders werden würde auf der Welt. In unser aller Leben. Heute denke ich manchmal: Ich war bei der Jägerschaft zur besten Zeit in den besten Händen. Zu einer Zeit, in der die große globale Veränderung drohte – der Euro, das Internet und was sonst noch alles –, floh ich in den muffigen Schoß des Ewiggleichen. Und natürlich wollte der mich nicht haben.

«Mit den tausend Mark Lehrgangsgebühren ist noch lange nicht Schluss!» Magda begann zu rechnen: «Die Kosten für Munition, das sind noch einmal leicht dreihundert Mark. Plus die Prüfungsgebühr, dreihundertfünfzig Mark.» Dann noch hier und da ein paar Hundert für die Lehrgangsfahrten. «Auf denen haben wir immer viel Spaß», drohte Magda, «schon darum darf keiner fehlen.» Und dann, nicht zuletzt, das Bußgeld! Magda klopfte auf die Plastikente mit Schlitz im Rücken vor uns auf dem Tisch. «Wer kann mir sagen, was das für eine Ente ist?» Wir schwiegen. Magda schnaufte. Der Dicke an ihrer Seite setzte sich auf. Nahm die Hände von den Schenkeln und verschränkte die mächtigen Arme vor seiner mächtigen Brust. Wohlwollend angesichts so viel Unwissens. Magda drehte sich mit «Na, das kann ja noch heiter werden»-Miene zu ihm. Dann zurück zu uns. «Das ist ein Stockerpel, im Prachtkleid!» Wir atmeten aus. Stockerpel, Prachtkleid, aber natürlich, ja! Jetzt, wo die Gefahr der Blamage vorbei war, war uns das allen wieder sonnenklar. Diese Art Entlein – grau, mit brauner Brust und metallisch schimmerndem knallgrünem Kopf – sah man doch auf jedem Parkteich herumpaddeln. Gab's ja nicht, dass einer nicht wusste, dass das ein Stockerpel war!

Tatsächlich hatten die meisten von uns nicht die Klappe gehalten, weil wir, wie von Magda vermutet, zu blöde waren. Sondern, viel besser, weil uns Ehr- und andere Furcht die Kehle zuschnürten. Das sollte überhaupt unsere Grundhaltung für die Dauer des Kurses werden. Jedenfalls die der meisten. Man könnte auch sagen: die der Cleveren unter uns. Genau wie im richtigen Leben.

Der Stockerpel in seinem Plastikprachtkleid war beinahe lebensgroß. Umso mehr Kohle passte rein. Ein Bußgeld war fällig für Zuspätkommer. Und Schmierstiefelträger. Und andere Möchtegern-Rebellen gegen die Ordnung. Die Höhe des Bußgelds bestimmte Magda. Von Fall zu Fall, von Abend zu Abend, indem sie den Erpel vom Tisch an ihr Ohr hob und kräftig schüttelte. Faustregel in etwa war: Je hohler der Erpel klang, umso mehr hatte einer zu blechen. Weil: «Das Geld brauchen wir zum Feiern, für unsere Ausflüge und so Sachen. Also stellt euch nicht an.» Wer in Blue Jeans zum Unterricht kam, zahlte meistens zwei Mark. Manchmal drei. Fünf eher selten, aber es kam vor. Wann immer der Erpel an Magdas Ohr hohl genug klang.

Magda sagte tatsächlich «Blu-Jiens». Mit einem hartem «J», wie in «Jäger». Und einem langen, spitzen «iieh». Schon aussprachetechnisch ließ sie keinen Zweifel: Blu-Jiens-Träger waren ihr ein Gräuel. Nicht nur hier, in ihrem Unterricht, sondern überhaupt. Die konnten, würden, die mussten was erleben. Wenigstens schon mal da, wo es in Magdas uneingeschränkter Macht stand, sie was erleben zu lassen. Auf ihrem Hoheitsgebiet. In ihrem Revier. Zwanzig Jahre Lehrgangsleiterin einer nordnorddeutschen Jägerschaft sollten nicht umsonst gewesen sein. Magda würde Ordnung schaffen, aussieben. Der Rest (von uns) würde sich fügen. Sie selbst ging mit bestem Beispiel voran. In Hemden und Cargo-Hosen und Waidmannsgrün. Nicht nur im Unterricht. Sondern überhaupt. «Jäger ist man nicht nur an ein paar Abenden in der Woche», lehrte Magda. «Jäger ist man hier!» Sie schlug sich mit der Faust auf die linke Seite der Brust. Ihre Stiefel waren stets makellos.

Wir waren achtzehn an diesem ersten Abend. Ein Autoverkäufer, zwei Unternehmer, eine Studentin, vier Schüler, ein Metzger, zwei Bauern, ein Schmied, drei Soldaten, ein Zahnarzt mit seiner Pädagogen-Ehefrau. Und ich, die Journalistin. Die besser nicht bekannte, dass sie Journalistin war. Fürs Erste. Das war mir klar. «Buchautorin», sagte ich darum, als sie uns reihum nach unserem Broterwerb fragten. Was für sie, die Jäger, keinen Deut besser war. Das war mir nicht klar.

Zu uns an den Tisch hatten sie einen kleinen, ausgewählten Trupp aus dem Vorjahreslehrgang gesetzt: drei glücklich Bestandene, die uns Mut zusprachen. Und den Verlierer. Der in diesem Jahr einen neuen, kostspieligen Versuch seiner Jägerwerdung unternahm und uns, so ganz nebenbei, als schlechtes Beispiel diente. Wir lernten: Er war in der mündlichen Prüfung abgestürzt. Magda hob die Schultern. «So was passiert leider immer wieder mal. Obwohl wir bemüht sind, euch alle da durchzubringen. Wir wollen, dass ihr besteht!» Das sei gar keine Frage. Für sie. Und den dicken Ulli, mit Bart und im Karohemd, neben ihr. «Nicht wahr, Ulli!» Ulli nickte. Viel mehr hatte er über die kommenden acht Monate hier nicht zu tun. Das war gleich am ersten Abend zu sehen. Magda wiederholte mit Nachdruck, diesmal in Richtung Verlierer: «Wir *wollen*, dass ihr besteht!» Auch er nickte. «Du warst selbst schuld, nicht wahr? Hast viele Fehlstunden gehabt.» Verlierernicken. «Na, dieses Jahr wird das besser. Du musst kommen und mitmachen, dann klappt das auch. Ihr müsst alle kommen und mitmachen. Wer nicht kommt, der kann auch nicht bestehen.» Wir alle nickten.

Sechs Ausbilder würden uns in sechs Fächern unterrichten: Brauchtum, Jagdhunde, Niederwild, Hochwild, Gesetze, Waffen. An jedem Dienstag und Donnerstag in jeder Woche. Über jeweils zwei Stunden. Später dann, an den Wochenenden, der Schießunterricht. Und das ein und das andere Spezialtraining. Magda hob die Brauen. «Die Jägerprüfung ist keine Spielerei!» Wer hier sitze und denke, och, da mache ich nebenbei noch mal eben den Jagdschein, der falle durch. So viel sei klar. «Eure Familien werden sich darauf einrichten müssen, dass sie euch in den nächsten Monaten kaum sehen.» Der Jungjägerlehrgang sei uns von nun an Familie. «Eine Ehe, die ohnehin einen Knacks hat, wird an der Jägerprüfung zerbrechen!» Hatte meine Ehe einen Knacks? Natürlich nicht! Ich war seit nun zwölf Jahren verheiratet. Zum zweiten Mal. Ich hatte sechs Kinder. Wir hatten zwei Jahre zuvor das Haus gekauft. Den Resthof, wie so eine Bude auf Maklerdeutsch heißt. Renovierungsbedürftig auf ewig, aber mit Scheune und Ställen und Apfelgarten und ein bisschen Weide. Mein Kindheitstraum. Klar war ich glücklich! Konnte doch gar nicht anders sein. Umso unangenehmer überrascht war ich, als bei dieser an alle gerichteten Warnung etwas in mir zusammenzuckte.

Ein Vorjahresglücklicher lehnte sich herüber und raunte mir ins

Ohr: «Eine elende Schinderei! Was dieser verfluchte Jagdschein an Arbeit kostet und Zeit, darauf dürfen sich nur Hausfrauen und Arbeitslose einlassen.» Der Autoverkäufer hob die Hand. «Ich muss mal bitte zur Toilette.» Magda setzte sich stocksteif auf und schob die Brust raus. «Ab heute heißt das für dich: ‹Ich muss mal nässen.›» Der Verkäufer nickte kläglich. Wisperte dann im Schuljungenton: «Ich muss aber mal Losung lassen.» Wir alle lachten. Magda sssschte uns unwirsch zur Ruhe. Was gab es da zu lachen? Sie schwärmte: «Unsere Jägersprache ist eine so hübsche Sprache.» Wir sollten es uns bitte zur Gewohnheit machen, sie so oft wie möglich zu sprechen. Auch zu Hause. Mit der Familie. «Ab heute heißt das bei euch zu Hause bitte nicht mehr: ‹Frau, komm aus dem Bett, ich habe das Frühstück bereitet›, sondern: ‹Häsin, komm aus der Sasse, die Äsung ist fertig.›» Magda strahlte. «Klingt das nicht gleich viel schöner!» Bei der Umstellung würde sie uns nach Kräften unterstützen. Jagdspracheverweigerer zahlten mit sofortiger Wirkung in den Erpel. Und erst recht solche, die sich dieser herrlichen Sprache nicht nur verweigerten, sondern noch über sie lachten. «Ihr sollt mal sehen, wir kriegen unsere Ente fix voll», frohlockte Madga. Wir lachten nicht mehr. Diesmal freiwillig.

Das «Jagdvergnügen», wie es der ein oder andere von ihnen noch leichtfertig nannte, war kein Vergnügen für arme Schlucker. Das wusste ich schon. Ich war mit einer mittelschichtgetreuen Aversion gegenüber diesem vermeintlichen Bessere-Leute-Vergnügen aufgewachsen. Für meinen Maurer-Stiefvater sind, seit ich denken kann, Jäger «Knallköppe». Ich wuchs auf unter dem Einfluss zweier Volksmundvertreter erster Güte. Ich bin ein Arbeiterkind. Bestenfalls Mittelschichtssross. Gebeizt mit all den elenden Unzulänglichkeitsängsten und der verfluchten Versagensgewissheit, die dazugehören. Die sie dir gleich am ersten Tag in die Wiege packen und die dir dann in den Knochen stecken auf ewig. Meine

Eltern hatten die «Volksschule» besucht. Dann war Schluss. Mit lustig. Dann ging es los mit dem Ernst des Lebens. So nannten sie es, damals, als sie mich – mit acht oder neun oder zehn – schon mal vorbereiteten darauf, was nach der Schule noch vom Leben zu erwarten war. Nämlich: nix. Du hattest diese paar goldenen Jahre, die deine Schulzeit waren. Und danach kommt direkt die Apokalypse. Mit sechzehn auf den Bau, ins Büro oder in sonst eine Lehre. Und von da an malochst du, fast bis du ins Grab fällst. Je mehr du malochst, umso eher fällst du rein. Das ist für den Einzelnen traurig und für die Volkswirtschaft günstig.

Mein jüngster Sohn war vier, als er das Prinzip begriff. Er sollte erstmals in den Kindergarten gehen. Dagegen wehrte er sich mit Händen und Füßen. Nicht nur im übertragenen Sinne. Die morgendliche Fahrt zum Kindergarten gestaltete er als gewalttätiges Drama. Wenn er nach Hause kam, weigerte er sich, mit seinem Vater und mir zu sprechen. Das ging so ein paar wunderliche, erschöpfende Tage. Eines Abends hörte ich, warum. Zu seiner älteren Schwester, damals sieben, sagte er: «Weißt du, du glaubst vielleicht, du gehst in den Kindergarten. Dann in die Schule. Und dann lassen sie dich in Ruhe.» Seine Stimme überschlug sich. «Aber das ist nicht wahr! Wenn du mit der Schule fertig bist, geht das erst richtig los! Danach musst du arbeiten, arbeiten, arbeiten! Nee! Ich sag dir was, ich fang das gar nicht erst an!» Ich wusste darauf nichts Tröstliches zu sagen.

Geld hast du, wenn du Glück hast, immer nur so viel, dass du gerade so über die Runden kommst. Ganz kleine Runden. Um dich an die großen zu wagen, hast du weder das Geld noch den Mumm. Du weißt, wo dein Platz ist. Meine Eltern wussten, wo ihr Platz war. Entsprechend wichtig, vielleicht sogar am wichtigsten, war für sie, dass ich begriff, wo meiner ist. Dass ich lernte, was und was nicht «unsere Liga» war. Dass ich verstand, dass man – ich im Besonderen – «nicht mit dem Kopf durch die Wand» konnte.

Das waren so ihre Sprüche. Dass sie mich auf die Realschule statt nur auf die Volksschule schickten, war schon ein Riesengeschenk und ein dolles Ding. Mit dem Gefahrengeruch von unerhörtem Aufstieg. Sie müssen gedacht haben, dass sie damit etwas Verbotenes taten. Vielleicht rissen sie darum umso furchtsamer an der Leine, von der sie mir ein so unerhörtes Stück gelassen hatten. Sie meinten das höchstwahrscheinlich nicht böse. Sie verzweifelten einfach nur an den Umständen. Und immer wieder auch an mir. Diesem Kind, das all ihrer gestrengen Umsicht zum Trotz mit dem Kopf durch die Wand wollte. So sah es für sie aus.

Tatsächlich verzweifelte ich an mir genauso wie sie an mir. Mindestens. Ich meine: Ich wusste, wo mein Platz war. Nur schaffte ich nicht, mich in ihn zu fügen. Obwohl ich's versuchte. Und wie. Das war ja das Drama. Ich schlug mir den Kopf ein an jeder Wand und hatte meist nicht mal gemerkt, dass da eine war, gegen die ich rannte. Später erst, als es weh tat. Ich war kein Rebell. Ich wusste nur nicht, wie man es schafft, dass man sich nicht wie einer aufführt. Und darum fälschlicherweise für einen gehalten wird. Ich wollte nie anders als alle anderen sein. Ich hatte nur keinen blassen Schimmer, wie man gleich ist. Weder als Kind. Noch bei den Jägern.

Meine Eltern hätten gern etwas «Vernünftiges» aus mir gemacht. Eine Zahnarzthelferin. Oder Kinderkrankenschwester. Ich habe mich brav in beidem versucht. Es ging nicht. Passte nicht. Ich passte nicht. Meine Arbeitgeber wussten das immer eher als ich. Was ich, wie meine Eltern, als Katastrophe empfand. Ersatzweise wurde ich Ehefrau, mit achtzehn. Mit einundzwanzig war ich geschieden und eine sehr alleinerziehende Mutter von zwei Kindern. Holte, weil ich sonst nichts zu tun hatte, das Abitur nach und studierte ein Semesterchen Architektur. Nebenher verdiente ich schreibend ein bisschen Geld beim Lokalblatt. Und *das* war's dann! Journalistin wollte ich fortan werden. Darum: Architektur

ade! «Ach», klagte meine arme Mutter. «Schon wieder was aufgegeben und abgebrochen. Und wieder muss ich mich für dich schä-
men.» Und sagte gegenüber Bekannten und Nachbarn, damit die
sahen, dass wenigstens *sie* vernünftig war: «Jetzt versucht sie sich
als Journalistin.» In meinem Beisein. Das tat weh, denn ich wollte
liebend gerne vernünftig sein. Gerne in ihrem Sinne. Ich dachte,
das sei der Weg zum Glücklichsein. Und ich schämte mich, dass
ich wieder und wieder nicht schaffte, diesen Weg zu gehen. Ich
glaube, ich schämte mich viel mehr als sie.

Leisten konnte ich mir die ganze Jagdlehrgangssache nur, weil
ich ein Magazin bequatscht hatte, dass ich für sie über mein groß-
artiges Jagderleben schreiben würde. Die zahlten also schon mal
einen Teil der Spesen. Was sich als solche verrechnen ließ: Grund-
gebühr, Munition, die wahnsinnig spaßigen Ausflüge in den Lehrwald. Solche Sachen. Die zahllosen Bierchen und Kräuterschnäpse,
die man an den Lehrgangsabenden und bei den Spaßtreffen weg-
zuhauen hatte, gingen dagegen auf eigene Rechnung. Erst dachte
ich gutmütig: Na ja. Später: Das läppert sich! Der Vorjahresglück-
liche wisperte: «Das Wichtigste ist, Magda nicht aufzufallen.
Wenn du bestehen willst, schwimmst du mit. Schnauze halten
und durch.» Magda selbst sagte es gleich an diesem ersten Abend
wohl hundertmal so: «Ihr müsst mit den Wölfen heulen!» War es
ein Wunder, dass ich mich auf das Schrecklichste wie zu Hause
fühlte?

Vor Magda auf dem Tisch lag, neben der Kaffeetasse und dem
Bier, ihr spitzes Hütchen. Anstecknadeln, Federn und ein paar
Zähne daran. Letztere würden wir über die kommenden Monate
noch zur Genüge bestaunen müssen. Nun aber, zur Kontrolle und
Sicherheit aller, erst mal zurück zu der wichtigsten aller Fragen:
Was trieb uns bitte schön her? «Weil: Schießwütige können wir
in der Jägerschaft nicht gebrauchen!»

Ich dachte: Ich sehe ganz gern den Sonnenaufgang. Die Frühnebel. Ich rieche gern Fichten und Waldmoder und diesen komischen Löwenkäfiggestank, der einem auf freiem Feld unvermittelt in die Nase steigt, wenn ein Fuchs in der Nähe ist. Oder in der Nähe war. Ich laufe gern barfuß auf Moos und mag dieses spezielle Knirschen von Schuhen auf Kies an heißen Tagen. Ich sitze gern nach Sonnenuntergang da, im Freien, und starre und schnuppere und lausche vor mich hin. Vor allem Letzteres. Weil in der Nacht alles so ganz anders klingt. Zählte das? Ich dachte: Ich trage gern schwere Stiefel und Blu-Jiens. Das Erste war schon mal passend. Das Letzte ließ sich, so meinte ich, ohne viel Selbstaufgabe-Pein für zwei Abende in der Woche ändern. Hatte auch noch ein paar Cargo-Einsatz-Hosen im Schrank. Gebraucht gekauft, das Stück zu zehn Mark, aus Bundeswehrbeständen. In gerade dem richtigen Grün und mit der richtigen Gesinnung. Überhaupt hielt ich mich für einen knallharten, zähen Brocken. Regenfest. Windgeprüft. Aber das dachte der Ulli von sich womöglich auch. Das Leben ist eine Abfolge von gemütlichen Fehlurteilen und Verschätzungen. Nicht nur andere, sondern vor allem die eigene Person betreffend. Das muss man keinem und muss sich keiner vorwerfen. Ich meine: anders wäre es gar nicht auszuhalten.

Ich dachte: Ich habe sechs Pferde. Zwei Esel. Mittlerweile drei Hunde. Einer davon ein Jagdhund, wenn man's genau nahm. Eine dänische Labradorhündin, aus einer erstklassigen dänischen Jagd-Labrador-Linie. Dass die nur auf dem Sofa rumlag, wie die beiden anderen, offiziellen Nichtjagdhunde, war ja genaugenommen nicht ihre Schuld.

Magda tätschelte die Hand des dürren Jungen an ihrer Seite. «Du, fang mal an. Wir kennen uns ja, nicht wahr? Na, eigentlich brauche ich dich gar nicht fragen.» Sie strahlte ihm ins Gesicht. Was den ohnehin schon Verlegenen nur noch verlegener machte. Wie alt war der denn? Siebzehn! Gerade geworden. Der Jüngste am Tisch. Aber mitnichten ein Küken. Wir lernten, jetzt erst mal von Magda: Von dem konnten wir alle, wie wir hier saßen, was lernen. Er ging schon seit wenigstens tausend Jahren auf die Jagd. Mindestens aber seit er laufen gelernt hatte. Mit seinem Vater, dem Großvater, dem Onkel. Wer immer Zeit, Lust und die Nerven gehabt hatte, so einen Wurm mitzuschleppen. Und jeder dieser tollen Kerle war Magda persönlich bekannt. Wurde von ihr aufs Höchste geschätzt. Und entsprechend gepriesen: «Alles ausgezeichnete Jäger, deine Familie. Aber das weißt du ja!» Magda strahlte. Der Junge nickte. Und natürlich schätzte Magda diese hochheilige Familie eben auch, weil sie Verantwortung bewiesen hatte. Für den eigenen Wurm und, was noch wichtiger war, für die Gemeinschaft. Indem sie durch ihr so einfaches wie effektives Mitschleppen die nächste Jägergeneration herangezogen hatte. Der Bestand der Art war also für ein paar weitere Jahre gesichert. Hoffentlich!

Magdas Strahlegesicht erfuhr eine plötzliche Trübung. «Wir sind ja leider, leider vom Aussterben bedroht.» Immer weniger Jungjäger in jedem neuen Kurs, und das seit Jahren. Mit steigender beziehungsweise fallender Tendenz. Es war nicht zu begreifen. «Die Jagd ist so eine schöne Beschäftigung!» Nicht nur war man an der frischen Luft, draußen in Gottes Natur. Man machte auch Freunde, wie sonst nirgends im Leben und auf der Welt. «Wir Jäger halten zusammen!» Das war eine von Magdas Parolen. Und zusammenhalten mussten die Jäger auch, sie hatten gar keine andere Wahl. «Wir haben so viele Feinde dadraußen!» Und es wurden jährlich mehr. Ein reines Zuckerschlecken war das Leben als elitäre Minderheit natürlich noch nie gewesen, jetzt kam aber zum Neid der Niederen auch noch ein frisch erwachtes «Naturbewusstsein» und die sogenannte «Tierliebe» des Normalbürgers dazu. Wir lebten ja in einer Zeit, leider, leider, in der jeder glaubte, etwas von Wald und Feld und deren Bewohnern zu verstehen. Disney und anderen Realitätsverdrehern sei Dank. Magda, mit ihren sechzig und ein paar Jahren, konnte, Gott sei's gedankt und verflucht, noch bessere Zeiten erinnern. «Als wir nicht für alle die Buhmänner, sondern *angesehen* waren.» Weil man als Jäger Bescheid wusste in Wald und Flur. Wirklich *Bescheid*. Und weil man Land besaß. Oder – und das war fast genauso gut, genaugenommen sogar noch besser – weil man das Sagen hatte über das Land der anderen. Jagdtechnisch gesehen. Und eine Waffe, die hatte man natürlich auch.

Das alles kam auf die wunderbarste, weil achtungsfördernde Weise zusammen: «Wenn beispielsweise einer ein Problem hatte mit den Wildschweinen, die ihm den Mais vom Feld fraßen, wen rief er dann an? Richtig, uns Jäger!» Heute, schnaubte Magda, gibt's um jede Sau, die wir schießen, Geschrei. «Und von den Katzen fange ich lieber gar nicht erst an.» Die Zahnarztfrau, zwei Stühle links von mir, verzog schmerzlich besorgt das Gesicht.

Es war damals schon, als wir in jener Kneipe saßen, eine andere Zeit. Und sie würde, Magda spürte das vielleicht schon, immer noch anders werden. Und, klar, das war gut so. Einerseits. Auch wenn vielleicht noch nicht alle in dieser Kneipe das so sahen oder jemals so sehen würden. Man konnte nicht mehr, wie einst Ernest Hemingway, in die Savannen Afrikas ziehen und ein Nashorn nach dem anderen über den Haufen schießen. Einfach so. Weil man mal ein Nashorn geschossen haben wollte. Oder zwei. Oder drei. Und dass man es nicht mehr konnte, lag einerseits daran, dass es, damals schon, kaum noch Nashörner gab. Daran sind, unter anderem, die Hemingways dieser Welt schuld. Aber keiner von uns hier wollte ein Nashorn schießen. Ein Rehlein hier und da und vielleicht ab und zu ein Schwein, das dem Bauern den Mais auffraß, war uns schon der Toten genug. Aber natürlich gab es auch dagegen Proteste. Von den *anderen*. Gegen deren Übermacht, warnte Magda, seien wir nur gemeinsam stark. Natürlich: Erst mal musste man Jäger sein, damit die anderen Jäger zu einem hielten. Aber das war ja überall so. Es schenkt dir doch keiner seine Sympathie, schon gar nicht seine Loyalität, nur weil du, bestenfalls, ein feiner Kerl bist. Oder dich, schlimmstenfalls, nur dafür hältst.

Der Junge an ihrer Seite, jener ewig Mitgeschleppte, hatte zum Kurs seinerseits seinen besten Schulkumpel mitgeschleppt. «Genehmigt!», strahlte Magda. Der passte. Einfach mal eben so, kein Sicherklären vonnöten. Ich dachte: So einfach kann Zugehörigkeit sein. Und glühte vor Neid. «Und du?!» Der Autohändler war dran. Ein dicker, großer Kerl, der mit seiner Lustigkeit bald allen auf die Nerven ging. Er war ein Zugezogener, wie ich. Aber eben: Autohändler. «Prima», lobte Magda, «so einen können wir immer gebrauchen!» Das freute ihn. Was ich ein wenig erbärmlich fand. Aber natürlich hatte auch er nur hauptsächlich Angst. Stand jetzt da, groß und gebeugt, die Fingerspitzen auf die Tischplatte vor sich gestützt, als könne er sich ohne sie nicht halten, und trug mit zittriger Stimme vor: «Ich liebe die Natur.» Na, wer denn nicht?! Magda runzelte die Stirn. Der Automann hustete trocken und sagte schnell. «Ich will sie aber auch meinen Kindern erklären können. Und mal mit ihnen Nistkästen bauen.» Magda nickte, die Stirn noch immer kraus. «Töten», sagte der Automann klein und senkte den Blick, «will ich allerdings nie.» Magda schnarrte: «Das werden wir ändern!» Immerhin, so erbärmlich klein und stumm mir der Automann an diesem ersten Abend und später immer mal wieder erscheinen sollte: An diesem Abend war er der Erste und Einzige, der das T-Wort aussprach.

Meine eigene Erfahrung im Töten war dünn. Als wir das erste Mal Hühner hielten, schlug ich einem von ihnen den Kopf ab. Aus Not. Das Huhn war krank, es hatte binnen weniger Tage nahezu all seine Federn verloren, sein Körper war auf die Hälfte seiner gesunden Größe geschrumpft. Die Haut auf seinen Beinen und Füßen war schorfig, blutig, verkrustet. Ich verurteilte es, ohne einen

Tierarzt zu fragen, als unheilbar. Kein Mensch ruft eines kranken Huhns wegen den Tierarzt. Hühner werden nicht eingeschläfert, Hühner werden geschlachtet. Nicht nur die todkranken. Diesem kahlen, torkelnden Tier aus seinem erbärmlichen Rest Leben zu helfen, hätte ich mir und anderen leicht als reinen Gnadenakt verkaufen können. Tatsächlich fühlte ich neben echtem Bedauern eine gewisse Neugier. Den Gedanken daran, das Tier auf den Holzblock zu legen und mit einem Axthieb seinen Hals zu durchtrennen, fand ich so furchterregend wie seltsam verlockend. Beides hielt sich die Waage. War das ein erstes Aufflackern meiner «Lust am Töten»? Oder war es der Widerschein meiner aus Todesangst geborenen, ewigen Faszination für den Tod?

Ein Phänomen, das der Jäger und Biogeograph Günter Kühnle in seiner 589-Seiten-Dissertation über die Psychologie der Jagd mit dem Begriff «Emotionales Jagdparadox» umschreibt: Von den Nichtjägern immer wieder der «Lust am Töten» bezichtigt, plädieren die Jäger auf einen natürlichen Beutetrieb, der sich an der Kulturrevolution «vorbeigeschlichen» habe. Das Töten sei zwar die Bedingung für den von ihnen angestrebten emotionalen Kick. Und doch bestehe dieser nicht im Töten selbst. Tatsächlich gründe die Jagdlust in einem Streben nach Macht, schreibt Kühnle. Wenn auch anders, als die Jagdgegner glauben. Die vermeintliche «Lust am Töten» sei vielmehr Ausdruck des unbewussten menschlichen Strebens, das Ungreifbare in den Griff zu bekommen. Die grandiose, unbeherrschbare, bedrohliche Natur doch zu bezwingen. Der Kick, den sich der Jäger mit dem Töten verschaffe, sei seine extreme Befriedigung darüber, dem Tod nicht ausgeliefert zu sein, sondern ihn kontrollieren zu können. Des Jägers Glück, seine Freude, Zufriedenheit und Zerstreuung beruhten auf seiner unbewussten Überwindung der Todesangst. Auch wenn das natürlich ein Trugschluss ist.

Das Töten erwies sich als schwieriger, als ich es mir vorgestellt hatte. Das Huhn auf dem Hauklotz wand sich, drehte den zer-rupften Hals, entzog sich. Ich holte aus, schlug zu und fehlte. Ich schlug ein zweites Mal zu und traf. Nur schaffte ich nicht, gleich mit dem ersten Treffer Kopf und Körper zu trennen. Offenbar hatte ich nicht beherzt genug zugeschlagen. Etwas in mir hatte ge-zögert, meine Hand mit der Axt gebremst. Was immer es war, ich zwang mich, es zu überwinden. Holte ein drittes Mal aus, schlug zu, und das Huhn war tot. Ich war überrascht. Diesmal und später, angesichts jeden neuen Todes. Wie schnell, wie spielend sich die-ser doch schwerwiegendste aller Übergänge vollzieht. Vom Leben zum Tod, in einem Wimpernschlag, einfach so. Irreversibel. Als sei es nichts.

Hemingway schreibt am Ende des Textes über seine Zehn-Wo-chen-Afrika-Jagd über den Akt des Tötens: «Es machte mir nichts aus, irgendetwas zu töten, irgendein Tier, solange ich es ‹sauber› tötete. Sie mussten alle irgendwann einmal sterben. Und mein Anteil an dem Töten, dass hier allnächtlich, saisonbedingt und überhaupt zu jeder Zeit stattfand, war winzig, und ich hatte nicht das geringste Schuldgefühl.» Und ich dachte, damals schon: So ist es. Das Tier stirbt. So oder so. Wenn du es nicht schießt, wenn nicht *du* es bist, der es tötet, dann tötet es ein anderer. *Etwas* an-deres. Ein Raubtier, ein Auto, eine Krankheit. Kaum je: das Alter. Was immer es sein wird, das Tier stirbt. Mit der Entscheidung, ob *du* es schießen sollst oder schießen darfst oder nicht, ist es in etwa so, wie die Berliner Kabarettkünstlerin Désirée Nick einmal über die Entscheidung, ob man eine Affäre zu dem verheirateten Mann (oder einer Frau) aufnehmen darf oder nicht, schrieb: «Ja, glau-ben Sie denn, Ihr Verzicht wird diese Ehe retten?» Dein Verzicht, zu schießen, rettet nicht das Tier. Für den Augenblick nur. Nicht auf ewig. Wir alle sterben. Und das wissen wir. Aber es ist uns nicht *klar*.

Mir wurde es einmal klar, als ich den dritten *Jurassic-Park*-Film ansah. Die Hauptdarsteller rannten wie immer schreiend, mit letzter Kraft vor den dichtbezahnten, schnappenden Kiefern der Raptoren davon. Beinahe packten die Kiefer sie schon. Dann nicht. Dann doch wieder, um ein Haar. Dann waren sie aus dem Schneider, hurra! Und sie hüpften und lachten und weinten vor Glück. Sie waren, wie man so sagt, dem Tode *entkommen*. Waren ihm, nach der Art meiner herzkranken Omma, «gerade noch mal von der Schippe gesprungen». Und alles, was ich denken konnte, war: «Ihr Idioten, das gilt doch nicht für immer! Ihr werdet doch noch sterben, irgendwann. Demnächst oder später.» Und ich meinte nicht: sie persönlich, im Film. Sondern überhaupt, auf uns alle bezogen. Auch Omma war nicht für immer gesprungen, sondern eines Morgens dann eben doch tot. Und das blieb sie. So, wie wir alle irgendwann tot sein würden. Es war nicht zu ändern. Dieser Moment gnadenloser Erkenntnis hinterließ in mir ein dunkles, hoffnungsloses, heilloses Gefühl.

Der Zahnarzt stand da wie ein Baum. Zweifellos. Und erklärte im festen Bariton, er fühle sich der Jagd «verbunden». Was immer das hieß. Es fragte ihn weiter keiner. Er legte die Hand auf den Arm seiner Frau, ohne sie anzusehen. «Und damit meine Ehe nicht am Jagdschein zerbricht, habe ich meine Frau gleich mitgebracht.» – «Besser geht's nicht!», rief Magda. Und dann war ich dran. Erhob mich mit wackeligen Knien und trockenem Mund. Dachte vielleicht auch noch einmal trotzig, wie blöde die Frage war. Vor allem, weil ich nicht wirklich eine Antwort hatte. Keine, der ich traute. Ich meine: Ich traute mir nicht. Was hatte ich hier verloren? Scheiß der Hund auf die richtige oder falsche Liga. Diese Typen hier waren einfach nicht mein Stamm. Dann wieder: Wie wollte man das wissen, wenn man seinen Stamm noch nicht gefunden hatte? Gab es den überhaupt? Machte es Sinn, weiter nach ihm zu suchen, hier oder anderswo? Mit Anfang dreißig? Und was sollte das ganze Gesuche überhaupt, ich hatte doch meine Familie.

Mann, sechs Kinder, ein Haus mit Apfelgarten. Was hatte ich noch groß zu finden?

Einer, den ich schätzte, hatte mal zu mir gesagt: «Es gibt nur wenige Leute auf der Welt, mit denen ich auskommen möchte.» Und als ich schon zustimmend nickte, fügte er noch hinzu: «Und die Zahl derer, mit denen ich tatsächlich auskomme, ist noch geringer.» Ich wusste, was er meinte. Und auch, dass es, so abgehoben elitär es im ersten Moment klang, nichts als das Bekenntnis einer großen Sehnsucht war. Und eines ebenso großen Schmerzes, der an ihr hing. Daran musste ich denken, an diesem ersten Abend. Und ich fürchtete, dass diese paar, die, wenn man Glück hatte, übrig blieben, auch hier wieder nicht zu finden waren. Nicht für mich, die sich als grundfalsch einschätzte in diesem Eichenholzverlies mit seinen lodengrünen Verfechtern des Stillstands. Und doch, in der Erleichterung schwang Enttäuschung. Nicht nur, weil hier offenbar wieder mal keine Heimat zu finden war. Vor allem, weil es einmal, nicht lange zuvor, eine Lodenträgerin gegeben hatte, die ich durchaus zu dem kleinsten Kreis jener gezählt hatte, mit denen ich auskommen konnte. Und wollte. Auch darum war ich hier.

Magda saß und wartete. Auf die Antwort, die ich nicht wusste. Die es womöglich nicht gab. Aber geantwortet werden musste. Das machte Magdas Blick klar. Und darum sagte ich einfach das erste halbwegs Wahre, das mir in den zittrigen Sinn gekommen war und von dem ich, blöde, wie ich an diesem Abend noch war, glaubte, es sei hier opportun: «Ich spaziere gern einsam durch die Frühnebel und finde, dass sich eine solche Liebe gut mit dem Jagen verträgt.» Magda starrte. Sah den dicken Ulli an. Sie blieben beide stumm.

HANNE

TATSÄCHLICH HATTE ICH, was meine Liebe zu den Frühnebeln und frühmorgendlicher Einsamkeit anging, nicht gelogen. Ich hatte nur nicht ganz die Wahrheit gesagt. Tatsächlich war es der Tod, der mich letztgültig in die Reihen der Jägerschaft trieb. Meine Fassungslosigkeit ihm gegenüber, meine Angst vor ihm. Und mein Bedürfnis, ihn vielleicht doch noch irgendwie zu verstehen. Also: die Angst zu besiegen. Eine Freundin hatte sich ein halbes Jahr zuvor das Leben genommen. Sie war Försterin gewesen. War aus scheinbar heiterem Himmel in eine Depression gefallen, deren Heftigkeit sie mich erst erkennen ließ, als sie, fast schon am Ende, in aller Beiläufigkeit am Telefon sagte: «Meine Gewehre habe ich vorsichtshalber zu den Nachbarn gebracht. Ich traue mir nicht mehr über den Weg.» Sie lachte. Als sei das nichts, nur so eine Spinnerei. Zwei Wochen später war sie tot. Die Gewehre immer noch bei den Nachbarn. Sie hatte sich erhängt.

Wir hatten uns nicht sehr lange gekannt. Vielleicht zwei Jahre, in denen wir uns höchstens fünfmal sahen. Einmal fuhren wir gemeinsam für ein paar Tage mit Kindern und Pferden nach Frankreich. Dort stritten wir uns derart, nahezu wortlos, dass wir uns getrennt auf den Weg zurück zu ihr nach Hause machten. Ich kam ein paar Stunden nach ihr an. Sie saß schon da, auf ihrer Treppe und heulte. Wischte sich schließlich mit dem Ärmel den Rotz unter der Nase weg und schniefte: «Ist ja fast so wie der erste Krach in einer Liebesbeziehung.» Wir haben ihn überlebt. Die paar hundert Kilometer zwischen uns überbrückten wir mit Telefonaten, ein-, zweimal in der Woche, über Stunden. An den Tagen zwischen den Telefontagen schrieben wir uns Faxe auf diesem glatten Thermopapier, das man auf Rollen ins Faxgerät hängte. Schrieb einem jemand, ratterte und quietschte ein Streifen von dem Papier heraus und musste, ähnlich wie Frischhaltefolie, über einer Zackenzahnreihe abgerissen werden. Anschließend rollte der Streifen sich wieder auf.

Von E-Mails hatte kaum einer gehört. Das Internet gab es, so meine ich, noch nicht. Handys waren so groß wie Ziegelsteine und das Telefonieren mit ihnen nahezu unbezahlbar. Schon unser stundenlanges Gequatsche über das Festnetztelefon kostete uns ein Vermögen. So unvorstellbar lang ist das alles her.

Wir faxten uns jeden Tag. Schrieb eine mal einen Tag nicht, fragte die andere nach. Wir hatten bald Kisten voll mit diesen Briefrollen. Einmal sagte sie zu mir: «Hach, da durchzustöbern ist wie in alten Liebesbriefen lesen!» Das war mir peinlich. Ich wusste nicht wirklich, was dazu sagen. Darum sagte ich nichts. Später, *nachher*, schämte ich mich dafür. Wir schickten uns auch Musik. Nicht mal eben so, per MP3-Datei oder YouTube-Link. Sondern per CD. Auf die musste man die Musik, die man schicken wollte, ja erst aufwendig überspielen. War GEMA-rechtlich natürlich genauso verboten, aber der andere, der Musikempfänger, konnte sehen: Ich bin dem Musikversender was wert. Ich schickte ihr arabische Popmusik, Rai, das hörte ich damals so. Sie hatte gerade afrikanische Musik entdeckt. «Meine Afrikaner gegen deine Araber», lachte sie. Fragte auch mal: «Wenn man sich Musik schickt, ist das etwa das Äquivalent zu ‹einander Gedichte schreiben›?» Ich meinte, ja, auf eine Art. Ich glaube, ich habe das sogar gesagt. Das hoffe ich zumindest. Obwohl es natürlich nichts ändert an dem, was geschah.

Was geschah, ist irreversibel. Nicht wiedergutzumachen. Im schrecklichsten, weil wörtlichen Sinne: Es wird nie, niemals mehr wieder gut. Das ist mein Problem mit dem Tod. Das, was mich an ihm am meisten schreckt. Diese beiden Worte: «niemals mehr». *Nachher* fragte ich mich oft: Hatte sie das gewusst? Begriffen? Als sie auf dem Dachbalken in die Mitte des Raums hinausbalancierte oder auf allen vieren kroch, den Pferde-Führstrick schon um den Hals. *Wusste* sie, dass das, was sie hier plante und schließlich ausführte, endgültig war? *Tot* – war ihr die Bedeutung des Zustands *klar*? Nicht als Jägerin, sondern in Bezug auf *sich selbst*? Oder ist sie das keinem von uns, je? Können wir um die wahre, wirkliche Bedeutung dieses Zustandes gar nicht wissen? Weil es sich unserem Begreifen und also unserem Wissen entzieht. Ich meine: Du bist nicht mehr. Und wirst nie mehr sein. Wie willst du das jemals angemessen *verstehen*? Und: Hätte sie es verstehen können, wäre sie dann gesprungen? Letztere war die Frage, mit der ich mich über Wochen quälte.

Nachher fragte mich eine, die meine Freundin besser, auf jeden Fall länger gekannt hatte und die bei ihr aufräumte, ihre Wohnung leer räumte: «Willst du die Briefe und deine CDs wiederhaben?» – «Auf keinen Fall!», sagte ich.

Nachher träumte ich oft von ihr. Meist komischen Kram. Einmal ging sie auf einem Waldweg vor mir, in ein paar Meter Abstand. Gemessenen Schrittes und schweigend. Und ich, immer schneller, hinter ihr her. Ich versuchte, aufzuholen. Sie einzuholen. Es war nicht möglich. Der Abstand blieb gleich, egal wie schnell ich hinter ihr rannte. Endlich drehte sie sich um, lächelnd. Sie sagte: «Du kannst mir nicht weiter folgen. Du weißt doch, was passiert, wenn du mir zu weit folgst!» Und, puff, war sie fort, und ich wachte auf. Schaudernd. Eine höhere Bedeutung maß ich meiner Träumerei nicht bei. Auch später nicht, als ich einmal dachte, dass ich mich vielleicht ähnlich verloren fühlte wie sie. Nur eben nicht *ganz.* Und das war entscheidend. Gott und andere Geister hatte ich damals schon hinter mir gelassen. Daran hat sich nichts geändert. Ich glaube an nichts und niemanden mehr. Nicht mal ans Horoskop. Fragt mich einer bedeutungsschwer, welches Sternzeichen ich bin, sage ich: «Seegurke.» Da kann er sich was draus basteln. Ich meine: Wie soll's denn gehen, dass all die millionenmilliarden Leute, die in dem Zeitraum von jenem Tag hier bis zu diesem Tag dort geboren wurden, haargenau gleich sind im Kopp? Also bitte! In Wirklichkeit bin ich übrigens Wassermann, und ich habe gelesen, so eine Haltung sei für die typisch.

Mit der Seele habe ich auch abgeschlossen. Mit meiner und allen anderen. Soll mir keiner erzählen, dass nach unserem Tod so ein transparentes Amöbendingens durch die Sphären schwirrt, das die Essenz jedes Einzelnen birgt. Ja, wofür denn? Für den Tag, an dem mal ein ahnungslos Seelenloser wie ich vorbeistapft, in den das Dingens dann hineinschlüpfen kann? Geh mir weg! Ich kannte mal einen tollen Alten, fünfundachtzig unbeugsame Jahre, lang pensionierter Tenor, wohl auch Katholik, jedenfalls Gott und der Kirche hörbar verbunden, bei dem nahm ich eine Weile Gesangsunterricht. Einmal, ich quälte seine Tenoren-Ohren gerade mit «Freude schöner Götterfunken», oder was ich davon zustande brachte, raunzte er endlich entnervt: «Mensch, sing das doch mal mit See-le! Oder haste keine?» Und ich trotzig: «Nö!» Da stutzte er, für eine Bruchteilsekunde. Und brummte: «Na, das ist ja dann nicht mein Problem.» Das fand ich eine bravouröse Haltung. Für einen Katholiken und überhaupt.

Ich bin vor siebzehn Jahren aus der katholischen Kirche aus- und in keine neue Kirche eingetreten. Wenn ich mich unter meinen Bekannten umsehe, ist das eher ungewöhnlich. Wer irgendwo austritt, tritt – in den meisten Fällen – anderswo wieder ein. Buddhismus, Indianerglauben, Feng-Shui. Es gibt so viele Krücken, die sich uns anbieten, auf ihnen durchs Leben zu hinken.

Immer auf der Suche nach dem Weg zu uns selbst. Ich weiß das. Ich habe ein paar von ihnen probiert. Noch bevor ich dem Katholizismus den Rücken kehrte. Ich wollte mir, wie die meisten von uns, einen neuen Hafen zum Anlegen sichern, bevor ich den alten verlasse.

Ich las im Tibetischen Totenbuch und die gesammelten «Ich-vögelte-fünfhundert-Frauen-und-wurde-erleuchtet!»-Werke des dänischen Lamas Ole Nydahl. Der war unter westlichen Buddhisten – und solchen, die es werden wollten – damals, Anfang der Neunziger, gerade akut. Ich ging sogar zu einer von Nydahl geleiteten Meditation. Kostete zehn Mark Eintritt, was mich skeptisch stimmte. Ich dachte dann aber: «Mit seinem Glauben darf man nicht knausern!» Und richtig: Der Saal war gerammelt voll mit fünfhundert oder mehr Leuten. Vor ihnen, auf einer Bühne, saß der Lama im Schneidersitz, oben ohne, in kurzen Hosen, und spielte mit seinen Muskeln. Ich dachte gutmütig: Klar, mit Beten und dem Versprechen auf Unsterblichkeit allein kriegt keiner fünfhundert Frauen ins Bett! Kann aber sein, dass ich da falschlag. Auf jeden Fall sah der Lama blendend aus. Und dabei hätte er es meinetwegen gerne belassen können. Was mich schließlich an ihm störte, war, dass ich den vielen schönen, bunten Wörtern, die er dort oben entließ, keinen Sinn abringen konnte. Das geht mir – man sei meiner Seele gnädig – mit dero Heiligkeit, dem Dalai Lama, mittlerweile genauso.

Ich meine: Der Mann kichert sehr viel. Und er sagt seltsam schleierhafte Sachen. Darum gilt er als der «weiseste Mann der Welt». Seine Sprüche werden weltweit auf weichgezeichnete Landschafts- oder Schmetterlings-Blumen-Fotos gedruckt und in Arztpraxen, an Toilettentüren und auf Facebook-Wände gepinnt. Besonders im Westen. Laut einer Umfrage der Zeitschrift *GEO* aus dem Jahr 2002 ist der Dalai Lama «die Persönlichkeit, die die meisten Deutschen bewundern». Daran hat sich bis heute nicht viel geändert. Klar, das Dalai-Lama-Gutfinden ist eine bombensichere Sache. So ein Bekenntnis findet man im Synonymlexikon nicht neben dem Begriff «Rebellentum» oder «Waghalsigkeit». Manch einer hängt sich vielleicht lieber nur dem Dalai Lama an als sich selbst aus dem gesellschaftlichen Fenster. Andererseits sagt das, was wir gut finden, ja weniger darüber aus, wer wir sind, als wer wir gerne wären. Oder wer wir zu sein glauben.

Ich weiß nicht, ob meine Försterfreundin in irgendeiner Kirche war, ob sie an irgendwen oder irgendetwas glaubte. Oder ob sie, zumindest hin und wieder mal, gern geglaubt hätte. Kann gut sein, passiert den Besten. Ich könnte nicht einmal mit Bestimmtheit sagen, warum sie Försterin geworden war. Sie «liebte die Natur». Das hielt ich für offensichtlich. Aber was heißt das schon? Die Natur lieben, das macht heutzutage jeder Arsch. Oder behauptet es von sich. Die-Natur-Lieben, das ist eine so sichere Bank wie das Dalai-Lama-Gutfinden. Schlimmstenfalls kennt man die Natur nur noch von lustigen Facebook-Clips über Hühner, Katzen, Eichhörnchen, Pferde, Hunde. Aber was macht das schon, man kann sie auch von seinem Sofa aus lieben. Und sich mit Zähnen und Klauen, wenigstens aber mit seinem Twitter-Account, für Gorillas, Nashörner oder wessen Rettung gerade «en vogue» ist, einsetzen. Auch wenn man das Nashorn für ein Nilpferd hält. Oder?

Vor einiger Zeit musste eine Mutter erfahren, wie es um die «Tierliebe» steht, als ihr dreijähriger Sohn im amerikanischen Cincinnati ins Gorillagehege fiel. Allerdings, so sah es aus, nicht aus mütterlicher Doofheit. Sondern in einem der unbewachten Momente, wie sie Eltern mit ihren kleinen (und nicht mehr kleinen) Kindern wohl tausendmal täglich passieren. Meistens gehen sie gut aus und bleiben darum weitgehend unbemerkt. Dieser, in Cincinnati, endete tödlich. Für den Gorilla. Nachdem das vierhundertfünfzig Pfund schwere Tier das Kind durch den Wassergraben seines Geheges gezerrt und ein paarmal herumgewirbelt hatte, fackelten die Sicherheitsleute des Zoos nicht lang, legten an und schossen. Mit scharfer Munition. Ein Betäubungspfeil sei keine Alternative gewesen, sagten die Zoo-Verantwortlichen später. Seine Wirkung trete erst nach maximal zehn Minuten ein. Eine Ewigkeit, in welcher der von dem «Eindringling» und den Schreien der Zoobesucher aufgebrachte Gorilla das Kind leicht hätte töten, wenigstens aber schwer verletzen können. Die Empörung online kannte keine Grenzen. In jeder Hinsicht.

«Tierliebhaber» beriefen vor den Toren des Zoos eine spontane Kerzen-Mahnwache für den getöteten Gorilla ein. Eine Viertelmillion Menschen kamen, sie flogen – von jetzt auf gleich – aus jeder Ecke der Vereinigten Staaten ein. Bald kannte jeder auf der Welt, der Nachrichten sah oder hörte, den Namen des Gorillas. Der Name tut hier nichts zur Sache. Er tut überhaupt nichts zur Sache. Dieser Name ist nicht «sein» Name. Kein Name, mit dem der Gorilla geboren wurde. Mit dem der Getötete sich identifizierte und anhand dessen er jetzt von Mutter und Vater und seinen Gorilla-Kumpels zeit ihrer Tage erinnert wird. Ich weiß nicht wirklich Bescheid über Gorillas, aber ich bin ziemlich sicher: Sein Name war dem Gorilla und allen anderen Gorillas egal. Er war ein Gorilla. Einer der letzten seiner Art. Dass er erschossen wurde, ist scheiße. Auch ohne Namen. So wie ihn zu erschießen notwendig war. Auch daran änderte ein Name nichts. Umgekehrt: Hätten sie nicht «in seinem Namen» mahnwachen können, sondern «nur» für einen Gorilla, wer weiß, ob eine Viertelmillion Leute gekommen wäre. Auf den Tafeln, die sie, teils tränenüberströmt, vor den Zootoren auf und ab trugen, stand: «R.I.P. Blablabla» und «Gerechtigkeit für Soundso».

Andere (oder waren es die gleichen?) Tierschützer gaben in einer Petition ihren «Kummer über den sinnlosen Tod dieses wunderschönen Gorillas» zum Ausdruck. Und forderten die strafrechtliche Verfolgung der Mutter des Kindes. Wegen «Vernachlässigung». Nicht nur: der Aufsichtspflicht, an diesem speziellen Tag, in dieser einen, auschlaggebenden Sekunde. Sondern wegen Vernachlässigung grundsätzlich, überhaupt. Die sei gewiss auch in den alltäglichen Lebensumständen dieses ärmsten Kindes zu finden, schrieben die Gorillaschützer-Tierliebhaber-Naturfreunde. Sie forderten darum eine umgehende, eingehende Untersuchung derselben. Zweihundertachtzigtausend Menschen unterschrieben. Ich dachte: Zweihundertachtzigtausend Menschen, die fehlerfrei, makellos sind. Denen nie, niemals, auch nicht für eine Sekunde ihr Kind ihrer immerwährenden Aufsicht entwischt ist. Die immer und über alles in ihrem Leben die absolute Kontrolle haben. Ich sollte den Hut ziehen vor ihnen. Tatsächlich läuft es mir bei dieser weltweit grassierenden Form der Gnadenlosig- und Selbstherrlichkeit kalt über den Rücken.

Zu dieser wahnsinnigen Rechtschaffen- und Naturverbundenheit gehört auch, ein Gorillaleben über das Leben eines Kindes zu stellen. Wie könnten sie nicht? Kinder gibt es so viele! Gorillas kaum noch. Und überhaupt sind «manche Gorillas offenbar bessere Eltern als manche Menschen». So biss der britische Komiker und Tierrechts-Fanatiker Ricky Gervais nach dem Vorfall online zu. Was immer das heißen sollte. Ich dachte: Jeder Gorilla, der seinen Nachwuchs von einem Menschen bedroht gesehen hätte, hätte genauso gehandelt. Weil er natürlich *ist*. Seinem Instinkt folgt. Der ihm den Schutz und Erhalt der eigenen Art diktiert. Während wir Menschen uns offenbar am natürlichsten glauben, der Natur am verbundensten fühlen, je weiter wir uns von ihr entfernen.

Und vielleicht war das schon immer – mehr oder weniger – so. Nur können wir diesem Irrsinn erst jetzt, über Twitter und Facebook und weiß nicht was, so richtig Ausdruck geben.

Ich glaube: Meine Försterfreundin hätte es, wie mich, angesichts solcher Natur- und Tierliebe geschüttelt. Ich glaube, dass sie die Natur geliebt hat. Anders. Vielleicht: richtig. Darum wurde sie Försterin. Darum vor allem. Ein Forstwirtschaftsstudium erfordert mehr Einsatz an Zeit und an Energie, als mal eben eine Stunde auf dem Sofa zu sitzen und Attenborough zu gucken. Sie hatte, wie ich, ein paar Pferde. Über die lernten wir uns kennen. Unter anderem hatte sie eine Stute, misstrauisch, widerspenstig, kämpferisch, die ihr nichts als Sorgen machte. Zumindest an manchen Tagen. An anderen, wahrscheinlich den meisten, wusste sie die eigene Art dieses Pferdes zu schätzen. An denen sagte sie: «Hach, wenn ich mich auf sie setze und sie gibt Gas, und dann fliegen wir über die Felder und Wiesen dahin, und das Pferd unter mir wird zehn, zwanzig Zentimeter kleiner, flacher vor lauter Geschwindigkeit – es gibt nichts Besseres. Und es wäre mit keinem anderen Pferd so zu haben.» Dieses oft missgelaunte, kaum kontrollierbare Raserpferd zu verkaufen, es gegen ein *besseres* einzutauschen, gegen eines, das mehr ihren *Vorstellungen* entsprach, wäre für sie undenkbar gewesen. Lieber brach sie sich die Knochen. Was ab und an vorkam.

Sie hatte einen Hund. Südafrikanische Rasse, Rhodesian Ridgeback. Gezüchtet auf Kraft und Herz, um in der Steppe mit ihr Löwen zu jagen. Sie hatte für diese Rasse ein Faible. Wie auch für das Land und seine Leute. Einmal kaufte sie ein Porträtbild von einem Touareg, stechender Blick unter blauem Turban. Wo immer du im Raum stehst, seine Augen starren dich an. Sie fand den so schön. Hängte das Bild in ihrem Schlafzimmer auf. Ein paar Wochen später schickte sie es mir mit der Post. Eine Karte lag dem Mann bei: «Da, hast du ihn. Der stört mich beim Sex.» Sie war ein paarmal in Namibia in den Ferien und auf Safari gewesen. Die Hündin sollte ihre Begleiterin im heimischen Wald auf der Jagd sein, ihr helfen, das Wild aufzuspüren. Vor und, viel wichtiger noch, nach dem Schuss. Nur leider fror dieser extrem kurzhaarige Hund, weit weg von der afrikanischen Steppe, sogar im Sommer.

Meine Freundin schimpfte oft über diesen «verfluchten Fehlkauf von Hund, der sich lieber zitternd aufs Sofa schleicht, statt mit mir raus in den Wald zu kommen». Aber *natürlich* liebte sie ihn. Und als eines Tages ein Fax von ihr auf meinen Schreibtisch rollte, in dem nichts weiter stand als: «Mein doofer Hund hat sich heute totfahren lassen. Ich verschwinde jetzt für ein paar Stunden in den Stall, Scheiße schaufeln», war das der Anfang vom Ende. Aber das wusste ich erst später. *Nachher.* Natürlich.

In den Wochen und Monaten, die auf den Hunde-Tod folgten, schrieb sie weniger. Rief öfter an. Meist ratlos. Was ihr eigenes Leben und das Leben im Großen und Ganzen betraf. Der Hund tot. Ihre Förster-Ehe geschieden. Mit den beiden Kindern allein und, statt im Forsthaus am Wald, jetzt nur noch zur Miete auf einem Hof an der Hauptstraße wohnend. Was immerhin schon mal den Hund das Leben gekostet hatte. Wie konnte es weitergehen? Wo führte das, wenn überhaupt, alles hin? Ich hielt das für eine Phase. Durchlief die nicht jeder mal irgendwann? Sie sagte: «Ich weiß nicht. Jeder scheint immer ganz genau zu wissen, was zu tun ist. Wie er sein Leben zu leben hat. Die wissen sogar, wie ich *mein* Leben zu leben habe. Wie ich es leben sollte. Um es *richtig* zu machen, um endlich *glücklich* zu sein. Lauter tolle Ratschläge, von allen Seiten.» Sie atmete hörbar ein. «Das Leben scheint für alle so einfach zu sein. Nur nicht für mich, ich bin zu blöd. Ich habe keinen Plan.» Sie klang ehrlich bekümmert. Besorgt. Darüber, was für ein elender Krüppel sie doch offenbar war. Was konnte ich darauf sagen? «Ich habe auch keinen Plan. Keine Ahnung, wie man das Leben *richtig* lebt. Tut mir leid.» Auch ich war ehrlich bekümmert. «Ich habe keinen Rat.» Sie lachte. «Ich weiß!», rief sie. «Darum rufe ich dich an!» Und dann lachten wir beide, zusammen. Ein letztes Mal.

An dem Tag, an dem sie von ihrem Dachbalken sprang, hatte ich zwei oder drei Wochen nicht von ihr gehört. Ein Ausnahmezustand. Das Letzte, was ich von ihr gehört hatte, war eine Art Abfuhr gewesen. Nicht nur an mich. Ans Leben. So empfand ich es damals. Es war Wochenende, und ich hatte sie besuchen sollen. In letzter Minute schickte sie ein Fax: «Sorry, ich kann nicht. Nicht jetzt. Bitte sei mir nicht böse.» Und dann noch einen letzten Satz, bei dem es mir, für den Moment unerklärlich, kalt über den Rücken lief: «Ich möchte so gern aus meiner Haut!» Zwei Wochen später hörte ich: Meine Försterfreundin hatte diesen Zustand erreicht. An einem Freitagnachmittag. Im Frühjahr. Ich dachte, in meinem Unverständnis und meiner Verzweiflung: «Wer macht denn so was, wenn gerade das Licht zurück ins Leben kommt und alles zu sprießen und blühen beginnt!» Das musste für sie doch absehbar, das musste doch abwartbar gewesen sein? Gerade als Försterin! Ich dachte: «Wenn man sich schon das Leben nimmt, dann doch bitte im Herbst. Wenn ringsum sowieso alles nach Verlust und Vergänglichkeit aussieht.» Oder?

Sie hatte am Vortag noch ein Paar neuer Stiefel gekauft. Am Mittag, wie immer, ihre Blumen raus in den Hof, in die Sonne gestellt. Am Nachmittag war sie tot. Später las ich, dass sich mehr Leute im Frühjahr das Leben nehmen als im Herbst. Oder zu jeder anderen Jahreszeit. Nicht obwohl, sondern gerade weil alles zu blühen und sprießen beginnt. Und das Licht endlich zurück ins Leben kommt. Nur eben: nicht für sie. Für sie bleibt es dunkel. Und kalt. Für immer. So muss es sich anfühlen, im Frühjahr noch mehr als zu jeder anderen Jahreszeit. Ich dachte: «Wie soll ich das je begreifen, dass du das Leben mehr fürchtetest als den Tod?»

Dann kam der Herbst. Mit all seinen Gefühlen von Hoffnungslosigkeit. Von Ende und Verlust. Ich meine: Klar, die Blätter fallen in tollen Farben. Auf den Kalenderfotos, vom Sofa aus betrachtet, sieht das alles prächtig aus. In Wirklichkeit aber ist der Herbst meistens kalt, nass und finster. Er ist die Einleitung zu einer langlangen, noch sehr viel kälteren Zeit. Zu Monaten ohne Licht und Hoffnung. Ich dachte: «Nach den paar kurzen, bunten Kalenderbildtagen, wie soll ein Schwein das, was noch alles an Kälte und Dunkelheit kommt, überleben?»

Ich träumte jetzt öfter von ihr. Meiner verlorenen Försterfreundin. All diesen komischen Kram, wie sie vor mir auf den Waldwegen ging und ging. Ich immer dicht hinter ihr, ohne sie einholen zu können. Und ich dachte: «Wenn ich dir in all den entscheidenden Dingen niemals folgen, niemals näherkommen kann, dann will ich wenigstens diese eine, große Leidenschaft von dir verstehen.» Und mit dieser, weil er mit ihr einherging, vielleicht den Tod. Das war meine irre Hoffnung. Und ich dachte daran, als Magda fragte: «Warum seid ihr hier?» Aber, natürlich, den Jägern durfte man das alles auf keinen Fall sagen. Die hatten ja schon, so stellte sich später – viel zu spät – heraus, an meiner Frühnebel-Einsamkeitsliebe zu knacken.

JÄGER ODER JAGER?

SOLLING 1982

ALS ICH SECHZEHN WAR, schleppte mich einer das erste Mal mit auf die Jagd. Ich arbeitete als Küchenpraktikantin in einem Hotel im Solling, einer wald- und wildreichen Hügellandschaft in Mitteldeutschland. Das Hotel gehörte einem Schwesternpaar und deren Männern. Einer dieser beiden und der Koch des Hotels gingen beide zur Jagd. Was aber nicht dasselbe war, darauf bestand der Koch. Ich war umgehend wild darauf, mitgenommen zu werden. Klar, es gab sonst nicht viel zu tun in diesem Sollingdorf. Aber da war auch noch etwas Anderes, Namenloses, etwas, das ich nicht benennen, nur fühlen konnte. Das mich in den Wald zog. Schon immer gezogen hatte. Als Kind mit Pfeil und Bogen und jetzt erstmals mit Knarre.

Wer dieser beiden mich mitnahm, so dachte ich anfangs noch, sei egal. Der Chef bot sich als Erster an. Ein Waidmann, wie er im Buche steht. Die Verkörperung deutschen Jagdwesens, außen wie innen. Korrekt, zuverlässig, starr. Grüner Großvaterloden, blanke Stiefel und – hier, in der Mitte Deutschlands – ein Tirolerhut. Er entsprach genau der Art, die mein späterer Waffenlehrer, einer der wenigen unter den Jägern, der mir am Herzen lag, «diese monströse Rechschaffenheit» genannt hatte. Man fand sie unter Jägern und Nichtjägern. «Ganz egal, wo du hinschaust», sagte er, «überall leiden sie an der gleichen Seuche.» Und das Internet, Facebook, Twitter, diese Tempel der Rechtschaffenheits-Gläubigen und Hohepriester, waren noch nicht mal eröffnet. Ich hätte ihn um ein Haar umarmt. So froh war ich, unter all den vermeintlich so Andersartigen unverhofft einen Gleichen zu finden.

Der Hotelchef war Ende zwanzig, was man ihm nicht ansah. In seinem Loden-Tiroler-Outfit ging er gut und gern für Mitte fünfzig durch. Hätte mir damals einer geflüstert, dass ich, die doch alles daransetzte, «anders» zu sein, mich einmal genauso kleiden würde, in der Hoffnung, als Gleiche akzeptiert – vielleicht sogar geliebt – zu werden, ich hätte laut gelacht. Ich hatte gerade meine Punkphase hinter mir: karminrote Haare, mit Haarspray versteift. Zerrissene Bundeswehrhosen und italienische Armeejacken. Entlang der Knopfleiste hatte ich eine schwergliedrige, lange Kette genäht und dicke Karabinerhaken auf der gegenüberliegenden Seite. Mit denen war die Jacke jetzt zu schließen. Die Schulterriegel hatte ich durch Teile eines Stachelhalsbandes für Hunde ersetzt. Stilrichtung: Vivienne Westwood für Arme. Fragte einer käsig: «Was soll 'n das ganze Kettengedöns darstellen?», erklärte ich ihm: «Damit verhöhne ich eure blöden Orden. Die man für nichts als fürs Töten bekommt. Und auch sonst die scheiß Bimbam-Gläubigkeit dieser Gesellschaft!» Ich fand, das klang toll. Sogar sinnvoll. Na ja, man hat halt so Phasen.

Kann übrigens gut sein, dass ich meine Philosophie auch solchen erklärte, die mich nicht fragten. So ist das mit Missionaren. Ich habe damit Erfahrung. Bevor ich zum Punk wurde, durchlebte ich eine Phase überschäumenden Christentums. Ich trat auf als Friedensengel im Indienkleid und mit Wallehaar. Ich musste alle bekehren, alle erleuchten. Ich sagte Sätze wie: «Jesus ist unsere einzige Chance!» Was ich damit meinte, wusste ich damals schon nicht. Anschließend konvertierte ich, zwanzig Jahre zu spät, zu den Hippies. Im gleichen Kleid, mit dem gleichen Haar und den gleichen Sprüchen. Ich hörte Woodstock-Musik und das Hörspiel

«Krieg der Welten». Zur Ersteren weinte ich, weil Woodstock so verflucht lange her und der gute Geist der Sechziger für mich unwiederbringlich verloren war. Zu Letzterem nickte ich schwer: So würde es eines Tages kommen. Hinter der Schulturnhalle rauchte ich mit meinen Freundinnen schwarzen Tee als Ersatz für Marihuana, das in unserer Kleinstadt noch nicht zu bekommen war. Vielleicht fehlten uns aber auch nur die Kontakte. Am Ende war das egal: Wir schworen alle, wir spürten «von dem Zeug» eine Hammerwirkung.

Als Punk fand ich dann, dass mir mein Klimper-Outfit, speziell die Stacheln, etwas Geheimnisvolles, Gefährliches gab. Ein Ziel, das ich möglicherweise verfehlte. Einmal, während eines Erdkundetests, saß mein Klassenlehrer vorn am Pult, den Kopf in die Hand gestützt. Schwer am Überlegen. Dann fragte er, der sich trotz Karminrot und Bundeswehrfetzen und Stachelhalsband ums Verrecken nie an meinen Namen erinnern konnte, in die Examensstille hinein: «Sagen Sie mal, Anke ... haben Sie eigentlich keine Angst, dass Sie mit Ihrem ganzen Geschepper an unseren Magnettafeln kleben bleiben?» Ich musste lachen. Ob mich das rettete oder meinen Schurkenruf komplett ruinierte, vermag ich nicht zu sagen.

Jäger? Waren für mich, wie für alle, die ich damals und später kannte, das Synonym deutschen Spießertums. Deutete in jenen Jahren etwas darauf hin, dass ich einst im Großvaterloden in einer muffigen Beiz unter ihnen das Horrido singen würde? Im Nachhinein meine ich: alles!

In den Wald glitten der Hotelchef und ich in seinem schweren, tadellosen Audi. Die Waffen transportierte er stets im Kofferraum, gegen unbefugte Benutzung gesichert. Das war alles ganz richtig. Es fühlte sich nur nicht so an. Für mich, die noch immer, auch hier, irgendwie auf der Suche war. Stundenlang saß ich mit ihm schweigend im Wald, und wir schossen nichts. Dass einzige Drama spielte sich erst ab, wenn wir wieder nach Hause kamen und die Hotelfrau über Stunden weder mit mir noch ihrem Mann ein Wort sprach. Um dann unvermittelt, bei nichtswürdigem Anlass, in Gebrüll auszubrechen. Ein Verhalten, das ich – auch weil ich um seinen Auslöser nicht wusste –, als lebensgefährlich empfand. Ich brauchte eine Weile – und den Koch –, um zu kapieren. Er war ob meiner Ahnungslosigkeit fassungslos. Brüllte: «Mann, lebst du denn hinterm Mond?! Die hat Schiss, dass ihr Alter was ganz anderes jagt, da mit dir im Wald.» Ich war überrascht. Ich hatte dort draußen zu keiner Zeit etwas anderes gesucht als: Wild. Und ich war sicher und bin es heute noch: ihrem Mann ging's genauso. Das sagte ich dem Koch. Und auch dass ich den Vorwurf allein mit Blick auf ihren Tirolerhut-Mann lächerlich fand. Der Koch lachte. Rief: «Das sag ihr mal!» Ich verstand bald: Er hätte das gesagt. Genauso und ohne Rücksicht auf Verluste.

Er war der Chef hier. Meiner sowieso, die ich acht Stunden am Tag an der Industriespülmaschine in seiner Küche stand. Schmutzige Teller, Tassen, Gabeln, Messer, das alles auf der einen Seite rein, das saubere, dampfende Zeug auf der anderen wieder raus. Eine intellektuelle Freude war's nicht. Aber er war auch der Chef überhaupt. Das immerhin hatte ich gleich an meinem ersten Praktikumsabend kapiert, noch bevor ich seine Küche betrat. Ich lernte an diesem ersten Abend auch einiges über seine Chefs. Später, angesichts der Nach-Jagd-Dramen, hätte mir das von Nutzen sein können. Theoretisch. War es aber nicht.

Ich saß also im Chefbüro und bekam von dem Tirolertypen meine Aufgaben für die nächsten sechs Wochen erklärt («Spülmaschine! Sonst rührst du nix an. Vor allem vom Essen hältst du dich fern, von wegen Hygiene und so»), als der andere Chef hereinkam und murmelte: «Du, da will noch einer etwas Warmes zu essen.» Beide schwiegen. Lange. Endlich räusperte der Tirolermann sich. «Wie spät ist es denn?» – «Noch nicht zehn!», rief der Erste. «Bis Küchenschluss sind es noch ganze fünfzehn Minuten!» Und fügte bedächtig an: «Eigentlich.» Der Tirolermann wippte in seinem Bürostuhl und wischte sich über die Stirn. «Ja, nun. Was will man machen.» Er zuckte mit den Schultern. Das sollte wohl lässig aussehen. Der Erste fragte falsch-forsch: «Sagst du es ihm?» Dann, zögerlich: «Oder ich?» Der Tirolermann wieder: «Ich meine, ich hab es ihm letztes Mal gesagt.» Und der Erste, geschlagen: «Okay – dann eben ich.» Er verließ das Büro. Geduckt. Ich hörte ihn seufzen. Dann, aus der Küche: ein Klappern und Scheppern und Schlagen. Es klang nach Töpfen und Pfannen. Gebrüll. Mehr Scheppern und Schlagen. Etwas krachte gewaltig gegen die Wand, die das Büro von der Küche trennte. Eine Tür schlug. Jemand brüllte.

Der andere Chef stolperte herein. Verschwitzt, atemlos. Sonst unversehrt. «Und?», fragte der Tirolermann bebend. «Er macht's!», stöhnte sein Kompagnon. «Gott sei Dank!» Und doch war keinem der beiden zum Jubeln zumute. Wie auch, das Drama wiederholte sich alle paar Abende, jedes Mal, wenn ein Gast wagte, kurz vor Küchenschluss noch um eine warme Mahlzeit zu bitten. Und Gnade den Chefs Gott, bat einer um ein Essen danach. Gnade Gott auch dem Gast. Mehr als einmal durfte ich von meiner Spülmaschine aus erleben, wie die Chefs mit dem Koch rangen, zwischen Töpfen und Pfannen, um ihn und den Gast davor zu bewahren, dass er ihn persönlich mit der Bratpfanne in der Hand begrüßte. Erst dann kam er der Bitte nach. Vorher brauchte er dieses Ritual. Er war aufbrausend und unberechenbar, schleppte einen diffusen Zorn mit sich herum. Auf irgendwen, irgendwas. Oder auf jeden und alles. Er war ein Jäger, wie ihn seine Gegner verstehen.

In erster Linie aber war er, auch das lernte ich, ein erstklassiger Koch. Geradezu unersetzlich. Und das wusste er. Ich meine:

Was nützt dir das Erstklassig-, das Unersetzlichsein, wenn du nicht an dich glaubst? Weil der Koch darum wusste, konnte er sich hier nahezu alles erlauben. Darum war er noch da. Und darum, so dachte ich manchmal, hinterher, als wir uns schon lange nicht mehr kannten, war er auch der Jäger, der er war. Nämlich: keiner, wie er im Buche steht und den Versandhauskatalogen entspringt. Sondern: einer, wie ihn nur das Leben schafft, mit all seinen Ecken und Kanten. Nach solchen suchte ich später. So ein Jäger wollte ich sein. Und kein anderer. «Ein Jager!» So hatte der Koch es gesagt. Wäre er nicht gewesen, ich hätte meine gerade erst keimende Jagdlust zusammen mit meinem Praktikumsplatz verloren.

Der Koch bestimmte: «Nächstes Mal jagst du mit mir! Damit dich der Chef nicht versaut.» Jagdmäßig, meinte er. Der Koch sagte: «Weil nämlich dein Chef, das ist ein Jäger. Ich aber!» Er reckte sich auf zu voller, kapitaler Größe und streckte die Brust vor. «Ich bin ein Jager!» Weil ich wusste, dass er ein Herz für mich hatte, wagte ich zu fragen: «Was ist der Unterschied?» Der Koch schnaubte. «Ein Jäger, du, der kauft seinen lächerlichen Loden aus dem Versandkatalog.» Er aber! Trug einen Uraltpulli und zerrissene Hosen aus Bundeswehrbeständen. Wie ich, vor nicht allzu langer Zeit. Dazu Springerstiefel. Eine Art verschlissenen Tropenhut auf dem Kopf. Rote Haare, roter Bart und ein wilder Blick. In den Wald schaukelten und klapperten wir, in seine Suzuki-Geländekiste gezwängt. Für die Gewehre war gerade noch Platz zwischen meinen Knien. Bevor er Hotelkoch wurde, war er Soldat gewesen, na klar. Das musste einem keiner groß sagen. Jetzt strich er mit der Knarre privat durch den Wald. Stundenlang saß ich schweigend mit ihm da, und wir schossen nichts. Und ich hing, noch ohne es zu wissen, am Haken. Von etwas, was sich gut, fast richtig anfühlte. Weil es meinem Bild von der Jagd und mir entsprach.

MUTTER

WÄHREND DER ERSTEN Jagdlehrgangswochen hörten wir Brauchtum. Von Magda. Es war ihr Liebstes. Welche Zweige legen wir wie herum, um den Mitjägern etwas mitzuteilen im Wald? Nach welchen Regeln ordnen wir das «erlegte» Wild? «Bitte auf eure Sprache achten!», schnarrte Magda. «Töten tun nur die Laien!» Wir lernten das korrekte Benehmen auf einer Treibjagd. «Wenn ihr denn mal das Glück habt, zu einer eingeladen zu werden.» Später, in ein paar Monaten, nach der – hoffentlich – bestandenen Prüfung. Mit dem Jagdschein in unserer Tasche und einem ordentlichen Püster im Schrank. «Waffe», korrigierte Magda. «Zur Treibjagd eingeladen wird längst nicht jeder», frohlockte sie. «Das ist eine Ehre!» Und sie schaute reihum und sah dabei aus, als wisse sie längst, wem diese Ehre zuteilwerden würde. Und vor allem: wem nicht.

Ich dachte: Sicher weiß sie auch schon, wer bestehen wird und wer nicht. Das sagte ich auch. Und manches riskante andere. Zu ausgewählten Mitsündern, denen ich, aus welchen Gründen auch immer, vertraute. Wir lachten. Teilten Scherze und Unbehagen. Später, beinahe zu spät, fand ich heraus, dass die meisten von uns kein unbedingtes Vertrauen verdient hatten. Damals verübelte ich ihnen das. Und mir meine Blauäugigkeit. Hielt sie für Schweine und mich für blöde. Verurteilte uns aufs Schärfste, gnadenlos, gegen mich wie gegen sie. Heute denke ich: Ist solche Gnadenlosigkeit nicht der Anfang allen Übels?

Denn es gab auch die anderen. Dieses eine, dürre Prozent. Diese paar wenigen, die vielleicht nicht unbedingt ganz anders waren. Wer von uns ist das schon? Nur waren sie eben auch nicht ganz gleich. Sie hatten etwas. Irgendetwas. Wuchsen über sich und die Gruppe hinaus, ohne Rücksicht auf sich selbst. Denen *konntest* du nicht nur vertrauen, du *musstest*. Weil: Das hatten sie verdient. Und wie wolltest du sie anders finden? Wie kannst du sie anders vom Rest sortieren als nämlich genau so: indem du ihnen vertraust. Und damit riskierst, dass du auf die Schnauze fliegst.

Wir ergötzten uns an den Vokabeln der Jägersprache. Das männliche Schwein: Keiler. Das weibliche Stück: Bache. Seine Kinder: Frischlinge. Die Augen: Lichter. Die Ohren: Teller. Der Nasenrücken: Gebrech. Die langen Eckzähne: Waffen. Der Penis: Brunftrute. Die Hoden: Klötze. Magda ratterte das herunter, ohne mit den Mundwinkeln zu zucken. Wir Jungvolk aber: Der Tag, an dem wir entspannt über Brunftruten und Klötze würden reden können, schien undenkbar.

Kür dieser Brauchtumsabende war nach rituellem Absingen des Horridos das gemeinsame Herunterstürzen von Kräuterschnäpsen. «Aber ich muss doch noch fahren», zweifelte der Nistkastenbauer. «Du bist jetzt einer von uns!», rügte Magda, liebevoll ungehalten über seinen Unverstand. Möglicherweise gar: sein Misstrauen. In sie. In die Jägerschaft. Ihre Fürsorge. Wo und wie bitte gab's denn so was? Sie legte die Hände flach auf den Tisch und schmunzelte. «Die Polizei weiß sehr genau, wann wir unsere Kursabende haben. Von deren Jungs gehören ja auch einige zu uns. Und wenn euch doch mal einer anhält, dann sagt ihr, ihr seid Jungjäger, kommt von Magdas Jagdlehrgang.» Und es war gut. Dann, mit erhobenem Finger, denn dazu war immer Grund: «Auch darum müsst ihr zu unseren Abenden immer in jagdlicher Kleidung kommen!» Nur so gäben wir uns zweifellos als ihre Schützlinge zu erkennen. Für sie. Für uns. Für die Polizei.

«Also, bitte», befahl Magda, «alle aufstehen!» Das Gläschen in die linke Hand. Der Vorsinger: «Horrido!» Und die Gruppe antwortet, und zwar geschlossen: «Jo-ho!» – «Horrido!» – «Jo-ho!» – «Horrido!» – «Jo-ho!» Und, alle gemeinsam: «Ein Horrido, ein Hooorrii-do, ein Waid-manns-heil, ein Horrido, ein Ho-ri-do-ho, ein Waiiid-manns-heil!» Die Stimme unseres eifrigen Zahnarztes tönte operettenhaft über allen anderen. Der Nistkastenbauer legte Magda die Hand auf den Rücken und seufzte «Mutter!». Woraufhin die Alte vor Glück glühte. Und ich, die das alles zweifelhaft und in höchstem Maße lächerlich fand, die zwanzig Kilometer weiter doch Mann und Kinder auf sich warten hatte, wunderte mich, dass etwas in mir hier zu Hause sein wollte.

ERSTE WITTERUNG

IDAHO 2003 UND 2017

AM VORABEND DER REISE, während ich allein in meinem Zimmer meinen Rucksack packe, erkenne ich auch kurz den Wahnsinn. Dieses Vorhabens. Vielleicht auch: meiner selbst. Ich denke: «Das hier ist so bescheuert. Bescheuerter geht's nicht.» Vierzehn Stunden nach Idaho reisen, in ein Kaff nahe der kanadischen Grenze, um mit ein paar Jägern und Trappern auf Jagd zu gehen. Mit ein paar Kerlen, die ich nicht kenne. Die ich niemals getroffen habe, nicht mal gesprochen habe. Über die ich nichts weiß, nur gerade mal ihre Namen. Meine erwachsene Tochter formulierte es Wochen zuvor, als ich ihr meinen Plan erstmals kundtat, mit hochgezogenen Brauen so: «Du willst mit ein paar dir unbekannten Männern, die außerdem bewaffnet sind, irgendwo in die Wildnis ziehen?» – «Na ja», habe ich unwillig gesagt. «Wenn man es so ausdrücken will.» Meine Tochter nickte. Ich schwieg.

Was konnte ich, sollte ich auch sagen? Ich war, als ich den großartigen Plan fasste – der, so sah es jetzt aus, vielleicht so großartig nicht war –, seit Jahren nicht mehr auf Jagd gewesen. Ich hatte seit Ewigkeiten kein Gewehr mehr in der Hand gehalten. Geschweige denn geschossen. Nicht mal auf dem Schießstand auf Pappscheiben. Dass ich den Jagdschein gemacht hatte, war fünfzehn Jahre her. Eine Phase meines Lebens, die ich nicht in der besten Erinnerung hatte. Woran nicht nur die Jäger schuld waren, na klar, aber schon auch.

Wann ist man Jäger? Wenn dein Vater, Großvater und deine Mutter und Oma Magda Jäger gewesen sind? Wenn du den Unterschied zwischen Hoch- und Niederwild kennst und die Saisonzeiten für Rehwild, Hase, Fasan auswendig herunterrattern kannst? Wenn du weißt, wie die Zähne des Wildschweins im Jägerdeutsch heißen? Und der Penis des Hirschs? Wenn du schießen willst? Wenn du schießen kannst? Nicht nur auf ein Pappreh, sondern auf die lebende Kreatur? Oder: wenn du nach Monaten der Quälerei, solcher und solcher, die Jägerprüfung, schriftlich, mündlich und praktisch, abgelegt und endlich den Jagdschein in den Händen hältst? Ich weiß es nicht. Ich habe nie gesagt, dass ich Jägerin bin. Schon damals nicht, als ich noch jagen ging. Was ich stattdessen immer sage, ist: «Ich habe den Jagdschein.» Und jedes Mal, wenn ich's sage, muss ich an meinen Stiefvater denken, für den dieser Satz eine ganz andere, eine volksmündliche Bedeutung hatte. «Die hat doch den Jagdschein!» Im Volksmunddeutsch hieß das: «Die ist bekloppt!» Bemerkenswert. Nicht nur in Bezug auf mich.

Hätte ich gesagt: «Ich bin Jägerin», ich hätte mich für eine Betrügerin gehalten. Was nur bedingt etwas darüber aussagt, wie sehr oder wenig ich wirklich Jägerin bin. Mich als dies oder das zu bezeichnen, ist ein Problem, das ich nicht nur in Bezug auf mein Jäger- oder Nichtjägersein habe. Ich kann, obwohl ich seit zwanzig Jahren Pferde habe und mich bisweilen auf sie setze, zum Beispiel auch nicht sagen: Ich bin Reiterin. Oder: Ich reite. Denn das, so fürchte ich, weckte in meinem Gegenüber die Vorstellung, dass ich reiten kann. Oder: dass ich glaube, reiten zu können. Nichts liegt der Realität ferner. Als ich noch Gesangsunterricht nahm und die Altstimme in einem Chor sang, konnte ich auch nicht sagen: Ich singe. Erst recht nicht: Ich kann singen. Oder: Ich bin eine Sängerin. Schon solche Sätze hier aufzuschreiben, selbst in der Verneinung, macht mir eine Gänsehaut. Es brauchte Jahrzehnte, bis ich mich, wo es nötig war, als «Journalistin» vorstellen konnte.

Oder als «Autorin». Genaugenommen kann ich es immer noch nicht. Jedenfalls nicht ohne Gänsehaut. Ich komme mir, wenn ich es tue, lächerlich vor. So wie ich mir lächerlich vorkomme, wenn ich behaupten sollte, dass ich eine Jägerin bin.

Einmal sprach ich diesbezüglich mit einem Therapeuten. Ich erzählte ihm, wie ich im Sommer 2003 das erste Mal nach Idaho gefahren war, auf eine Ranch, um dort – unter Anleitung – Jungpferde einzureiten und Kühe zu treiben. Die Ranch gehörte einem alten Cowboy, einem *wirklichen* Cowboy. Einem, der seiner Reitkünste und seines Pferdeverständnisses wegen eine Legende war. Ich erzählte, wie ich schon auf dem Zwischenstopp in Amsterdam vorsorglich in Tränen ausbrach. Weil mir plötzlich, viel zu spät, aufging, was für eine Lachnummer ich gegenüber diesem legendären Pferdemann war. In seinen dreiundsiebzig Jahren auf Erden, geschätzte siebzig davon im Sattel, hatte er etwas gefunden, was über Jahrzehnte (nicht nur) von seinen Cowboykollegen verlacht worden und jetzt von aller Welt verzweifelt gesucht war: eine *Verbindung* zum Pferd. Also: zur Natur. Der Alte, in seinen verstaubten Arbeitsstiefeln und überlangen Wrangler-Jeans, auf seiner Ranch im fernen Idaho, war plötzlich weltberühmt. Denn was er zu bieten hatte, war hochmodern. Das kratzte einen wie ihn wenig.

Ich hatte gehört, er war ein knallharter Knochen. Hielt vierundzwanzig Stunden am Tag einen Zahnstocher zwischen den Zähnen als Ersatz für das Rauchen, das er endlich aufgegeben hatte. Leider zu spät. Er litt schon an einem Lungenemphysem, und atmen ging meist nur im Ruhezustand. Er sagte jedem gnadenlos auf den Kopf zu, was er von ihm hielt. Meist war das nicht viel. Mal hatte er zu so einem hoffnungslosen Verbindungssucher und Möchtegern-Pferdeversteher gesagt: «Ich kann verstehen, dass du gern ein Hobby hättest, aber müssen es Pferde sein?» Und zu einem anderen: «Tu deinem Pferd den Gefallen, verkaufe es und spiel Golf!» Mehr als solche, die ganz offen nichts kapierten, nervten ihn solche, die meinten, das Wichtigste schon kapiert zu haben. Aber das wusste ich auf meinem Heulstopp in Amsterdam noch nicht. Gott sei Dank.

Zu dem Therapeuten sagte ich entschuldigend: «Ich wollte von dem Besten lernen.» Und fügte schnell an: «Womöglich wollte ich mir aber auch nur beweisen, dass ich eine Niete bin.» – «Sind Sie eine Niete?», fragte der Therapeut. «Ich glaube nicht», sagte ich. Dann: «Vielleicht doch? Wenn ich behaupte, dass ich keine Niete bin, komme ich mir vor wie eine Niete, die sich überschätzt.» – «Das ist Anxiety», sagte der Therapeut. «Eine Angststörung.» Die Schlussfolgerung fand ich wenig hilfreich, weil ich mich jetzt für eine Niete mit Angststörung hielt. Das sagte ich dem Therapeuten. Er guckte streng. Und ich dachte an den Alten, in Idaho. Der natürlich auf Anhieb gerochen hatte, dass ich mich, durch all mein Natürlichkeits- und sonstiges Bravado hindurch, für eine Niete hielt. Und wer weiß, vielleicht hatte mich das gerettet. Vor ihm. Und nicht zuletzt vor mir selbst.

In jenem Sommer 2003 war ich das erste Mal in Idaho. Der Name hatte für mich den magischen Klang von Weite und Wildnis und Herrlich-weit-weg. Wikipedia, das es damals noch nicht wirklich gab, schreibt: «Idaho ist ein Staat im Nordwesten der USA. Im Osten und Nordosten an Montana grenzend, an Wyoming im Osten, an Nevada und Utah im Süden und im Westen an Washington und Oregon.» Im Norden liegt jenseits der Grenze Kanada. In Idaho leben 1,6 Millionen Menschen auf 266 440 Quadratkilometern. In Deutschland sind es einundfünfzigmal so viele auf nur wenig mehr Quadratkilometern: 357 000. Klar, es gibt ein paar Staaten in den USA, die noch dünner besiedelt sind – darunter Alaska –, aber im Vergleich zu dem, was ich kannte, war Idaho schon ein prächtig verlassener Ort. Und es lag so gut wie am Ende der Welt.

Ernest Hemingway, der leidenschaftliche Nashorn-Erschießer, hatte vor lauter Liebe zum Land ein Haus dort gekauft. Er plante, jedes Jahr die Jagdsaison dort zu verbringen. Er pries: «Die Vogeljagd in Idaho ist die beste auf der Welt.» Was vielleicht seltsam war. Angesichts dessen, dass der Freund, der ihn erstmals in dieses Paradies gelockt hatte, bei der Vogeljagd starb. Vielleicht war auch nichts wirklich seltsam daran. Ich meine: Was konnten das Land und die Vögel schon für den Tod des Freundes? Vielleicht war Hemingway in erster Linie auch einfach nur Jäger. Und dann erst Freund.

Ich ging damals in Idaho nicht auf die Jagd. Ich ritt auf der Ranch des Alten die Jungpferde ein. Oder vielmehr, vom Standpunkt der Niete aus betrachtet: Ich setzte mich die ersten paar Male auf sie. Ich trieb seine Kühe. Oder: ritt hinter ihnen her. Von der Morgendämmerung bis zum Einbruch der Dunkelheit. Über lange, schattenlose Tage, im August und September, bei vierzig Grad. Die steilen Berghänge rauf und halsbrecherisch wieder runter, über die flache, endlos scheinende Prärie. Abends lagen wir wie erschossen in der Hängematte auf der Veranda des kleinen Holzhauses, Unterkunft für die Ranch-Arbeiter, und lauschten auf das Heulen der Kojoten. Und im ersten Morgenlicht standen wir wieder da und sogen die Luft ein, die voll vom taufrischen Geruch des Salbeis war. Ich blieb länger, als ich hatte bleiben wollen. Nach den ersten zwei Wochen machte ich mich, wie geplant, erstmals auf den Heimflug. Ich kam bis zum ersten Zwischenstopp, nach Seattle. Von einer Telefonzelle auf dem Flughafen dort rief ich meinen Mann an und bat ihn, mich am kommenden Tag in Hamburg abzuholen. Er rief: «Ich habe die Frau meines Lebens gefunden! Ich liebe sie so! Wir blicken einander geradewegs in die Seelen!» Mir war schon klar: Er meinte nicht mich. Wir waren zu dem Zeitpunkt vierzehn Jahre verheiratet. Hatten vier gemeinsame Kinder und zwei aus meiner ersten Ehe. Die Frau seines Lebens kannte er seit zehn Tagen. Ich stand da, in dieser Telefonzelle im fernen Nirgendwo. Heulte erst. Sagte dann: «Ich setze mich jetzt auf keinen Fall in ein Flugzeug nach Amsterdam!» Meinem nächsten Zwischenstopp. Stattdessen flog ich zurück nach Boise, Idaho. Die Schwester des Alten hatte mir, auf meinen Notanruf bei ihr hin, über das Telefon ein Ticket gekauft. Ich hatte gerade noch fünfzehn Dollar in der Hosentasche. Sie rief mich gleich darauf in dieser Teufels-Telefonzelle zurück: «Lauf! Dein Flug geht in zwanzig Minuten.» Und ich lief. Und dann war ich zurück, auf der Ranch. Der Alte brummte bloß: «Die Dinge haben eine Art, sich selbst zu regeln.» Ich blieb zwei Monate in Idaho. So lange dauerte es, bis der Mann, der jetzt nicht mehr meiner war, auszog. Zur nächsten Frau seines Lebens. Notgedrungen. Mit der ersten war schon ein paar Tage nach unserem Jahrhunderttelefonat Schluss gewesen, und ich wollte ihn, zu seiner Überraschung, nun nicht mehr haben. «Du kannst mir doch nicht die Pistole auf die Brust setzen!», klagte er. Ich lachte. Das war jetzt wirklich komisch. «Die Pistole hast du mir auf die Brust gesetzt. Ich versuche, das Beste daraus zu machen.» Die Ranch des Alten war ein guter Ort, das zu lernen. Womöglich: der beste. Darum fühle ich mich Idaho und ein paar Leuten dort auf ewig verbunden. Natürlich war es nicht der Jagdlehrgang gewesen, an dem meine Ehe, wie von Magda uns allen beizeiten angedroht, «zerbrochen» war. Jedenfalls nicht direkt. Zerbrochen war sie schon vorher. Möglicherweise war sie überhaupt nie heil gewesen. Aber ich schließe nicht aus, dass es (auch) die langen einsamen Stunden des Wartens im Wald waren, die mich zwangen, das endlich und immer deutlicher zur Kenntnis zu nehmen. Das blieb meinem Mann nicht verborgen. Nicht zuletzt war ich jetzt geübt im sinnvollen Umgang mit Waffen. Mit dem Entscheidungentreffen. Mit Kontrolle. Eine mir auf die Brust gesetzte Pistole konnte mich nicht mehr leicht schrecken. Ich meine: Der Jagdlehrgang hatte in mir einen Prozess in Gang gesetzt. In der Telefonzelle in Seattle und später, zurück in Idaho, zeigte er sich erstmals von vollem Nutzen.

Natürlich, man musste auch hier nicht jagen gehen, um das Land zu lieben. Aber ich konnte verstehen, wie es einen – Hemingway oder nicht – auf die Jagd lockte.

Einmal fuhren wir die Berge des National Parks hinauf, in die Two Point Mountains. Links von der Straße ging es steil ab, in die tiefste Tiefe, Leitplanken gab es in der Wildnis nicht, und Preston, der Cowboy, der das Auto fuhr, schielte. Weshalb ich ihn immer wieder innigst bat, mit dem Wagen so weit wie möglich rechts zu bleiben. Je mehr mir die Stimme dabei zitterte, umso weiter schwenkte er rüber nach links. Das war sein Humor. Außerdem, frohlockte er, gebe es Bären hier oben. Pumas. Und Wölfe. Immer mehr Wölfe, seit ein paar naturverrückte Schreibtischklugscheißer der staatlichen Fisch- und Wildbehörde sie wieder in Idaho angesiedelt hatten. Gegen den Willen derer, die Ahnung hatten. *Wirklich* Ahnung. Also in erster Linie die Cowboys und Rancher. Wer von denen wollte in Idaho Wölfe?! Die fraßen die Kälber, die Kühe. «Schießen darfst du sie nicht», sagte Preston. Und dann, hoffnungsfroh: «Noch nicht.» Ich hielt die Augen auf nach einem Wolf. Besser noch: nach einem Rudel. Ich starrte so lange und angestrengt durch das Fenster des bergan kriechenden Pick-up-Trucks in das dichte, dunkle Fichtengrün draußen, zwischen die Stämme, bis ich glaubte, hier und da ein graues Huschen zu sehen. Aber da war nie was.

Wider Erwarten heil auf dem Berg angekommen, stiegen wir aus. Picknicktisch, zwei Bänke, eine Mülltonne und ein Tu-dies-nicht-und-das-nicht-Schild, das alles gab es auch hier, meilenweit von der Zivilisation, oder was wir dafür halten, entfernt. Das fand ich enttäuschend. Ich dachte: Nirgendwo ist man sicher vor der eigenen Art. In dem Müll hatte einer herumgewühlt, leere Fressschachteln, Pommespapier und Pappbecher lagen um Tisch und Bänke verstreut. «Lass uns mal unser Essen auspacken», sagte Preston wissend, «dann haben wir eine Chance, einen Bären zu sehen.» Aber ich war nicht wirklich in der Laune. Seine Fahrerei, schielend und haarscharf an der Kante, hatte mich schon zur Genüge entnervt. Prestons Frau lachte.

«Wir sollten eine Puma-Marke kaufen und einen schießen.» – «Was kostet das?», fragte ich. Ich war seit ein oder zwei Jahren nicht mehr auf die Jagd gegangen. Zu meiner eigenen Überraschung fühlte ich: Der Vorschlag bewegte etwas in mir. Rührte an etwas, das ich abgelegt und vergessen geglaubt hatte. Preston wiegte den Kopf: «Hm, etwa siebzig Dollar.» Ich konnte es nicht glauben. In Deutschland kostete schon ein Rehbock locker das Doppelte, je nach Größe. Und nur wenn man, mit Glück, überhaupt einen «Begehungsschein» bekam. So hieß die Erlaubnis, in einem bestimmten Stück Wald auf einem bestimmten Ansitz – das sind die Häuschen, bei denen Jagdgegner gerne mal die Leitern ansägen – zu einer bestimmten Zeit auf der Lauer zu sitzen. Allein diese Erlaubnis kostete bereits Geld. Nur fürs Warten und Ausschau-halten-Dürfen. Ob man am Ende etwas schoss oder nicht. Schoss man was, zahlte man noch mal für jedes «Stück» (so heißt korrekt das getötete Tier). Über die Wintermonate hatte ich mir so einen Begehungsschein geholt. Norddeutscher Staatsforst, drei Monate, siebzig Euro. Ich schoss nichts.

Und hier, in Idaho, konnte man für fast dasselbe Geld die Berechtigung erwerben, einen Puma zu schießen. Einen «tag» nennen sie das. Eine Marke. Das ist ein Papierstreifen mit einer Kennnummer, der Artangabe des zu erlegenden Tieres darauf und ein paar Leerzeilen, in die der Name und die Adresse des Erlegenden einzutragen sind. «Unmittelbar nach der Ernte.» So steht es auf dem Streifen. Der dem «Geernteten» ins Ohr oder sonst wohin gehangen wird. Jeder, der einen Jagdschein hat, kann so einen «tag» kaufen. Für Puma, Bär, Elch oder Elk, den großen amerikanischen Hirschen. Und dann kann er raus in die große amerikanische Wildnis ziehen und das Tier, das auf seinem «tag» notiert ist, schießen. Denn das Land gehört allen. Jedenfalls: allen, die in Amerika geboren sind. Jeder Amerikaner hat ein «birth right» auf das Land, einen Besitzanspruch kraft seiner Geburt. Während du in Deutschland erst kaufen musst, was du an Land besitzen willst. Und erst wenn dir genug Land gehört, darauf jagen und schießen darfst. Fünfundsiebzig Hektar, das sind 0,75 Quadratkilometer. Eine Fläche die hundertfünf Fußballfeldern entspricht. Wer hat die schon? Jagd in Deutschland ist nicht Freiheit. Es ist ein exklusives, streng limitiertes und reglementiertes «Vergnügen». Stocksteif und starr wie Magda. Deshalb dachte ich in Idaho, für den Moment, dass hier zu finden war, was ich bei den Jägern in Deutschland gesucht hatte. Genaugenommen fühlte ich es mehr, als dass ich es dachte. «Lass uns einen tag kaufen, ich habe den Jagdschein!», rief ich. Preston lachte. Obwohl er ja gar nicht wissen konnte, was «den Jagdschein haben» im deutschen Volksmund hieß. Aber dann ritten wir doch immer nur weiter hinter den Kühen her. Was gut war. Ich vermisste nichts.

In seinem Jagd-Epos *Die grünen Hügel Afrikas* schreibt Hemingway: «Alles, was ich wollte, war nach Afrika zurückkehren. Wir hatten das Land noch nicht einmal verlassen, aber wenn ich des Nachts erwachte, lag ich wach und lauschte, bereits krank vor Heimweh nach ihm.» So ging es mir mit Idaho. Schon in den Nächten, in denen ich noch dort war und wach lag und lauschte. Und später erst recht. Ich schüttelte beinahe den Kopf über Hemingway. Der sich nach Afrika verzehrt hatte. Während Idaho vor seiner Haustür lag.

Vierzehn Jahre ist das her. In denen war Idaho viel zu weit weg und immer ganz nah. Jetzt war es endlich wieder so weit. Als mich mein irischer Taxifahrer mit Blick auf meinen Riesenrucksack fragte, wohin ich denn unterwegs sei, und ich antwortete

«Idaho!», pfiff er durch die Zähne. Ungläubig, als hätte ich gerade gesagt: «Ich fliege von Dublin direkt hinter den Mond!» Das gab mir ein gutes Gefühl. Als reiste ich von all den vielen möglichen Zielen gerade ans richtige. Die einzige Einschränkung war, dass ich über die Männer, mit denen ich plante, dort in die Wildnis zu ziehen, so gut wie nichts wusste. Außer dass sie Waffen tragen und leidenschaftliche Jäger sind. Was, in den Augen der militanten Frieden-auf-Erden-Verfechter der weltgrößten Tierschutzorganisation und ihrer Anhänger – also in den Augen von knapp zwei Millionen Menschen – offiziell gleichbedeutend mit «psychopathische Arschlöcher» ist. Und im Volksmund gleichbedeutend mit «bekloppt».

WEHR-WÖLFE

IDAHO 2017

GESPROCHEN HATTE ICH nur mit einem dieser Män-
ner. Zweimal, am Telefon. Er klang nicht psychopathisch. Oder
bekloppt. Aber was weiß man schon. Er klang wie ein Haudegen,
was mir sympathisch war. Raue Stimme, knappe Sätze: Hatte ich
schon mal ein Gewehr in der Hand gehalten? Konnte ich Schneemobil fahren? War ich in der Lage, mit einem Pferd umzugehen?
Halbwegs? Die Worte «in der Lage» und «halbwegs» schnaubte er.
Sodass ich wusste: Egal, was ich hier behaupten mochte, er glaubte
eh nicht dran. Kannte seine Pappenheimer. Hatte genug von meiner Sorte oder was er für meine Sorte hielt, erlebt und gesehen.
Micky-Maus-Wilde. Möchtegern-Macher. Vielleicht war ich auch
Schlimmeres, man würde sehen. Er war auf jeden Fall vorbereitet,
zur Not auf das Schlimmste. Das alles sagte er, ohne es zu sagen.

Wie alt war ich? Fünfzig. Wie fit? Relativ fit. Schnauben.

Er hieß Tony. Eigentlich: Anthony. Aber als ich später in Idaho
einmal mit jemandem über ihn sprach und ihn «Anthony» nannte,
wusste meine Gesprächspartnerin für den Moment nicht, von
wem die Rede war. «Wer?», fragte sie. «Wen meinst du?» Ach
so, haha, ich meinte TONY, haha. Sie, in deren Ohren sein voller
Name so fremd klang, war seine Tochter.

Meine Freundin Debbie, Cowgirl aus Südidaho, hatte den Kon-
takt zu diesem Tony hergestellt. Sie kannte ihn selbst nur flüchtig
und von vor tausend Jahren. Sie hatten Mitte der neunziger Jahre

zusammen in Idahos Wolfskomitee gesessen. Einer Abordnung von Ranchern und Jägern mit der selbsterteilten und von der staatlichen «Fisch und Wild»-Behörde abgesegneten Aufgabe, die «Schäden (die exakte Übersetzung hieß ‹Verwüstung›) durch Wölfe» zu überwachen und dokumentieren und ihr, wenn und wo nötig, Einhalt zu gebieten. Debbie aufseiten der Rancher. Tony aufseiten der Jäger. Was sie einte, war ihre Skepsis – man kann schon fast sagen Aversion – gegenüber dem damals gerade wieder eingebürgerten Räuber Wolf. Sie fürchteten beide, etwas an ihn zu verlieren.

Mittlerweile hatte der Jäger Tony in seinem Heimatort, Idahos waldreichem, wildem Norden, eine Stunde Autofahrt von der kanadischen Grenze entfernt, eine Art Selbsthilfegruppe gegründet. Die «Foundation for Wildlife Management», F4WM. Diese «Stiftung für das Management der Wildtiere» ist eine Non-Profit-Organisation, die sich für die «Erholung der Huftierpopulation in von Wölfen negativ beeinflussten Gebieten» einsetzt. Das tut sie, vornehmlich, indem sie auf Wölfe spezialisierte Fallensteller bezahlt. «Na ja, bezahlen kann man es eigentlich nicht nennen», sagte Tony zögerlich bei unserem ersten Telefonat. «Die Zahlungen sind eher eine Unkostenentschädigung.» Er lauschte auf meine Reaktion. Ich sagte nichts, gluckste nur angesichts so viel gewitzter Vorsicht gut gelaunt in mich hinein. Ich dachte: Das kann ja heiter werden. Und meinte es so. Auf der Website der F4WM las ich: «Unsere Effizienz ist unerreicht!» Man habe mit Hilfe von Mitgliederspenden bislang über dreihundert Wölfe «entfernt». Wie, stand da nicht. Warum auch, war auch so jedem klar. Trotzdem klang «entfernen» immer noch besser als das, was mit den Wölfen wirklich geschehen war: «harvest», Ernte. Das ist, auf die Jagd bezogen, auch so ein besser klingendes Wort. In Idaho, wie auch sonst überall in den jagenden USA, wird der Hirsch und jedes andere Tier «geerntet». In Deutschland: «erlegt». Im Jäger-Hochdeutsch, so hatte es uns Magda gelehrt: «zur Strecke gebracht». Kein Tier wird «erschossen» oder «getötet», nirgends. Fast scheint es, so dachte ich, als scheuten die Jäger den Tod selbst.

Der kanadische Schriftsteller und Umweltschützer Farley McGill Mowat schreibt in *Never Cry Wolf*, seinen 1963 veröffentlichten Beobachtungen von Wölfen in der Subarktis Kanadas: «Wir haben den Wolf nicht etwa dafür verdammt, was er ist, sondern dafür, was wir vorsätzlich und fälschlich in ihm sehen: das mythologische Ebenbild eines brutalen, gnadenlosen Killers – das in Wahrheit nicht mehr ist als das Spiegelbild unserer selbst. Wir haben ihn zum ‹Sündenwolf› für unsere eigenen Vergehen gemacht.» Mowat hatte Ende der vierziger Jahre im Team des Biologen Francis Harper den Rückgang der Karibupopulation am Nueltin-See erforscht. Im Auftrag der kanadischen Behörde für Artenschutz (damals: «The Dominion Wildlife Service») und gefördert von der amerikanischen «National Science Foundation». Die Forscher waren im Besonderen daran interessiert, ob Wölfe schuld an den kontinuierlich kleiner werdenden Rentierherden waren. In *Never Cry Wolf* schildert Mowat später seine eigene Sicht: Der Wolf sei nicht, wie gemeinhin vermutet, ein liederlicher Karibukiller, sondern ernähre sich überwiegend von kleineren Säugetieren wie Nagern und Hasen. «Er zieht sie sogar dann den Karibus vor, wenn ihm Letztere ausreichend zur Verfügung stehen.» Schuld am Rückgang der Karibus seien die Jäger der Kulturvölker. Nicht die Jäger der Eingeborenenstämme. Oder Wölfe.

Unter Wissenschaftlern riefen Mowats «Beobachtungen» Zweifel und Unglauben hervor. Auch Spott. Der Wolfexperte L. David Mech wies säuerlich darauf hin, dass Mowat kein Wissenschaftler sei und dass er, Mech, in seinen eigenen umfassenden Studien nie auf ein Wolfsrudel gestoßen sei, das sich hauptsächlich von kleinen Beutetieren ernähre, wie von Mowat geschildert. Und der Forscher Frank Banfield, ehemals tätig für die kanadische Artenschutzbehörde, verglich in einer Rezension 1964 in der Zeitschrift *Canadian Field Naturalist* Mowats Bestseller mit dem Märchen vom Rotkäppchen: «Ich hoffe, dass die Leser von *Never Cry Wolf* merken werden, dass beide Geschichten ungefähr den gleichen Wahrheitsgehalt haben.» Doch *Never Cry Wolf* schaffte es nicht nur, wie *Rotkäppchen*, zum Bestseller. Es trug entscheidend und dauerhaft zu einer bestimmten Sichtweise des Wolfes und Einstellung ihm gegenüber bei. Wie *Rotkäppchen*. Nur eben auf seine Art. 1983, zwanzig Jahre nach seinem Erscheinen, wurde das Buch unter demselben Titel erfolgreich verfilmt. Von Disney. Unter der Regie von Carroll Ballard, dem Mann, der schon bei dem Film *Der schwarze Hengst* Regie geführt hatte, einer Fantasiegeschichte über die Freundschaft eines gestrandeten Jungen mit einem missverstandenen und misshandelten Hengst. Beide, der Wolf- und der Hengstfilm, bedienen sich des gleichen großen, immer jungen Themas: unsere verfluchte Einsamkeit – und die Erlösung aus ihr durch die Bindung zwischen Tier und Mensch.

Farley McGill Mowat gab schließlich zu, dass er seine «faszinierende wahre Geschichte vom Leben unter arktischen Wölfen» zu großen Teilen erfunden hatte. In bester Absicht, um dem Wolf weltweit Akzeptanz und Sympathie zu erschreiben. Mowat hatte nie allein in der Arktis gelebt. Nie eine wissenschaftliche Studie veröffentlicht. Seine «Beobachtungen» spielender Wölfe hatte er von dem 1974 verstorbenen Wolfsforscher Adolph Murie abgeschrieben. Und die Behauptung, dass der Wolf am liebsten Mäuse frisst, war, selbstverständlich, eine tränentreibende Lächerlichkeit. Wölfe reißen Rehe. Sie hetzen im Rudel den mächtigen amerikanischen Rothirsch zu Tode. Sie verfolgen und erschöpfen die um ein Vielfaches größeren Elche, schlagen die Fänge in ihre Hinterbeine, zerreißen ihnen die Oberschenkelmuskeln und bringen sie so zum finalen Fall. Huftiere sind ihre Hauptbeute. Wie jeder Wolfsexperte längst gewusst und erklärt hatte. Mowats schnell-

und vielgeliebter Version vom Wolf tat das keinen Schaden. Man kennt das Phänomen: Das Bedürfnis, zu glauben, macht Menschen resistent gegen Fakten. In einem Punkt wenigstens hatte und behielt Mowat recht: Der Wolf ist für uns nicht einfach ein Wolf. Er ist, für die meisten von uns, nicht mehr als das, was wir in ihn hineininterpretieren. Was wir in ihm sehen wollen. Sehen müssen. Wer weiß, aus welchen Gründen. Rotkäppchen-Unhold oder Disney-Erlöser. Es läuft auf dasselbe hinaus: Wir machen ihn uns zum Sklaven.

Ich wusste selbst nicht, was ich von der Wolfsjagd halten sollte. Ich hatte jetzt sieben Hunde und sieben Pferde und meine Doktor-Doolittle-Karriere lange aufgegeben. Ich würde gerne schreiben: Nichts hilft besser gegen den Tierseelenverbundenheits-Blödsinn, den Wahn, ein «ganz besonderer Mensch» zu sein, mit einem «ganz besonderen Draht zur Natur im Allgemeinen und den Tieren im Besonderen», als eine gehörige Dosis Realität. Aber leider ist das nicht wahr. Nicht immer. Natürlich regiert auch hier des Menschen Bedürfnis, zu glauben, über die weitgehend machtlose Wirklichkeit. Und vielleicht hatte mich nur gerettet, dass es *sieben* Hunde und *sieben* Pferde waren, vielleicht hatte ich diese Unzahl von Tieren gebraucht, bis ich endlich einwandfrei erkennen konnte: Mit meinem Tierseelenverbundenheits-Trallala war es nicht weit her. Meine Hunde, die sich über meine spezielle Aura oder was auch immer mir und meinen Bedürfnissen unfehlbar hätten verbunden wissen sollen, fraßen Kompost und kotzten ihn anschließend auf den Teppich, wälzten sich in stinkenden Substanzen und dann auf dem Sofa. Wie die Hunde gewöhnlicher Menschen auch. Ab und zu kackte einer ins Haus. So ging mir der Glauben an meine Magie verloren. Gott sei Dank.

Von dem Gefühl, dass ich ganz anders als alle anderen bin, verabschiede ich mich allmählich auch. Facebook zum Beispiel ist da eine große Hilfe. Auf Facebook ist jeder anders. Anders als alle anderen Facebook-Benutzer und anders als die paar Nichtface-book-Benutzer natürlich auch. Ich meine nicht «menschlicher», «klüger», «witziger» oder ganz pauschal «besser». In erster Linie meine ich «einfach anders». Tagtäglich posten zig Millionen Face-book-Benutzer ihr Total-Anderssein. Mit den immer gleichen vor-gedruckten und zig Millionen Mal geteilten Sprüchen: «Die Leute hassen dich vielleicht dafür, dass du anders bist und nicht nach ih-ren Vorschriften lebst. Aber tief drinnen wünschten sie, sie wären wie du.» Oder: «Anders zu sein, ist nicht schlimm. Es bedeutet nur, dass du dich traust, du selbst zu sein.» Oder: «Fürchte dich nicht davor, anders zu sein. Fürchte dich davor, so zu sein wie alle ande-ren!» Letzteres tun wir offenbar alle.

Dank Facebook und anderen Social-Media-Seiten fühle ich mich von dem Gefühl des Andersseins fast geheilt. Rückfälle sind natürlich nicht ausgeschlossen. Zum Beispiel verlocken mich die immer gleichen Postings über das immer gleiche Anderssein bis-weilen dazu, zu glauben, ich sei ganz anders. Aber das kommt und vergeht. Ich bin so gut wie clean. Kuriert. So wie das tatsächliche Zusammenleben mit Tieren mich von der Überzeugung kurierte, mit ihnen geistig-seelisch verbunden zu sein. Wie ein Blick auf die Welt einen vom Glauben an Gott im Allgemeinen und vom Ka-tholizismus im Besonderen heilen kann. Wenn man das will. Und wie einen einige Wochen auf einer Ranch in Idaho oder ein Trip in die nordamerikanische Wildnis von der Vorstellung der eige-nen Naturverbundenheit befreit. Manchmal reicht auch schon ein Spaziergang im zivilisierten Regen.

Auf der Ranch meiner Freundin Debbie hatten sie mit Magie nichts am Hut. Debbie und Wayne hatten in ihren Zwingern zehn Hunde, die, wie sie selbst, einen Job zu erledigen hatten. Für die sechzehn Pferde auf den schutzlosen Weiden der Ranch galt das Gleiche. Ihre Verbundenheit zu den einen wie den anderen – und diese Verbundenheit gab es, und wie – war keine rosenäugige

Spinnerei, sondern knallharte Notwendigkeit. Die bestimmte die Regeln. Sie legte fest, was «fair», «human», was «das Beste» war. Oder auch nur «okay». «Okay» musste reichen. Hier, unter den unverhandelbaren Bedingungen ihrer Welt. Zum Beispiel: Es war okay, der Stute mit ihrer Eiterbeule im Huf gerade mal ein paar Tage frei zu geben und sie auf der Weide laufen zu lassen, bis die Beule von allein platzte. Statt die Beule mit Fußbädern beim Platzen und die Stute in ihrer Weinerlichkeit zu unterstützen. Wie ich es tat. Als ich Debbie im selben Winter ein Foto schickte, wie ich im Regen stand, neben meinem Pferd, mit seinem Huf im Salzbad, schrieb sie umgehend zurück: «Oh, mein Gott, ein High-Maintenance-Pferd! Na, der würde ich was erzählen!» Und auf das Foto meiner Terrier, die auf kuschligen Decken schnarchten: «Schrecklich! Warum sind die nicht draußen, wo sie hingehören, und dürfen Ratten jagen?!» Sie selbst hatten gerade zwei junge Hunde raus, in die Wüste, gefahren. «Kläffer. Die putschten Tag und Nacht die anderen Hunde in den Zwingern auf mit ihrem Theater.» Arbeiten wollten sie nicht. «Manchmal hast du so einen und weißt: Der taugt wenigstens noch zu einem netten Haustier. Dann geben wir ihn zu einer Familie.» Nicht aber diese beiden. «Für die war die Kugel das Beste.» Der Tod war für sie einem Leben in Sinnlosigkeit nicht nur vorzuziehen, er war seine logische Konsequenz. Fast schon natürlich.

Klar, wenn man von der anderen Seite der Wirklichkeit kam, in der jedes Tierweh zeit- und kostenintensiv gepflegt wurde, und sei es nur, weil die Pflege und damit verbundene eigene Unentbehrlichkeit einem selbst eine Wohltat war, und in der ein kuschliges Hundefoto schon Beweis für ein gutes Hundeleben war – nur weil man selbst lieber auf dem Sofa lag, statt, beispielsweise, Ratten zu jagen –, dann musste man das nicht gut finden. Man musste es vielleicht nicht einmal verstehen. Was ich verstand, war, dass es, für den Moment, richtig war, es hinzunehmen und damit zu leben. Erstens: weil ich von meinen Cowboyfreunden erwartete, dass sie die zivilisierte Nutzlosigkeit meiner Hunde genauso hinnahmen. Zweitens: weil ich mir längst nicht mehr sicher war, welcher Maßstab der bessere, welcher richtig oder auch nur «richtiger» war. Wessen Pferd oder Hund hier die arme Sau war.

Auf der Ranch hielt ich mit meinen Zweifeln also so gut wie hinter dem Berg. Pferde und Hunde betreffend. Und was die Wölfe anging, sowieso. Ich wusste, dass jedes Kalb, dass die Rancher verloren, ein Verlust von sechshundert Dollar war. Als einer der Cowboys mich gefährlich fragte: «Und du, bist du etwa für die Wölfe? Willst du die hier haben?», hob ich die Schultern und sagte: «Es ist nicht mein Land. Es sind nicht meine Kühe. Ich muss nicht mit den Wölfen zurechtkommen. Habe also darin keine Stimme.» Das war nicht nur diplomatisch. Es war auch wahr. Er war mit der Antwort zufrieden. Ein paar Tage später trafen wir nach dem Mittagessen auf einem Café-Parkplatz einen der Rancharbeiter. Er winkte uns eilig herüber, holte sein Handy heraus. Darauf waren frische Fotos von ihm, seinem Kind – und einem toten Wolf. Sie hatten ihn gerade vor einer Stunde geschossen, er und das glückselige Kind. Der Junge war vielleicht zehn.

Nicht eine erschöpfende Studie oder Kenntnis des Jägers seiner Gewohnheiten und seines Reviers waren diesem Wolf zum Verhängnis geworden. Nicht des Jägers akribische Planung und eine gewitzte Pirsch. Was ihn zur Strecke gebracht hatte, sah man von dem 7-mm-Geschoss in seinem Herzen ab, war banaler Zufall gewesen. Ich dachte: Wie oft war das im Leben so. Dass es vorbei war, von jetzt auf gleich, aus keinem guten Grund. Es konnte jeden treffen. Zu jeder Zeit. Das wusste man, klar. Aber dachte man zu sehr und zu lange darüber nach, konnte es einen halb oder ganz wahnsinnig machen. Je nach der eigenen Konstitution. Dallas, so hieß der Schütze tatsächlich, hatte das Tier auf einer Weide oben am Berg entdeckt, als er mit seinem Sohn nach den Kühen sah. «Der strolchte da in aller Seelenruhe mitten durch die Kuhherde.» Es war der erste Wolf, den sie hier seit Jahren gesehen hatten. Dallas konnte es noch immer nicht fassen. «Die Kühe waren nicht mal besorgt.» Jetzt hing das Tier kopfüber in der Werkstatt von einem, der Tierleichen zu Pelzen machte.

Debbie und ich fuhren hin, um ihn uns anzusehen. Suchten auf dem verwaisten Hof eine Weile erfolglos nach der richtigen Leichenhalle. In der ersten fanden wir nur eine Reihe steifer Kojoten. In der zweiten nichts. Bei der ganzen Rumguckerei, hier und da, auf dem fremden Hof, hinter fremde Türen, kamen wir uns schon vor wie die letzten Ganoven, bis endlich so ein Baseballkappenträger in seinem Pick-up-Truck auf den Hof ratterte und wusste, in welcher der Hallen er war. Der Wolf! Er hing an zusammengebundenen Hinterbeinen da. Unter ihm eine kleine Lache geronnenen Blutes. Ich war überrascht, wie sehr und wie wenig hündisch er war. Langbeinig, grau. Eine lange Schnauze in einem breiten Gesicht. Die Ohren eher klein. Jetzt starr. Ich legte seine Vorderpfote auf meine Hand. Sie verschwand unter pelzigem, breitem Grau.

Ein Grauwolf erreicht bis zu knapp einem Meter Schulterhöhe, bis zu zwei Meter Länge und achtzig Kilogramm Gewicht. Das ist doppelt so schwer wie ein Deutscher Schäferhund. Ich kniete neben seinem Kopf, hob seine Lefzen an und legte Zähne frei, deren Zweck offensichtlich war. Geschaffen, um Muskeln zu durchdringen und zu zerreißen. Um Fleisch von Knochen zu schälen. Und um schließlich das blanke Gebein zu zermahlen. Wolfskiefer beißen mit einer Kraft von tausendfünfhundert Pfund pro Quadratzentimeter zu. Das ist doppelt so viel Kraft, wie in dem Kiefer eines Schäferhunds steckt. Ich dachte: Dieser hier ist eine andere Klasse Hund. Wenn überhaupt. Ich dachte: Unwahrscheinlich, dass die Evolution einen Mäusefresser mit einem Achthundert-Kilo-Biss ausstattet. Dass sie ihn befähigt, zehn Kilo Fleisch während einer einzigen Mahlzeit zu verschlingen. Das sind eine Menge Mäuse.

Anders gerechnet: Wollte ein Mensch fressweise mit einem Wolf mithalten können, müsste er hundert Hamburger verschlingen. In einer Mahlzeit. Kein Wunder, dass man dieses Tier für fähig halten wollte, in zwei Happen ein Schulmädchen und seine Großmutter zu verdrücken. Aber natürlich war das genauso märchenhaft wie Mowats Vorstellung von der Evolution als Verschwender. Mir schien, dass keines der beiden Lager dem Wolf gerecht wurde.

Einer der Ranchmänner hatte gesagt: «Und wie die stinken – widerwärtig!» – «Wie denn?», hatte ich gefragt. «Nach Tod», sagte er. Als erkläre das schon alles. Jetzt, wo sich mir die Gelegenheit präsentierte, konnte ich gar nicht anders, als meine Nase in das dichte Fell zu schieben. Es roch säuerlich. Aber nicht sehr. Weil ich nicht wusste, wie der Tod riecht, vermochte ich nicht zu sagen, ob es das war, was der Mann meinte. Ich fragte Debbie. Sie schnupperte. Aus der Distanz. Schüttelte zögernd den Kopf. «Hm, ich weiß nicht. Der hier stinkt nicht so wie andere, die ich gerochen habe.» Ich strich über das Fell. Wog die Pfoten in meinen Händen. Beugte mich zu dem Erschossenen nieder und sah in seine toten Augen. Was mich zu all dem veranlasste, hätte ich nicht sagen können. Vielleicht war es nur die Überraschung, diesem wilden Tier plötzlich so nahe zu sein. Auch wenn es tot war. Vielleicht war es die plötzliche Greifbarkeit des Todes selbst. Später, als mir einer der Wolfsfänger erzählte, dass er – aus Gründen – seine Toten ausschließlich mit Plastikhandschuhen anfasse, dachte ich mit Reue an meine Neugier zurück.

Debbie war von der Idee, mich auf Wolfsjagd zu schicken, gleich Feuer und Flamme gewesen. Sie, selbst weder Jägerin noch Fallenstellerin, hatte die Kontakte. Ein paar ihr bekannte Wolfsjäger stimmten sofort zu. Natürlich würden sie mich mit auf die Jagd nehmen! «Kein Problem.» Sagt einer so was, ist oberste Vorsicht geboten. Das weiß man. Es ist eines der Grundgesetze menschlicher Kommunikation. Nur leider vergisst man so ein Gesetz leicht, wenn man dringend etwas haben will. Kaum war ich dort, in einem Vierhundert-Einwohner-Kaff namens Fairfield, lösten sich alle ihre Versprechen in nichts auf. Stattdessen: Probleme, wohin man sah und mit wem man versuchte, zu sprechen. Einer hatte plötzlich Krebs. Der andere keine Erlaubnis von der Behörde, jemanden auf die Jagd mitzunehmen. Ein dritter ging erst gar nicht mehr ans Telefon. Ich ging also nicht nur nicht mit ihnen auf die Jagd. Ich bekam auch keinen einzigen von ihnen zu Gesicht. Und das Wunderlichste an allem war: Auch die Wolfschützer, furiose, beredte, spendenschwere Gegner der Jagd, waren für mich nicht mehr zu erreichen.

Statt also auf die Jagd zu gehen, trieb ich zunächst mit Debbie und Wayne zu Pferd Kühe und Kälber die Steilhänge der Berge herunter, über die Prärie und endlose Staubstraßen entlang auf die Sammelweiden. Dort würden sie in den kommenden Wochen auf riesige Trucks verladen werden. Kühe. Und Kälber. Die Kühe fuhren ins Winterquartier, das knapp hundert Kilometer weiter südlich in der Ebene lag, und gebaren dort neue Kälber. Ihre Kälber vom Vorjahr fuhren von den Sammelweiden direkt in den Tod. Das war das alltägliche Geschäft. Dreitausend Kühe. Dreitausend Kälber. Es waren zu viele Kühe, zu viele Kälber, es war der Tod in einem zu großen Maßstab, als dass man ihn fassen konnte. Seine Endgültigkeit, seine Unabwendbarkeit offenbarte sich mir erst im Einzelnen. In einer gefühlten Verbindlichkeit. Wo immer die ihren Ursprung hatte. Der Tod und sein ganzer Schrecken, sie offenbarten sich in einem Wolf, der mit glasigen Augen kopfüber in einer Werkstatt hing.

Wir ritten unzählige Kilometer und Stunden. Ab dem vierten Tag frühstückte ich zu Burritos und Kaffee allmorgendlich ein paar Paracetamol. Davon gab es hier fünfhundert Pillen im Plastikbehälter für fünfzehn Euro. Das Leben ließ sich also ertragen. Später sollte sich der Ruf, den ich mir hier mit wundem Hintern und wehem Rücken erritt, als von unschätzbarem Wert erweisen. Als schon alles verloren schien, was meine Aussicht auf eine Wolfsjagd betraf, grub Debbie Tony aus. Also: seine Nummer. Als ich das erste Mal mit ihm sprach, war ich sechshundert Kilometer von Sandpoint, wo er wohnte, entfernt. Nah genug für ihn, um sofort und grundsätzlich zuzusagen. «Kein Problem!» Im Nachhinein denke ich: Seine anfängliche, unbedachte Begeisterung tat ihm später erst mal leid.

Wie alt war er? Ich hatte vergessen, Debbie zu fragen. Google war keine Hilfe. Nicht weil es keine Ergebnisse über ihn brachte. Sondern weil ich die Ergebnisse, die es brachte, mehr als besorgniserregend fand. Ich dachte jetzt meinerseits, was ich ihn zuvor über mich denken gehört hatte: Vielleicht ist er nur ein Spinner, Quatscher, Möchtegern-Macher. Vielleicht höre ich nie mehr wieder von ihm. Man kennt ja die Pappenheimer. Gerade erst wieder erlebt, und auch sonst ist die Welt voll mit solchen. Ich hörte tatsächlich nicht mehr von ihm. Das machte mich unruhig. Unruhiger, als mich zuvor der Gedanke gemacht hatte, dass er sein Versprechen halten könnte und mich mit ein paar seiner Jäger- und Fallensteller-Freunde zusammenbringen und auf Wolfsjagd schicken würde. In die kalte, fremde Winterwildnis Idahos. Meine Angst, ich könnte nun doch nicht mehr mit ein paar bewaffneten, mir unbekannten Kerlen in die wilden Wälder ziehen, war größer als meine Angst vor dem Gegenteil. Verstehe einer die Menschen oder wenigstens schon mal sich selbst!

Ich schrieb eine zaghafte, beinahe unterwürfige Erinnerungs-E-Mail. Und verwarf sie, weil ich dachte: Das ist nicht der richtige Ton gegenüber einem Haudegen, einem Jäger. Der musste meine Sorge ja aus jeder Zeile wittern. Dann wieder fürchtete ich: Welchen Ton ich auch immer anschlug, er konnte nur falsch sein. Ich komponierte die Nachricht dennoch neu. Knapp. Faktisch. Ich schrieb: «Gilt Ihr Angebot noch? Das müsste ich bitte bald wissen.» Ich schrieb: «Wenn Sie Ihr Angebot, aus welchen Gründen auch immer, nicht mehr aufrechterhalten wollen oder können, lassen Sie mich auch das bitte bald wissen.» Diesmal klickte ich «Senden». Er antwortete innerhalb weniger Stunden. Mit einer Einladung zum jährlichen Bankett der Jäger und Fallensteller. «Vierhundert von uns werden dort sein.» Er habe bereits ein paar von ihnen gefragt, mich mit auf die Jagd zu nehmen. Sie alle hatten dasselbe geantwortet: «Wir wollen und brauchen mehr Informationen. Wer sind Sie? Wo kommen Sie her? Welchen Hintergrund haben Sie?» Er bat um einen detaillierten Lebenslauf. Um Fotos. «Und schicken Sie mir die Adresse und Telefonnummer Ihrer Freunde in Südidaho! Damit ich mich bei denen rückversichern kann.» Und obwohl ich das Misstrauen aus seinen Zeilen las, ahnte ich nicht: Sie hatten dort drüben ebenso viel Angst vor mir wie ich vor ihnen. Vielleicht mehr.

SYMBIOSE

NORDFRIESLAND 2001

WIR BRAUCHTEN EINEN Lehrgangssprecher. «Was ist mit dir?» Magda appellierte an unseren Autoverkäufer, Nistkastenbauer, Klassenkasper. Erklärten Nichttöter. Letzteres, das hatte sie ihm ja schon angedroht, würde sie ändern, aber hallo. Erster Schritt auf dem Weg zur erfolgreichen Bekehrung: Gib dem zu Bekehrenden eine Aufgabe. Übertrage ihm Verantwortung. Mache ihn unwiderruflich zu einem der deinen. «Du kannst doch deinen *Äser* ganz gut aufmachen.» Ich dachte: Das wohl, nur kam nichts Ernstzunehmendes aus seinem Mund. Das wusste sicher auch Magda. Ihr Kandidat weinte. Er habe in seinem Nichtjägerleben doch schon ausreichend zu tun. Magda zuckte die Schultern. Ich dachte, fürs Erste: Gott sei Dank.

«Dann vielleicht unser Zahnarzt?» Der inszenierte sein Vielzubeschäftigtsein als eine einzige Aufforderung: Wenn wir ihn auf Knie bäten, ach Gott, ja, dann würde er sich für uns opfern. Magda bestimmte, so einer müsse der Richtige sein. Ich sah zu dem Nistkastenmännchen hinüber. Plötzlich erschien er mir als keine so üble Wahl. Der war zwar ein bisschen doof, aber gewiss nicht böse. Und war das Erste dem Zweiten nicht unbedingt vorzuziehen? Oder konnte ein Doofer dir, wenn auch absichtslos, genauso sehr schaden wie der skrupellose Schurke? War das am Ende nicht so gut wie egal? Für dein Gefühl, den Schaden? Das waren so meine Fragen.

Der Zahnarzt dankte Magda seine Erhebung zum Lehrgangssprecher über die Wochen und Monate mit einem furchterregenden, alle in den Schatten stellenden Eifer. Er kam nicht zum
Unterricht, um zu lernen. Er kam, um vorzuführen, was er schon
wusste. Das Gebiss des Baummarders? «Achtunddreißig Zähne!
Der Baummarder hat das zahnreichste Gebiss aller Marderarten.
Die Anzahl seiner Zähne variiert artenübergreifend zwischen
achtundzwanzig und achtunddreißig Zähnen. Alle Marder besitzen das für Raubtiere typische Scherengebiss. Dessen weitere Aus-
prägung richtet sich nach der Nahrungsaufnahme der jeweiligen
Art.» Bravo! «Mit zwanzig Gattungen und achtundfünfzig Arten
ist die Familie der Marder die artenreichste Familie der Raubtiere.
Der kleinste Marder ist das Mauswiesel mit einem Körpergewicht
von nur fünfundzwanzig Gramm. Der schwerste Marder ist der
Riesenotter, dreißig Kilogramm schwer.» Magda nickte wohlwollend in die Runde. Und schon legte unser Eiferer nach: «Die
Paarungszeit des Marders nennen *wir* Ranzzeit. Sie findet im
Hochsommer statt. Im Penis des Marders findet sich, wie auch
beim Haushund, der Penisknochen. Er unterstützt die Steife des
Organs während des Akts und ermöglicht dem Rüden einen lan-
gen Paarungsakt.» – «Bravo! An dem solltet ihr alle euch mal ein
Beispiel nehmen!», rief Magda. Wir lachten. Obwohl uns schon
klar war, dass sie von dem Eiferer sprach.

Die Sprechergattin, das gute Kind, notierte penibel, wer zu den
Lehrgangsabenden kam und wer nicht. Über die Nichtkommer
wurde auf das Schärfste diskutiert. In ihrer Abwesenheit, versteht
sich.

Magda, ihr Eiferer und das gute Kind gehörten bald zusammen.
Bildeten eine Einheit, die perfekte Symbiose. «Eine Symbiose ist
der Zusammenschluss verschiedener Arten zu einer Lebensge-
meinschaft zum gegenseitigen Vorteil. Solche Beziehungen sind
immer dann erfolgreich, wenn sich dadurch die Überlebenschan-

cen der einzelnen Partner erhöhen.» Chapeau, Zahnarzt! Aber wirklich. Ich meine: Es war ja nicht so, dass ich hier nicht überleben wollte. Wenn's sein musste, durch Symbiose. Es war nur so, dass ich – wieder mal – nicht wusste, wie ich mein Überleben sichern konnte.

Ich nannte die drei «unsere Göttin und ihre Höllenhunde». Der Rest der Gruppe ergab sich schnell dem Glauben, dass ohne diese drei die Prüfung nicht zu bestehen sei. Auch mir saß bald die Angst in den Knochen. Und es gab Tage, nicht wenige, an denen gereichte sie mir zu einer altbekannten Verzweiflung.

STEVE

IDAHO 2017

«ICH KANN NICHT ABWARTEN, endlich in Rente zu gehen», hatte der Biologe der Wildschutzbehörde in Boise, Idaho, gesagt, als wir uns im Januar 2017 das erste Mal trafen. Es war eine Sehnsucht, die zu einem Kerl wie Steve Nadeau nicht passte. Groß, mit breiten Schultern und schwarzgrauem Bart. Das Drama um den Wolf hatte ihn erschöpft. Ausgelaugt. Über dreißig Jahre Drama, Kampf, Krieg. Nadeau, der Mann, der Mitte der neunziger Jahre dem Wolf zurück nach Idaho half, fühlte sich schnell wie in jedermanns Fadenkreuz.

Ende der achtziger, Anfang der neunziger Jahre strichen die ersten Wölfe von Kanada über die Grenze zurück in den Norden der USA, vornehmlich nach Montana. Zu Nadeaus frühem Bedauern mieden sie Idaho. Warum, ist ihm und den Wildschutzkollegen bis heute ein Rätsel. 1995 entwickelten sie darum einen Plan zur Wiederansiedelung des Wolfs. Gleichzeitig wollten sie ihn auf die Artenschutzliste setzen. Der Staat Idaho legte umgehend Beschwerde ein. «Die wollten keine Wölfe hier», sagte Nadeau. «Und schon gar nicht wollten sie sie auf der Liste.» Denn: «Ist ein Tier da erst mal drauf, können Sie es nicht einfach erschießen, wenn es beispielsweise Ihr Vieh angreift. Alles, was Sie tun können, ist die Angriffe fotografisch dokumentieren, in die Luft schießen, es schikanieren, in der Hoffnung, dass es sich nicht wieder blicken-lässt.» Wanderten die Wölfe dagegen von selbst nach Idaho ein, waren die Regeln lockerer. «Es gab damals keine lebenden Wölfe in Idaho. Nur vergiftete. Und erschossene.» Die Viehrancher und Jäger waren anfangs dagegen, den Wolf zurückkehren zu lassen. Sie stimmten erst zu, als Nadeaus Behörde versprach: «Sobald wir mehr als hundert Wölfe haben, könnt ihr sie schießen, wenn einer euer Vieh oder Haustier angreifen sollte.»

1995 fingen sie fünfzehn kanadische Grauwölfe, flogen sie über die Grenze in die USA und setzten sie im Yellowstone Nationalpark aus. In der Hoffnung, dass sie nach Idaho hineinwechseln und sich dort etablieren würden. Die Wölfe übertrafen schnell all ihre Erwartungen. «Die sind einfach großartig in dem, was sie tun: töten, fressen und sich vermehren.» Bereits 2002 zählte Nadeau zehn in Idaho heimische Rudel. «Wir wollten, wie versprochen, den Wolf von der Liste nehmen. Aber der Gesetzgeber bewegte sich unendlich langsam.» Dazu die immer neuen Klagen der zahllosen Naturschutzverbände. «Es waren so viele Klagen und Prozesse, geführt mit so vielen», sagte Nadeau, und seine Stimme klang müde und ärgerlich zugleich. «Ich kann mich nicht mal erinnern, worum es da im Einzelnen ging.» Nur diesen einen Vorwurf, den werde er nicht vergessen: «Die ‹Schützer der Wildtiere› (Defenders of Wildlife) behaupteten allen Ernstes, dass wir mit Hubschraubern die Gebiete nach frischen Wolfswürfen abflögen und die Welpen erschössen. So ein Wahnsinn!» Auf allen Seiten.

Der Wolf Schuld am Rückgang der Hirschpopulationen? Über dieses alte Jägermärchen hätte Steve Nadeau gern gelacht, wenn er noch hätte lachen können. «Wir haben in Gegenden, in denen sich die Wölfe wieder etablieren konnten, eine grundsätzliche Verbesserung des Ökosystems feststellen können.» Eine Umkehr, eine Rückkehr zum Natürlichen. Zum Natürlicheren. So weit das noch möglich sei. Nur leider entsprach das Natürliche nicht immer des Menschen Vorstellung von seinem privaten Paradies. Die

Hirsche beispielsweise, sagte Nadeau, seien in andere Reviere abgewandert. Scheuer geworden. Was sie schwerer auffindbar mache. «Idahos dreitausend Pumas reißen nachweislich mehr Hirsche als die Wölfe», sagte Nadeau. Bären töten mehr Kälber als die Wölfe. «Aber ein Wolf tötet, im Gegensatz zu einem Puma oder Bären, sichtbar. Unsauber. Ein Wolf hinterlässt eine Menge Blut, Fell- und Fleischfetzen. Der Schauplatz eines Wolfrisses sieht mörderisch aus.» Das nähre die Antipathie und die alte Angst der Menschen vor dem «Untier» Wolf. «Und an dieser Angst seid überhaupt und in erster Linie ihr Europäer schuld», rief Nadeau. «Mit euren Märchen!»

Ja, sagte er, die Hirsche werden immer weniger, das sei wahr. «Weil die Umweltbedingungen, von denen sie abhängig sind, immer schwieriger werden.» Eine Studie im Nachbarstaat Wyoming habe gezeigt, dass nicht die Wolfsrudel schuld am steten Rückgang der Herden sind, sondern der Verfall ihres Lebensraumes über die vergangenen zwanzig Jahre. Das Sterben von Pflanzen und Wäldern durch sauren Regen. Die Hirsche fanden im Sommer und Herbst nicht mehr genügend Nahrung, um sich Fettreserven anzufressen. Weshalb sie im Winter verfielen und starben. Mit den Wölfen dagegen hatten sie gelernt, zu leben. Und der Wolf seinerseits hatte gelernt, trotz des Menschen zu leben. «Zu Beginn, als sie noch frisch in Idaho waren, war es leicht, sie zu schießen», sagte Nadeau. «Damals hatten wir eine Menge dummer Wölfe.» Das sei vorbei. «Heute bekommst du sie kaum noch zu Gesicht.»

In jedem Herbst und Winter, bevor der Schnee für die Pferde zu tief wurde, zog es auch Steve Nadeau mit dem Gewehr hinaus in die Wälder. In ihre Stille, ihre Einsamkeit. An seiner holzvertäfelten Bürowand hing neben Otter- und Bergziegenfellen auch das Fell eines großen schwarzen Wolfs. «Den habe ich selbst geschossen, ein besonders schönes Exemplar.» Und ich verstand: Was den leidenschaftlichen Wolfszurückbringer und leidenschaftlichen Jäger Steve Nadeau zum erklärten Feind aller gemacht hatte, war, dass er keiner Seite einwandfrei zuzuordnen war. Ich fand, es machte ihn vor allem eins: glaubwürdig.

FRESSFEINDE

IM MÄRZ FAND UNSERE erste Klassenfahrt statt. Ein Sonntag in einem Lehrrevier an der Ostsee. Im Bus herrschte Penne. Zwischen Gassenhauergegröle und dem Zischen von Bierdosen sägte Magdas Stimme: «Nicht nur auf die Sitznachbarin schauen, guckt aus dem Fenster, nach Wild. Wer das erste Stück sieht, dem gebe ich einen aus.» Unser Eiferer wieder: «Da, auf dem Feld! Rehe!» Magda führte uns ihren Musterknaben vor: «Was kannst du uns übers Rehwild erzählen?» Alles!

Zoologische Ordnung: Paarhufer. Unterordnung: Wiederkäuer. Familie: Hirsche. Unterfamilie: Trughirsche. Zwanzig Zähne im Milchgebiss, zweiunddreißig Dauerzähne. Typisches Wiederkäuergebiss, im Oberkiefer ohne Schneide- und Eckzähne, drei vordere und drei hintere Backenzähne. Im Unterkiefer: drei Schneidezähne, ein zu den Schneidezähnen gewanderter Eckzahn, Backenzähne wie oben. Geweihbildung: ab Februar. Abwurf: Oktober / Dezember. Blattzeit: Juli / August. Die befruchtete Eizelle teilt sich zweimal, ruht dann bis zu ihrer Weiterentwicklung im Januar. Das nennt man: Eiruhe. Der Penis des Bockes heißt Brunftrute, das Geschlechtsteil des weiblichen Stückes, der Ricke, nennen wir Feuchtblatt.

«Welches ist der kleinste Beutegreifer?» Brüller von hinten: «Helmuts Schwanz!» Wir Jagdschüler, siebzehn bis fünfundfünfzig Jahre alt, lachten wie die Berserker. «Lustig!», sagte Magda, die ihre Witze lieber selber riss. «Allerdings: jagdlich nicht korrekt. Also?» – Der Eiferer rettete uns alle: «Das Mauswiesel!» Aber ja!

Im Lehrrevier lehrte uns Herr E.: Die Natur betreffend, ist der Nichtjäger ahnungslos. Aus seiner bambiverdummten Tierliebe und Desinformation heraus hat er uns, die Jäger, zu seinem Feindbild erklärt. Der Jäger rotte den Hasen aus? «Ja, bei aller Liebe!», rief Herr E. «Wo wäre der Hase ohne den Jäger denn?» Es ist der vermeintliche Feind, der den Hasen bewahrt. Vor räubernden Füchsen. Vor den seinen Lebensraum zerpflügenden Bauern. Und, nicht zuletzt, vor der rücksichtslosen Natursucht der Sonntagsausflügler. Der Jäger gebietet den Spaziergängern Einhalt und bannt sie auf die Wege. Einer rief: «Wann darf man auf einen Spaziergänger schießen?» Wir zuckten brav mit den Schultern. Obwohl jeder die Antwort kannte: «Wenn er einen Trainingsanzug mit der Aufschrift ‹Reebok› trägt!» Herr E. wartete geduldig, bis wieder Ruhe im Klassenkarton war.

«Der Jäger schafft neue Lebensräume. Er schießt die Zahl der Füchse herunter auf ein hasenverträgliches Maß.» Bitte merken: Er ist der Schützer der Schöpfung. Er tötet, um Leben zu erhalten. Nicht im auf dem Sofa herbeigeträumten, sondern im wahren Einklang mit der Natur. «Ja, und auch das ist wahr: Wir hegen das Wild, um es zu ernten», sagte Herr E. Welcher Bauer, welcher Hühnerhalter wollte uns das zum Vorwurf machen? Und welcher Konsument, der die Ernte von Bauer und Hühnermann zu Hause auf seinen Grill warf, glaubte allen Ernstes, er könne mit dem Finger auf uns zeigen? «Das Hamburgerfleisch ist ja nicht als Hamburger auf die Welt gekommen!», rief Herr E., jetzt in Fahrt. «Weiß das von den Gutschwätzern dadraußen denn keiner?»

Er führte uns durch seinen Wald. In der Ecke der Lehrfalle hockte großäugig eine Katze. Raubwild. «Jetzt geht das wieder los», wetterte Herr E. «Es wird Frühjahr, allgemeine Liebeszeit, was hat die hier im Wald, weitab von Haus und Hof, von jeder mensch-

lichen Siedlung zu suchen?» Er referierte: «Eine Katze ist eine Gei-
ßel für das Revier.» Raubt Junghasen, Feldhühnerküken, plündert
Gelege. Und wenn er auch nicht ganz recht hatte: Ganz unrecht
hatte er auch nicht. In Australien, das weiß man jetzt, vernichten durch Europäer eingeschleppte Katzen die Beuteltierfauna. In
Kooperation mit den ebenfalls eingeschleppten Füchsen. Die hatten sich die Engländer mitgebracht, weil sie auch auf dem neuen
Kontinent nicht auf ihr traditionelles Fuchsjagdspektakel verzich-
ten wollten. Und weil sie ihn für ein natürliches Mittel hielten,
um die Population der von ihnen ebenfalls mitgebrachten Kaninchen in Schach zu halten. Nur: Hast du einmal angefangen, wie
auch immer an der Natur herumzudoktern, hebt dein Gedoktere
schnell alle Natürlichkeit auf. Die Katzen hatten ja auch nur ganz
praktisch die Mäuse und Ratten töten sollen. Dann aber fanden
sie und die Füchse: an die heimischen Beutelmarder, Beutelratten
und Kurzschwanzkängurus kamen sie viel leichter ran. Die hatten keine Gelegenheit gehabt, eine Taktik gegen die neuen, hoch-
effizienten Fressfeinde zu entwickeln. Gedoktere hatte ihre Evolution nicht vorgesehen. Seit die Europäer 1788 einen ersten Fuß
auf den Kontinent setzten, sind zehn Prozent der dort einst heimischen Beuteltierarten verschwunden. Mindestens. Weitere einundzwanzig Prozent gelten als bedroht. Der einzige Fressfeind,
den Katzen und Füchse dort selbst haben, ist der Dingo. Beziehungsweise ist er vielerorts der natürliche Feind, den sie *hätten*,
hielten die Schafhalter die Dingopopulation nicht drastisch klein.

Überhaupt gibt es viel zu viele Katzen, sagte Herr E. Mehrere
Millionen, allein in Deutschland. Die lieben Leute! Sterilisieren
ihre Viecher ja nicht. Und den Arsch in der Hose, sie zu ersäufen
oder in einem Sack verschnürt gnädig gegen die Wand zu hauen,
wenn das Vervielfältigungsunglück erst mal seinen Lauf genommen hat, hat von den Tierfreunden dadraußen erst recht keiner.
Von wegen: Man ist doch kein Unmensch. Oder will doch wenigs-

tens auf den ersten, schlampigen Blick nicht als solcher erscheinen. Ist man aber! Und was für einer! Wenn man dieser Katzenseuche mit gutem Herzen weiterhin Vorschub leistet. Und erst recht, wenn man seine Katze mutwillig in Wald und Feld laufen lässt. Weil eine freilaufende, freijagende Katze ja so *natürlich* ist. «Na, die sollen nur laufen und in meinen Lehrwald kommen, die Kätzchen», rief Herr E. und lachte grimmig. Die Ahnung furchte der katzenverliebten Zahnarztgattin das Gesicht. «Was passiert denn mit ihr?» Herr E. antwortete mit der Schlichtheit gesunden Naturverstandes: «Heute Abend sitzt die nicht mehr da.»

«Und die Leute, denen sie gehört, wenn die sie suchen und kommen und nach ihr fragen?» Herr E. lachte trocken. Klappte die Innenseite seiner Weste nach außen. Außen jagdgrüner Loden, innen ein buntes Patchwork aus Stücken von weißem, schwarzem, rotem und braunrotem Fell. «Dann frage ich den so verzweifelt nach seinem Kätzchen Suchenden freundlich: Schauen Sie mal, welche ist es denn?»

TONY

«UND DU?! BIST DU Republikaner oder etwa Demo-krat?» Tony fragte das. Wir schnurrten auf dem Highway dahin, zwei Stunden von Spokane, im US-Bundesstaat Washington, zu seinem Haus irgendwo im Busch, in Nordidaho. Auf dem Rück-sitz lümmelte die Enkeltochter. Sechzehn schöne, eiskalte Jahre, Musikstöpsel im Ohr. Die Enkelin hatte er vom Flughafen abholen müssen. Sie war gerade aus ihrem kalifornischen Internat für das Wochenende heimgekommen. Außerplanmäßig. Ihr Flug landete knapp eine halbe Stunde vor meiner Ankunft, so viel hatte ich gewusst. Tony hatte es mir geschrieben, als ich, noch per E-Mail, vorschlug, von Spokane den Bus oder Zug oder was immer es an Transportmittel nach Sandpoint, Idaho, gab, zu nehmen. «Auf keinen Fall!», schrieb er zurück. «Ich muss sowieso meine Enke-lin abholen.» Ich hatte ihn praktisch an diesem Enkelmädchen an seiner Seite erkannt. Und an der Art, wie er deren Koffer, gegen ihren schwachen Protest, vom Gepäckband zerrte und zu einer Sitzgruppe schleppte. Mit krummem Rücken.

Jetzt wurde es dunkel. An den Seiten des Highways türmten sich weißgraue Massen. «Die schwersten Schneefälle hier seit Jahren», sagte Tony, seine Entweder-oder-Frage für den Moment vergessend. «Vergangene Woche lag er noch über zwei Meter hoch.» Bei minus zehn Grad. So hatte es schon in seinen E-Mails gestanden. Ich wusste, er meinte es, wie alles andere, als eine Warnung. Aber ich hatte mich darauf gefreut. Auf das Land, die Wildnis, auf zwei Meter hohen Schnee. Auf so eine richtige, knackige, arschkalte Kälte. Nach neun Wintern in Irland war mir danach. In Irland fällt das Thermometer selbst im Dezember-Januar-Februar kaum je unter null Grad. Und wenn, dann nicht für lange. Bevor ich herzog, dachte ich: «Prächtig!» Ich glaubte: In so einem Plus-Grade-Winter ist dir nie wirklich kalt. Heizöl brauchst du nicht. Höchstens ein bisschen. Ich stellte mir das Leben alles in allem wärmer, bezahlbarer vor. Dann verlebte ich meinen ersten irischen Winter. Und fror. Und zwar so, wie ich nie zuvor gefroren hatte. Denn der irische Winter ist vor allem eins: nass. Und das Schlimmste an ihm ist, dass er auch über den Sommer dauert. Vielleicht war ich darum in Irland nie jagen gegangen. Hatte es nicht mal versucht. Obwohl ich den ein oder anderen Jäger kannte. Ich dachte: Man friert drinnen schon genug. Da muss man nicht auch noch großartig draußen rumlaufen. Dann wiederum musste ich, der Pferde und Hunde wegen, oft genug draußen sein. Wusste also: War man erst so richtig durchnässt und durchfroren, wurde man auch drinnen nie wieder richtig warm. Irland, seinen «Great Outdoors», dieser vielgepriesenen, tristgrauen Landschaft zum Trotz, ist ein Indoor-Country.

Hast du aber zehn *trockene* Minusgrade, kannst du dich gegen sie wehren. Ich hatte mir also (noch) ein Paar wasserdichte Stiefel mit Vibram-Wundersohlen gekauft. Eine Jacke aus daunengefüllten Würstchen. Dicke Socken. Mehr dicke Socken. Eine Bommelmütze aus echter Wolle. Und das ein oder andere Fleece. Mit den Vibram-Sohlen hatte ich mich gleich mal aufs Maul gelegt. Aber nicht in angemessenem abenteuerlichen Gelände. Sondern auf den Fliesen im Flur, nach dem üblichen Sauregenwetter. Tony sagte: «Du trägst eh besser Sallys Stiefel.» Also: die Stiefel seiner Frau. «Deine sind nicht hoch genug. Damit kannst du im hohen Schnee nichts anfangen.» In den vergangenen drei oder vier Tagen hatte es begonnen zu tauen. «Keine Sorge», sagte Tony. «Oben in den Bergen liegt noch massenhaft Schnee.» Genug, um dort mit dem Schneemobil herumzubrausen. Und das würde noch lange so bleiben, aber ja. Ich sah aus dem Fenster, hoch, zu den dichtbewaldeten, jetzt düsteren Gipfeln. Ich dachte: Wie soll man da oben, in diesem Wald, überhaupt mit dem Schneemobil oder sonst irgendetwas fahren? Tony, der offenbar ein Diplom im Gedankenlesen hatte, sagte: «Da oben ist alles voller gepflegter Schneemobil-Tracks, die ziehen sich über Hunderte von Kilometern.» Für den Moment wusste ich nicht, ob ich froh oder enttäuscht sein sollte.

Mir fiel ein, dass ich vergessen hatte, meinen Schlafanzug einzupacken. Weiß der Himmel, wie und warum so plötzlich, aber ich wusste mit Bestimmtheit: Der verflixte Schlafanzug war nicht drin in dem Vagabunden-Rucksack. Ich fragte, ob wir mal eben anhalten könnten, bei einem Supermarkt mit Schlafanzugabteilung. Und Tony sagte: «Na klar.» Bald kämen wir an ein Einkaufszentrum. «Da gibt es alles. Schlafanzüge in rauen Mengen, so viele du willst.» Aber ein paar Minuten später tippte er eine Nummer ins Handy, reichte es nach hinten, zur Enkeltochter auf der Rückbank, und ich hörte sie fragen: «Und kannst du ihr einen Schlafanzug leihen? Okay, danke, alles klar.» Dann, nach vorne gelehnt, zu mir: «Du kannst einen Schlafanzug von meiner Mutter leihen.» – «Prächtig!», rief Tony. Und dann fiel ihm auch wieder ein, was hier möglicherweise am Wichtigsten war: «Also, was nun, Republikaner oder Demokrat?»

Donald Trump war seit ein paar Monaten Präsident. Und ich hatte mir geschworen, dass ich dieses Land nie wieder betreten würde. Jedenfalls nicht für die Dauer, wo so einer hier der Obermacker war. Aber ich dachte: Das sagst du besser nicht einem Tony. 28 Jahre Soldat. Zweimal, mit Mitte 20, im Einsatz in Vietnam als «Gunship-Pilot», als Pilot eines Kampfhubschraubers. Zweimal wurde er abgeschossen. Ein Umstand, der, wie er sagte, für ihn höchst verzeihlich war. «Mein Job war, zu töten. Also versuchten die, mich zu töten. Ist ja klar.» Er war der einzige von den vier Piloten damals in seinem Quartier, der den Krieg überlebte. Später verstand ich: Einer wie Tony wählte einen wie Donald Trump, einzig weil er glaubt, der müsse aus demselben Holz gemacht sein wie er. «Ich weiß ja nicht, ob man die Menschen so einfach in Schubladen stecken kann», sagte ich. «Republikaner, Demokrat, was sagt das schon aus über einen?» – «Aha, also bist du Demokrat!», frohlockte Tony. Er und die Enkelin lachten.

Jetzt, wo das fürs Erste geklärt war, kam er schnell auf unser Thema zu sprechen: die Wölfe. Und die Trapper, die sie gegen jenen «Unkostenbeitrag entfernten». Tony hatte gelernt, welche Formulierungen gesellschaftlich hinnehmbar waren und welche nicht. Und zwar: auf die harte Tour. «Über 20 000 Hass-E-Mails von Wolfsliebhabern weltweit! Viele aus Deutschland und aus der Schweiz!» So viel hatte ihn die falsche Formulierung gekostet. Als er statt von «Unkostenbeitrag» noch von «Kopfgeld» sprach. «Ist ja schnuppe, wie man es jetzt nennt», brummte Tony. «Unkostenbeitrag, meinetwegen, das trifft es sogar. Allein die Zeit und die Mühe, die unsere Trapper investierten, sind unbezahlbar!» Und für die regelmäßige Kontrolle ihrer Fallen, über ein riesiges Areal verteilt, gaben die leicht ein Vermögen aus für Benzin. Von den Instandhaltungskosten für ihr Fallen- und Waffenarsenal mal ganz abgesehen. Tony war überzeugt: Ohne den Einsatz der Trapper müsste die Wolfspopulation weiter ins Inakzeptable steigen. Und der Bestand der Huftiere weiter sinken. «Du musst wissen», sagte Tony, «jeder Wolf reißt für seinen eigenen Erhalt mindestens zwanzig große Wildtiere pro Jahr. Darunter gesunde, kräftige Hirschbullen, Kühe und Kälber, die für den Fortbestand ihrer Art unerlässlich sind.» Dazu «überflüssige Tötungen» und Spontanabgänge bei den tragenden Kühen durch Stress. Ein potenziell artenvernichtendes Gemetzel! Daran konnte einer wie Tony sich nicht mitschuldig machen durch Nichtstun. An ein paar Bäumen hingen noch die Wahlkampfplakate. Hillary Clintons freudloses Porträt und darüber der Schriftzug: «Lock her up!» Sperrt sie ein! Tony sagte, er habe nichts gegen Wölfe, im Gegenteil. «Das sind schöne Tiere, ungeheuer faszinierend.» Es seien nur mittlerweile zu viele. «Wie viele?», fragte ich. «Fish & Game schätzt, in ganz Idaho sind es etwa 800.» Er knirschte mit den Zähnen. «800, mein Arsch, es sind eher dreimal so viele.» Die Leidtragenden seien die Elche. Und Hirsche. «Die Hirschherde im Yellowstone Park haben sie innerhalb von 20 Jahren von 25 000 auf 3000 Tiere heruntergefressen. Im Lolo-Gebiet haben sie im selben Zeitraum die Hirsche von 16 000 auf unter 1000 dezimiert. Wenn wir es so weitergehen lassen, dann haben wir in zehn Jahren mehr Wölfe als Beutetiere.» Mindestens 150 Wölfe müssen Idaho nach der akuten Gesetzgebung erhalten bleiben. Fünfzehn Wolfspaare. «Meinetwegen lassen wir auch zweihundert am Leben», sagte Tony großzügig. «Aber nicht einen mehr.»

Er wohnte dann so, wie man nur wohnen wollte. Holzbohlenhaus an einem Berghang, mitten im Wald. Auf einer Lichtung grasten seine Pferde und Mulis. Dazwischen verirrte sich manchmal ein Bär. Oder ein Puma. Ins Gebälk der Scheune war ein Waschbär eingezogen und klaute den Katzen das Futter. Weißwedelhirsche zogen mit schöner Regelmäßigkeit am Haus vorbei. Und an so richtig tollen Tagen konnte man gleich von der Terrasse Kojoten schießen. Sonst sah man von ihr einfach nur auf die Bergkette und davor auf den Pend-Oreille-See. Das war noch immer großartig genug. Der einzige Fehler, den er mit diesem Haus gemacht hatte, sagte Tony, war, dass er es nicht ganz oben auf den Berg gesetzt hatte. Dort thronte jetzt der Nachbar.

Und morgen Abend würde er mir seine Mannen präsentieren. Die Trapper. Die kühnen Recken im Kampf für den amerikanischen Hirsch und amerikanischen Jäger zugleich. Gegen den anderen Jäger, den Wolf. An jenem großen Bankett. Dazu trafen sie und die anderen F4WM-Mitglieder sich einmal im Jahr, in Sandpoint. Kuchenversteigerung zugunsten der Fallensteller inklusive. Für einen so ausnehmend guten Zweck zahlten die Mitglieder leichten Herzens 100 und mehr Dollar pro Kuchen. Sie hatten eine *Berufung.* An die sie glaubten. Für die sie kämpften. «Du glaubst nicht, was mich das an Überzeugungskraft gekostet hat, dass die dich mit auf die Wolfsjagd nehmen!» Tony lachte. «Eine Journalistin und Buchautorin, die angeblich selbst Jägerin ist?! Die haben mich für komplett verrückt erklärt.» – «Tony!», hatten sie voller Empörung gerufen. «Bist du ballaballa? Die ist ganz sicher ein Spion!» Eine Natur- und Tierfreundin von der übelsten Sorte. Wolfsliebhaberin wider alle Vernunft. Möglicherweise: Demokrat! Und vielleicht war das der Grund, warum Robert mir gleich am ersten Abend das Video zeigte: seine 15-jährige Tochter, wie sie die Büchse an ihre Schulter hebt. Die Wange ans Holz des Schaftes legt. Mit dem Auge Maß durch das Zielfernrohr nimmt. Und den hüpfenden, starrenden Wolf in der Falle erschießt. Das Tier fiel, Roberts Kind strahlte vor Glück. Und ich musste für den Moment schlucken. Warum, hätte ich nicht sagen können.

Klar, möglicherweise war ich Demokrat. Aber was sagte das aus über einen?

GRAU GEGEN ROT

NORTHUMBERLAND 2009

DER GERUCH IN PAULS Lieferwagen war unerträglich. Eine Mischung aus Blut und Verwesung und Raubwild. Sie legte sich auf die Schleimhäute, drang in die Kleider und Haare. Der Geruch war beharrlich. Er blieb, auch nachdem ich Pauls Wagen verlassen, die Haare gewaschen, die Kleider gewechselt hatte. Nach den zwei Jahren, die Paul in dem Wagen verbracht hatte, mit Unterbrechungen nur zum Essen und Schlafen – oft nur zum Schlafen –, gab der Geruch ihn nicht mehr frei. Paul wusste das nicht, hoffentlich. Der Kammerjäger aus dem nordenglischen Newcastle upon Tyne hatte in diesem Lieferwagen seine Bestimmung gefunden. Eine Lebensaufgabe, seine endgültige Bedeutung. Ich dachte: Die kannst du nur genießen, wenn du nicht ahnst, dass du ihretwegen stinkst.

Ein deutsches Naturkunde-Magazin hatte mich geschickt. Geschichte dieses (scheinbar) bekloppten Briten, der in den nordenglischen Wäldern amerikanischen Eichhörnchen-Einwanderern nachstellte und ihnen zu Zehntausenden den Garaus machte, erschien ihnen auf lustige Art verlockend. Ich wohnte zu der Zeit schon auf der Nachbarinsel, war Mitte August 2008 nach Irland gezogen. Ohne «guten» oder auch nur einen halbwegs verständlichen Grund. Einfach nur, weil ich nach der Scheidung und all dem Drama, das mit ihr verbunden war, in meinem Leben noch mal «etwas ganz anderes» wollte. Ich war dem «Bekloppten» also relativ nahe. Schon was die schiere Anzahl der Kilometer betraf und vielleicht auch gefühlsmäßig und / oder gedanklich. So in etwa dachten sie vielleicht, dort bei dem Magazin. Dass ich auch hochoffiziell den Jagdschein hatte, erzählte ich ihnen erst später, nachdem bereits abgemacht war, dass ich nach Northumberland reisen und mit diesem Paul Parker für ein paar Tage in die Eichhörnchenschlacht ziehen würde. Vielleicht hätten sie mich, hätten sie es von vornherein gewusst, nicht geschickt. Vielleicht hätten sie geahnt, dass die Geschichte – aus Sicht eines Jägers – weniger lustig war. Oder: lustig auf andere, für die Naturmagazinliebhaber und -leser unverdauliche Art.

Paul musste die Eichhörnchen auf der britischen Insel vernichten, die großen, grauen, die nicht auf die Insel gehören. Im August 2009 begleitete ich ihn für eine Weile dabei. Der wohlhabende Seidenhändler Thomas Brocklehurst war der Erste, der 1876 ein Paar *Scirius Carolinensis* von einer Geschäftsreise nach Nordamerika mit nach Hause brachte und im Henbury Park in Cheshire, Nordengland, aussetzte. Andere britische Landherren, von der Fremdartigkeit und Zutraulichkeit der Tiere angetan, taten es ihm schnell nach. Nicht wissend, welche Auswirkung die Einführung einer neuen Spezies, possierlich oder nicht, auf ein Ökosystem haben kann. Der leidenschaftlichste aller aristokratischen Hörnchen-Liebhaber, der elfte Herzog von Bedford, Herbrand Russell, ließ 1890 zehn der Tiere auf seinem Anwesen nahe London frei. Er beschenkte Freunde mit Jungtieren. Gab sechs Hörnchen-Paare an einen Freund als Hochzeitsgeschenk. Der setzte die Tiere bei seinem Schloss in Irland aus. Alle heute in Irland lebenden Grauhörnchen stammen von diesen sechs Paaren ab. Das haben genetische Studien ergeben.

Bereits zu Beginn des 20. Jahrhunderts fanden die Biologen, dass die Population der Grauhörnchen auf der Insel explodierte. Es ging ihnen in der neuen Heimat gut. Und das machte der Heimat Probleme: Die Hörnchen beschädigten junge Bäume, indem sie die Rinde mit ihren Klauen zerkratzten. Sie gruben die Blumen aus in den Gärten. Sie verwüsteten Vogelnester. Ein Ökologe schrieb 1931: «Ich kenne mehr als einen patriotischen englischen Landsmann, der der gesamten amerikanischen Nation gegenüber verbittert ist. Wegen der Anwesenheit dieser Hörnchen in seinem Garten!» 1937 verbot das britische Parlament die Einfuhr und den Besitz von Grauhörnchen. Selbstverständlich war es zu spät, um den Schaden abzuwenden.

Schon vor Erlass des Verbotes hatten Wissenschaftler auf ein besorgniserregendes Phänomen hingewiesen: Wo immer sich die grauen Eichhörnchen breitmachten, verschwanden die roten. Zwar waren die Grauen ihren andersfarbigen Artgenossen gegenüber kaum aggressiv, und sie waren auch nicht, wie heute oft angenommen, die besseren Nachwuchs-Produzenten. Sie sind nur besser an das Leben in Laubwäldern angepasst. Anders als ihre roten Verwandten können Grauhörnchen Eicheln verdauen. Eine Fähigkeit, die sie in den Eichen-Hickory-Wäldern an der amerikanischen Ostküste entwickelt hatten. Ein Ökologe der Universität in Oxford äußerte erstmals 1930 einen anderen Verdacht, den Rückgang der roten betreffend: Womöglich verbreiteten die grauen eine Krankheit unter ihnen.

In den rund hundertvierzig Jahren, die seit ihrer ersten Einfuhr vergangen sind, haben sich die wenigen ausgesetzten grauen auf 2,5 Millionen Tiere vermehrt und über die ganze Insel verbreitet. Das *Time Magazine* setzte sie auf Platz fünf der zehn weltweit invasivsten Arten. Sie werfen – wie ihre weit kleineren roten Verwandten – zweimal im Jahr und ziehen mit jedem Wurf bis zu acht neue Grauhörnchen groß. Biologen klagen, dass sie allein im gewerblichen Forst Schäden in Höhe von jährlich fünfzig Millionen britischen Pfund, knapp siebenundfünfzig Millionen Euro, anrichten. Dazu kommen unberechenbar hohe Schäden in den der Insel verbliebenen Urwäldern. Sie fressen die Spitzen der Bäume ab. Sie zerkratzen und zerfressen die Rinde rings um die Bäume und zerstören so deren Nahrungszufuhr. Was den Tod des zerkratzten Baumes zur Folge hat. Sie fressen Vogeleier und vernichten so die Gelege. Der «Game & Wildlife Conservation Trust», der sich für den «Wild- und Naturschutz zum Wohle der Öffentlichkeit» einsetzt, gibt an, dass Grauhörnchen einen «signifikanten Effekt auf die erfolgreiche Aufzucht von Jungvögeln in den Wäldern» haben. Speziell Kohlmeisen, Spechtmeisen, Buchfinken und Amseln litten unter dem Gemetzel in ihren Nestern.

Am schlimmsten an ihnen aber ist, und so sah es nicht nur Paul Parker: Sie kennen keine Verwandten. Der frühe Verdacht der Biologen, die Grauhörnchen könnten die roten Eichhörnchen mit einer ihnen noch unbekannten Krankheit infizieren, ließ sich fünfzig Jahre später erstmals erhärten. 1981 entdeckten Forscher das Eichhörnchenpockenvirus («Parapoxvirus»). Noch einmal zwanzig Jahre später war klar: Zwar tragen (auch) die grauen das Virus, denn sie verbreiten es über den Kot, ihre Duftdrüsen und den Wirt wechselnde Flöhe auf die roten. Doch nur die roten erkranken daran. Die grauen hatten, offenbar bereits bevor sie nach England kamen, Immunität gegen das Virus entwickelt. Hat es aber erst einmal Eingang in einen Bestand roter Eichhörnchen gefunden, verbreitet es sich dort rasant. Den Befallenen wachsen nässende, eitrige Geschwüre auf der Nase und um die Augen. Ihre Augenlider verkrusten. Sie sterben binnen weniger Wochen, manchmal Tage. Und scheinbar ohne guten, ohne einen *wirklichen* Grund, so bemerkten die Forscher. Hatten sie anfangs geglaubt, dass die Geschwüre die Tiere bei der Aufnahme von Nahrung und Wasser behinderten, so mussten sie diese These weitgehend verwerfen, nachdem sie gut genährte, ausreichend mit Wasser versorgte und doch an dem Virus verstorbene Eichhörnchen fanden. Eine zweite Theorie ist, dass die angeschlagenen, in ihrem Sehen und Riechen behinderten Tiere leicht Opfer von Räubern wurden.

Was immer der Grund ist, die roten Eichhörnchen sterben. Und je weniger sie werden, umso schneller und weiter verbreiten sich die grauen. So lautet das Ergebnis von fünfundzwanzig Jahren Forschung des unabhängigen deutschen Biologen Peter Lurz. Wo immer das Virus tobt, erweitern die grauen ihr Revier. Um bis zu vierunddreißig zusätzliche Quadratkilometer pro Jahr. Fünfundzwanzigmal schneller als in Gebieten, wo die Population der roten gesund ist. Paul sagte: «Stell dir vor, eine Bande von Stadtrüpeln kommt raus aufs Land und bedroht da die netten Leute und haut alles kurz und klein – so etwa ist das mit den Eichhörnchen hier.» Das Verhältnis der grauen Rüpel zu den roten Netten war damals etwa sechs zu eins. Heute kommen auf ein nettes Eichhörnchen zehn Rüpel.

Die roten hatten sich aus Englands Süden hoch nach Schottland und in die britisch-schottischen Grenzbezirke zurückgezogen, nach Northumberland zum Beispiel. Durch Northumberland verlief, als ich ihn traf, Paul Parkers Front. «Allein im Wald von Dipton habe ich zweitausend gefangen», frohlockte er. «Im Wald von Slaley dreitausendfünfhundert.» Jedes gesäuberte Gebiet, so erklärte er, zog die Eichhörnchen aus den angrenzenden Wäldern an. «Wie ein Vakuum.» Später wusste ich: Das ist wie mit den Füchsen, die dir deine Hühner im Garten wegfressen. Die kannst du erschießen oder, wenn du nicht schießen darfst, sie sonst wie vernichten. Aber was nützt es dir, ist der erste Fuchs ein paar Wochen tot, kommt garantiert ein zweiter und übernimmt freudig das freigewordene Revier. Also deine Hühner. Und hast du den zweiten über den Haufen geknallt, kommt ein dritter. So geht es ewig weiter. Es ist eine endlose Fuchs-frisst-Hühner-Schleife. Stecken du und deine ärmsten Hühner erst mal drin, kommt ihr nicht mehr raus. Oder? Paul hatte, die Grauhörnchen betreffend, einen

Plan ausgeheckt, der, in der Theorie, vielversprechend klang: «Ich fange einfach auch die frisch Eingewanderten weg, es entsteht wieder ein Vakuum, das zieht binnen neun Wochen neue Eichhörnchen an, die fange ich wieder weg.» Zog das zuletzt geschaffene Vakuum keine Einwanderer mehr nach, wusste Paul: Auch die angrenzenden Wälder und Parks waren jetzt eichhörnchenfrei. Und er konnte seine Front weiter nach Süden verschieben. «Bis ich in London angekommen bin.» Fünfhundert Kilometer weiter südlich.

Innerhalb von ein paar Jahren wollte er seinen heimischen «Kielder Forest» sauber haben, das größte von Menschen geschaffene Waldgebiet Englands. Sechshundertfünfzig Quadratkilometer. Innerhalb der nächsten zehn Jahre die ganze Insel. Als wir uns trafen, hatte er dreißigtausend von den grauen erwischt.

Drei davon hingen hinter uns, kopfüber, von der Decke seines stinkenden Wagens. Er hatte ihnen eine Drahtschlinge um die Hinterfüße gezogen. Ein viertes tobte unter den Toten in einer langen Drahtfalle auf und ab. Es pfiff schrill, es kreischte. Es klang nicht verzweifelt. Ich konnte hören, wie wütend das Eichhörnchen in der Falle war. Ich fand schwer, Mitleid mit diesem Tobsüchtigen zu haben. Nahezu unmöglich. Paul, der von Beruf nicht nur Kammerjäger und Eichhörnchenkiller, sondern auch Witzbold war, rief ihm über die Schulter zu: «Lange musst du dadrin nicht mehr toben!» Ich dachte: Vielleicht ahnt es das längst, hat es vielleicht schon gerochen. Die Köpfe, Füße, Schwänze, Eingeweide und Felle der an den vergangenen Tagen Erwischten stanken in einem ehemaligen Marmeladeneimer gleich neben der Falle vor sich hin. Getrocknetes Blut färbte die Innenseite der einst weißen Hecktüren des Wagens braunrot. Ich hätte gern gewusst: Ab wie vielen Tagen in diesem Wagen würde sein elender Geruch zu meinem werden?

Paul sagte: «Du kannst es später mit dem Luftgewehr schießen.» – «Wie?», fragte ich. «Du hältst den Lauf in eine Ecke der Falle und wartest, bis das Eichhörnchen den Kopf unter die Mündung hält. Dann: Bamm!» – «Okay», sagte ich. Paul nickte. Ich meinte: zufrieden. Er war vierundvierzig, ein kräftiger Mann mit runden Augen in einem roten Gesicht. Sein rollender «Geordie»-Akzent war nur mit Mühe zu verstehen. Nach einer kurzen Schulzeit hatte er ein paar Jahre als Dachdecker gearbeitet, bis er gefunden hatte: «Ist doch besser, ich verdiene meinen Lebensunterhalt mit einer Arbeit, die ich gerne mache.» Paul, der seit seinem vierten Lebensjahr Frettchen hielt, ging gern mit den flinken, mardergleichen Räubern auf Kaninchenjagd. Setzte sie in seine weite Jackentasche, zog mit ihnen raus, über die Felder und Wiesen, und wenn sie an einen Kaninchenbau kamen, holte er das Frettchen raus, setzte es vor das Loch, und husch, peste es hinein und an anderer Stelle wieder heraus. Vor ihm ein paar panische Kaninchen. Deren kurze Flucht endete in dem Netz, das Paul über den Ausgang gezogen hatte. Sie waren ein Team. Eines Tages bat ihn ein Freund, mit dem Frettchen die Ratten aus seinem Hühnerhof wegzufangen. Er zahlte ihm zwanzig Pfund. Von da bis zum hauptberuflichen Ungeziefervernichter war es für einen wie Paul nicht weit. Er war «crazy», auf diese spezielle, beinahe entzückende Art, wie man sie nur in England findet. Oder: die man, nur wenn man sie in England findet, speziell und irgendwie für entzückend hält.

Er hatte noch immer ein Frettchen. Nach Feierabend, wenn es nicht noch mal raus auf Ratten- oder Kaninchenjagd ging, spielte er mit ihm in seinem winzigen Reihenhausgarten. Dieser Gartenklecks war von drei Seiten mit Mauern umgeben, an der vierten Seite begrenzte ihn das Haus. Das Frettchen konnte also nicht weg. Wenn es gewollt hätte. Wann immer ich Paul und das Frettchen spielen sah, sah es nicht aus, als wolle es raus. Sie spielten Fangen. Mal lief das Frettchen vor Paul weg. Mal floh Paul vor dem Frettchen. Wenn es zu schnell rannte, überschlug es sich auf dem Rasen und geriet ins Kullern. Dann lachte Paul, sprang und tanzte vor dem Frettchen herum und sang: «Duhu, bist hingefallen, duhu, bist hingefallen.» Und das Frettchen setzte sich auf, paddelte mit den Vorderpfoten in der Luft und zwitscherte oder machte ein Geräusch in dieser Art. Ich war überrascht. Ich hatte nicht gewusst, dass man so mit einem Frettchen spielen konnte. Dass es so sehr bereit war, mitzuspielen. Mit so viel, wie sollte man es anders nennen, Hingabe. Und Persönlichkeit. Dass es *wirklich* interagierte. Ich dachte: Anders als ein Hund. *Mehr* als ein Hund. Aber vielleicht war das nur eine durch die Possierlichkeit des Tieres herbeigeführte Täuschung.

Überhaupt: erzähl das mal einem Kaninchen! Was für ein drolliger, liebenswerter Spielkamerad dein Frettchen ist. Denn wenn es ans Töten geht, ans natürliche Frettchensein, sind diese Tier alles andere als das. Sie gehören zu der Familie der Marder, *Mustelidae*. In einem Kaninchenbau richtet so ein Mardertier leicht ein scheinbar sinnloses Gemetzel an, in einem Hühnerstall auch. Verschont keinen. Hinterlässt nichts als verstümmelte, angefressene Leichen. Mit im akuten Tötungsakt von den Körpern gerissenen Köpfen. Was für eine Sauerei! Aber natürlich töten die Marderartigen nicht «einfach so, aus Spaß». Ihre vermeintliche Mordlust ist vielmehr der Trieb, die ausweglose, kreischende, flatternde Beute endlich zur Ruhe zu bringen. Auf die einzig mögliche Art. Und weil sie zu klein sind, um die Beute über Zäune und andere Hindernisse mit sich zu schleppen, schlagen sie sich, so gut sie können, die Bäuche vor Ort voll. Zurück bleiben die blutigen Reste. Was man ihnen, aus den genannten Gründen, nicht verübeln darf. Das wusste ich. Und ich wusste auch, wie schwierig es ist, das zu wissen, wenn man selbst der Hühnerhalter gewesen war. Oder der Jagdpächter. Mit einem Revier ohne Fasane. Es war hier wie dort ein Kampf um Ressourcen.

Ihre Vorliebe für fettes, vornehmlich am Boden lebendes Federvieh, kombiniert mit ihrer Taktik – eher: ihrer Unfähigkeit, Überlebende zu hinterlassen –, hatte die Baummarder, *martes martes*, auf der britischen und der irischen Insel beinahe das eigene Überleben gekostet. Von Farmern und anderen über Jahrzehnte heftig bejagt, galten sie im vergangenen Jahrhundert als nahezu ausgestorben. 1988 stellte die Regierung die verbliebenen paar Exemplare unter Naturschutz. Heute leben wieder mehrere tausend Baummarder in den schottischen Highlands. 2007 bemerkten schottische Förster, dass in den von Mardern wiederbewohnten Gebieten weit weniger Grauhörnchen zu finden waren als in den marderfreien. Farmer in den irischen Midlands beobachteten dasselbe Phänomen. Das zurückgekehrte heimische Raubtier fraß offenbar die Invasoren. Und mit den Mardern kehrte auch das rote Eichhörnchen zurück. Während Letzteres überwiegend in den weitgehend sicheren Wipfeln der Bäume nach Nahrung sucht, suchen die grauen, wie die Marder, am Boden. Die Vincent-Wildtier-Stiftung setzte im Frühjahr 2016 hoffnungsfroh zwanzig erwachsene Baummarder in Wales aus und im darauffolgenden Herbst noch einmal so viele. Wie viele Marder es braucht, um das rote Eichhörnchen vor dem grauen und also dem Untergang zu bewahren, ist ungewiss.

Von den zwei Kanarienvögeln, die Paul bis vor kurzem besessen hatte, war ihm nur einer geblieben. Der andere war entflohen, als Paul eines Abends nach Hause kam. Nur einen Spaltbreit hatte Paul die Haustür geöffnet, und wusch, war der Vogel, den er stets frei im Haus fliegen ließ, fort. Er war dem so treulos Entflohenen noch immer böse. «Das ist der Dank, wenn du einem zu viel Freiheit und Vertrauen schenkst!» Mit der Frau und seinem besten Freund war es ihm praktisch genauso gegangen. Die lebten jetzt zusammen, und der verbliebene Kanarienvogel musste für alle büßen. Den ließ Paul seither nicht mehr aus dem Käfig. Er erzählte das alles mit den komischsten Grimassen und ebensolcher Verzweiflung. Als sei es ein Part seiner privaten Lebens-Witz-Show. Und das war es auch, tatsächlich. Darum schmerzte es.

Die britische Nationalflagge trug er als Shorts. Wenn wir auf Eichhörnchenkillermission waren, hörte er im Auto *Queen*. Immer dieselben zwei Songs: «Don't stop me now (I am having such a good time)» und «Another one bites the dust». Also: «Halt mich jetzt bloß nicht auf, ich habe gerade so viel Spaß» und «Noch einer beißt ins Gras». Dazu sang er laut und trommelte den Rhythmus aufs Lenkrad wie ein Berserker. Wenn er über eine bestimmte Brücke in Newcastle fuhr, riss er die Beine hoch und rief: «Teufelswasser! Nimm die Beine hoch, oder du stirbst!» Er glaubte tatsächlich daran. Man hätte ihn leicht für einfältig halten können, das wäre ihm aber nicht gerecht geworden. Er hatte eine Spezialfalle für seine grauen Opfer ertüftelt, weil er schnell erkannt hatte, dass die Sprungfedern der Käfigfallen für Marder und Nerze, die er zuerst benutzt hatte, für die leichtfüßigen Hörnchen zu schwergängig waren. Die spazierten unversehrt in die Falle, raubten die Ködernüsse aus der roten Plastikschüssel und spazierten unversehrt wieder hinaus. Seine eigenen Fallen, in einem Winkel aufgestellt, waren fein justierbar und arbeiteten mit Hilfe der Schwerkraft. Eine rote Plastikschüssel mit Haselnüssen lockte das Hörnchen zuverlässig in den langen schmalen Drahtkäfig. Der sich dann ebenso zuverlässig hinter ihm schloss. Die Waldbehörde hatte ihm geraten, die Fallen unter Laub oder gut versteckt im Gebüsch aufzustellen. Paul kannte die Eichhörnchen besser. «Die sind neugierig und verlassen sich ausschließlich auf ihre Augen, um Futter zu finden und alles Neue auszukundschaften. Inklusive der Fallen.» Also platzierte Paul sie gut sichtbar.

Er hatte auch eine vertikale Holzkiste mit einer Schnappfalle darin konstruiert. Kroch das Tier von oben hinein, um sich die Nuss auf dem Boden der Falle zu holen, löste es den Mechanismus aus, und der Draht schnappte um seinen Hals oder Körper zu und tötete es binnen Sekunden. «Die Kisten sind gerade lang genug, dass ein Eichhörnchen komplett mit Schwanz darin Platz hat.» Von außen war also von dem Toten drinnen nichts zu sehen. «Das ist wichtig», sagte Paul. «Wegen der anderen Eichhörnchen!», rief ich und hielt mich für pfiffig. «Damit sie fürs nächste Mal nicht gewarnt sind.» Paul kicherte. «Nein! Wegen der Leute. Damit die sich nicht ins Hemd machen, wenn sie ein totes Eichhörnchen sehen. Den anderen Eichhörnchen ist das scheißegal.» Die seien trotzdem geil auf die nächste Nuss. Seiner Erfahrung nach: Je mehr Eichhörnchen zuvor in die Falle gegangen waren, umso geiler. Paul kicherte wieder. «Manche Fallensteller waschen die Kisten nach jedem Fang.» Die stellten sich vor, im Holz müsse noch der Gestank von Verderben hängen. Von letzter Verzweiflung. Paul war klüger. «Der Geruch von Eichhörnchenpisse und Kot zieht deren Kumpels magisch an.» Gleichzeitig schütze er die roten. «Kein Rotes geht freiwillig dorthin, wo es nach grauen riecht.» Wenn Paul seine tobenden Gefangenen in den Drahtfallen ansah, sagte er Sätze wie: «Die Eichhörnchen erinnern mich an die Hoodies.» Das waren die Jugendlichen, die, in ihren übergroßen Kapuzen-Sweatern versteckt, an den Straßenecken der Städte herumlungerten. Und ihrerseits auf Beute warteten. «Jung, ohne Respekt und außer Kontrolle.»

Paul stand den grauen nicht allein gegenüber. Sein Kampfgefährte war ein Lord. Rupert Redesdale, Mitglied des britischen Oberhauses und Demokrat. Paul erklärte mir ohne Augenzwinkern: «Rupert ist mit Adolf Hitler verwandt. Der war ein Cousin von Ruperts Urgroßvater, oder so.» Aber natürlich war das nicht wahr. Die Redesdale-Familie ist eine von fünf in Großbritannien, die ihre Blutlinie direkt auf William den Eroberer zurückführen können. Den Normannen, der 1066 mit seiner Armee vom französischen Festland herüberkam, die Engländer schlug und sich fortan «König von England» nannte. «Im Grunde sind wir Normannen», sagte der britische Lord. Sein Kammerjäger nannte ihn ungerührt weiter «Hitler». Der Lord nannte den Kammerjäger «Fettsack». Ich nahm das als ein Zeichen ihrer Zuneigung zueinander, der Männer und ihrer Klassen.

Redesdales Aufgabe war das Beschaffen der Spendengelder. Er hatte die Kontakte. Paul hatte die Kenntnis und erledigte das Fangen. Das Töten besorgten sie hin und wieder gemeinsam. Dann brachte Paul seine frischen Gefangenen mit zur nächsten Strategie- und Geldbesprechung bei Redesdale, stellte die Drahtkisten auf den Boden, der Lord steckte den Lauf seines Luftgewehrs zwischen die Gitter, und peng! Eins nach dem anderen hinüber. Der Lord sah nicht unbedingt aus, als habe er Freude daran. Mehr wie einer, der wusste, er könne genauso gut Freude daran haben. Weil der Akt unvermeidlich war. Parker seinerseits war das Schicksal des einzelnen Gefangenen egal. Für ihn zählten allein Zahlen. Das große Ganze. Sein übergreifendes Ziel. Die Rettung der roten! Oder auch: die Vernichtung der grauen. Was für ihn ein und dasselbe war. Als wir das erste Mal gemeinsam zum Lord fuhren, reservierten sie mir einen Delinquenten. Ich war auf eine Art froh, dass es nur so ein Pipi-Luftgewehr war. Und dass die Beute in nächster Schussnähe in einem Käfig festsaß. Dieses Eichhörnchen war kein Gegner. Das gleiche Tier, winzig, flink, auf freier Flucht und in einiger Distanz, hätte eine Herausforderung ganz anderer Art dargestellt.

Ich lud die Waffe und steckte den Lauf in der Käfigecke zwischen die Gitter. Wie ich es bei Parker und Redesdale gesehen hatte. Das Eichhörnchen flitzte auf und ab, erst pfeifend, dann stumm. Ich hielt den Lauf reglos. Ich wartete. Parker und Redesdale warteten. Ich wunderte mich. Über mich und darüber, wie ruhig meine Hand mit der Waffe war. Darüber, dass mein Herz nicht spürbar schneller schlug. Dass mir das Blut nicht in den Ohren pochte. Unter der Mündung des Laufs flitzte graues Fell. Ich dachte: Das hier ist kein Huhn. Es war nicht unheilbar krank. Dieses Tier hier, in der Falle, wollte leben. So sah es aus. Ich dachte: Ein Tier mit Fell zu töten, ist etwas anderes als ein Tier mit Federn. Oder? Ich dachte an das Meerschweinchen meiner Tochter. Dass sie, als sie vier war, einmal zur guten Nacht in den Backofen gesetzt hatte. Von uns Eltern unbemerkt. Mein Mann hatte später den Ofen vorheizen wollen. Ihn angestellt, ohne vorher hineinzusehen. Als er hineinsah, war es zu spät. Das Meerschweinchen lebte noch. Aber es war zu spät. Das war offensichtlich. Ich hatte dann mit dem Meerschweinchen im Arm auf dem Küchenfußboden gleich vor dem Herd gesessen und gedacht, dass ich es erlösen müsste. Dass ich mit ihm rausgehen und es erschlagen müsste. Ein Gewehr hatte ich damals noch nicht. Nicht mal so eine Pipi-Waffe wie diese hier, und der Tierarzt hatte erst wieder am kommenden Tag geöffnet. Ich saß da und wusste, was zu tun war. Stattdessen streichelte ich das arme Tier, bis mein ältester Sohn, damals fünfzehn, sagte: «Streicheln ist gut und schön, aber du bist ja nicht Doktor Doolittle. Wie wäre es mit unter Wasser halten?» Er meinte: zum Kühlen der Brandwunden an seiner Nase und den kleinen Füßen. Was ich dann tat. Aber natürlich war auch das wenig hilfreich. Ich bettete das arme Schwein schließlich auf ein paar weiche Tücher in einem Körbchen. Bis der Tierarzt wieder geöffnet hatte und ihm die finale Spritze geben konnte. Mehr war ich nicht in der Lage, für es zu tun.

Ich hielt den Lauf, unbewegt, und wartete. Wie lange, weiß ich nicht. Es kann nicht sehr lange gewesen sein. Es fühlte sich endlos an. Magdas Stimme, in meinem Kopf, sagte: «Jagen ist warten!» Ich dachte: Auch wenn Jagen nicht mehr Jagen ist. Sondern nur noch: Töten. Töten, wenn du es richtig machen willst, ist Warten. Es ist keine überstürzte, hitzig-geile Angelegenheit. Es ist nicht für Doofe. Es verlangt Kalkül, Beherrschung, vor allem deiner selbst.

Wenn du es richtig machen willst. Das Tier in der Falle bewegte sich wieder. Lief unter die Mündung und blieb dort sitzen. Wie ein Angebot. Sein Kopf. Die Mündung. Der Winkel des Laufs. Alles stimmte. Ich krümmte den Finger am Abzug. Es knallte. Das Eichhörnchen fiel in sich zusammen. Paul pfiff durch die Zähne. «Sauber! Haargenau mittenrein!» Der Lord nickte. Ich verstand: Wir drei waren jetzt aus einem Holz.

Ich hatte gelesen, dass es andere Methoden der Eichhörnchen-Tötung gab. Weniger «saubere», wenn man so wollte. Auf jeden Fall: weniger distanzierte. In Wales fing der Biologe Craig Shuttleworth die Grauhörnchen ebenfalls in Drahtfallen. Öffnete dann die Klappe, stülpte einen Sack über den Eingang und blies seinen Atem in den Käfig. Das Hörnchen, panisch vor dem Zuviel an Mensch, floh in den Sack. Der Biologe schnürte zu. Rollte den Sack zusammen, um seinen Inhalt zu immobilisieren. Und hieb ein-, zwei-, ein paarmal mit einem Knüppel darauf, bis der Sack reglos blieb. «Ich tue das hier nicht gern», hatte er gegenüber einem Reporter gesagt. «Aber sie gehören hier nun mal nicht her!» Wer weiter rote Eichhörnchen sehen wolle, müsse die grauen töten.

In Italien hatten Eichhörnchenschützer ihre Stunde, und damit die Stunde ihrer Nachbarländer, so gut wie verpennt. Die Grauhörnchen wurden dort 1948 als das – nahezu trojanische – Geschenk eines amerikanischen Botschafters eingeführt. Vier Exemplare. Die dem Beschenkten entkamen. Mittlerweile bevölkern geschätzte Zehntausende das Land. Eher sind es sehr viel mehr. Sie bevölkern ein Areal von über 2000 Quadratkilometern. Die Schweiz und Frankreich, in der Furcht, dass die Invasoren auch noch die Alpen überwinden, haben bereits die EU-Kommission gebeten, Druck auf Italien auszuüben. Dass sie die grauen mit aller Macht und den üblichen Mitteln bremsen. Dass sie sie wenigstens sterilisieren. Die Italienische Regierung zögert. Hauptsächlich aus Furcht vor den heimischen Tierschützern, die im «Namen der grauen» toben: «Sie sind hier von Menschen eingeführt worden und verdienen es darum nicht, jetzt von uns vernichtet zu werden!» Ich lese das und denke: Verdienen die roten denn, für unseren Fehler zu zahlen? Wo und bei wem fängt man, will man gerecht sein, mit dem Schützen an? Wie und ab welchem Punkt will man sich guten Gewissens «raushalten aus der Natur», aus einem System, in das man sich schon so weit, viel zu weit eingemischt hat. Sodass es locker reicht für seine globale Zerstörung?

In Europa machten die von aristokratischen Spielkindern gedankenlos eingeführten Grauhörnchen die heimischen Rothörnchen platt, in Australien fraßen die mit den Engländern eingewanderten Katzen und Füchse ganze Beuteltierpopulationen weg und in Idaho und neuerdings auch der Bundesrepublik re-etablierte sich der erst ausgerottete, dann zurückgeholte Wolf derart exzellent, dass es manchem Naturfreund Angst und Bange wurde. Wo bitte auf der Welt ist ist denn die Natur noch natürlich? Auch der fleisch-leder-pelz-eier-milch-honigfrei lebende Edelbürger schadet ihr, nachhaltig, indem er das jeweils neueste Smartphone kauft, mit dem er seine alltägliche Empörung über die höllischen anderen online stellt. Und tausendfach anders. Tausendundeinmal am Tag. Ach, dieses verfluchte Monstrum idiotischer Rechtschaffenheit. Mein Sohn, 21, Chemiestudent, brachte es einmal auf diesen Punkt: «Wenn du der Natur wirklich helfen willst, kannst du dich nur erschießen.»

Bislang ist Italien das einzige Land auf dem Kontinent, in dem Grauhörnchen leben. Das wird sich sehr wahrscheinlich ändern, sollten die Italiener nicht schnell und entschieden handeln. Die Kommission in Brüssel hat, in Anlehnung an die Berner Konvention für den Artenschutz, die italienische Regierung bereits gedrängt, gegen die graue Invasion vorzugehen. Anders, so die Furcht europäischer Ökologen, könnten die grauen von Italien aus den gesamtem Kontinent überschwemmen und seine roten Eichhörnchen eliminieren. Nach Einschätzung der Europäischen Eichhörnchen Initiative, die ihren Sitz in Großbritannien hat, stellt die Verbreitung der grauen nach Frankreich, in die Schweiz und schließlich in weitere angrenzende Länder «ein signifikantes Problem für den Forstbetrieb, die Artenvielfalt und eine Bedrohung für die heimische Tierwelt, insbesondere das rote Eichhörnchen dar».

Prinz Charles, der das rote Eichhörnchen gern als das offizielle Maskottchen Großbritanniens sähe, lässt auf seinen schottischen Besitzgründen die grauen regelmäßig in Massen umbringen. Er hofft, so den roten zu helfen, sich wieder auf seinen Ländereien und in den umliegenden Wäldern zu etablieren. Ökologen aber sagen: Für eine Chance auf Erfolg braucht es mehr als Entschiedenheit und Durchhaltevermögen. Es braucht eine Lage, die kontrollierbar ist. Mit der sich, nach einer Säuberung, der Zuzug neuer grauer ausschließen lässt. Alles andere sei Geldverschwendung.

Der einzige uneingeschränkte Sieg gegen die grauen wurde bislang auf der walisischen Insel Anglesey errungen. Die etwas mehr als 700 Quadratmeter der Insel sind vor ihnen sicher, weil die Hörnchen sie nur über Brücken erreichen können. 1960 waren erstmals ein paar graue auf die Insel gekommen. Knapp vierzig Jahre später waren von der Population der roten nur noch etwa vierzig Exemplare übrig. Der damals 87-jährige Naturschützer Esmé Kirby warf sich für die paar Überlebenden in einen entschlossenen und erbitterten Kampf gegen die grauen. Er heuerte Craig Shuttleworth an, jenen Biologen mit der Drahtfalle, dem Sack und dem Knüppel. Zwölf Jahre darauf hatte Shuttleworths Team mehr als 6400 graue gefangen und getötet. Mit der Zahl der Grauhörnchen ging auch die Verbreitung des Pockenvirus zurück. 2015 erklärte die walisische «Stiftung für das rote Eichhörnchen» die Insel zur «graufreien Zone». Heute leben wieder 700 rote Eichhörnchen auf Anglesey. Mindestens.

Paul Parker und Rupert Redesdale stand bei ihrer Mission eine Hundertschaft von Grundbesitzern zur Seite, die in ihren prächtigen Gärten willig Pauls Fallen aufstellten. Die Fänger waren in der Mehrzahl wohlsituierte Pensionäre mit Liebe zur kontrollierten Natur im Allgemeinen und der heimischen Singvogelwelt im Besonderen. Die Pensionäre sagten Sätze, die vom Zögerlichen schnell ins Entschiedene kippten: «Früher haben wir die Eichhörnchen gern gefüttert. Sie sind ja niedlich. Aber dank Paul und Lord Redesdale wissen wir jetzt, was sie den Bäumen antun. Und dass sie Eier und Jungvögel aus den Nestern rauben.» Sie wussten jetzt, dass graue Eichhörnchen offiziell als «vermin», als Ungeziefer, gelten, und machten von dem Wort gern Gebrauch. Sobald ein Eichhörnchen in der Falle saß, griffen sie unverzüglich zum Telefon und riefen nach Paul. Obwohl sie doch wussten, dass er jeden Tag kam, um die Fallen zu kontrollieren. Ihr Anruf also nicht nötig war. Paul sagte: «Die Omis sind die Schärfsten!»

Der Tag, an dem wir unseren kreischenden ersten Gefangenen eine Weile spazieren fuhren, war für uns, die Jäger, ein guter. Geradezu exzellent. Im zweiten Garten fanden wir zwei Eichhörnchen in der Falle. Eines suchte vergebens nach einem Ausweg, das zweite klemmte in einem Holzkasten zwischen den Metallbügeln der Totschlagfalle. Sein Körper aufrecht, der Kopf vornüberhängend. Es sah ergeben aus. Der Pensionär und Gartenbesitzer freute sich, als habe er Paul ein Geschenk gemacht. Paul warf das tote Eichhörnchen ins Heck des Lieferwagens, stellte die zweite Drahtfalle zu der ersten und sagte zu dem Eichhörnchen, das schon länger mit uns fuhr: «Jetzt kriegst du Gesellschaft.» Das Pfeifen und Kreischen im Heck schwoll an, die Käfige schepperten. Die beiden Gefangenen waren einander kein Trost.

Wir fuhren weiter zum «Manor House Inn», einem Restaurant für das Spezielle, schick und entlegen, im nordenglischen Nirgendwo. Paul belieferte die Küche dort mit Eichhörnchen, gehäutet und ausgenommen, das Stück zu drei Euro. Als wir ankamen, war der Restaurantbesitzer noch nicht da. «Warten wir auf dem Parkplatz auf ihn», schlug Paul vor. «Wir haben ja noch zu tun.» Er öffnete die Hecktüren des Lieferwagens. «Kannst einem das Fell abziehen.» – «Hier?», fragte ich. Welchen Eindruck würde es auf die Spezialitätenfreunde machen, wenn sie ihre noch werdende Spezialität in Pauls blutbeschmierten, mit Müll und Körperteilen gefüllten Transporter baumeln sahen? «Ob hier oder anderswo», sagte Paul. «Zieh die Plastikhandschuhe an.» Er reichte mir ein Eichhörnchen und ein Messer. «Zuerst brichst du ihm die Beine, gleich hinter den Pfoten, damit du mit dem Messer nicht durch den Knochen musst. Dann schneidest du die Pfoten ab.» Ich griff ein Bein, bog den Knochen, bog ihn in die andere Richtung, es war überraschend schwer, ihn zum Brechen zu bringen. «Die reinsten Bastarde, noch wenn sie tot sind», sagte Paul. «Fester!» Es knackte. Viermal. Ich zog die Messerklinge durch Fell, Haut und Sehnen. Viermal. «Gut», sagte Paul, «jetzt durch die Haut von den Hinterbeinen über den Bauch bis zur Brust.» Ich trennte, ich entriss der Bauchhöhle eine Handvoll Gedärm. «Dreh's um, nimm vom Rücken eine Hautfalte hoch, durchschneide sie mit dem Messer, greif mit den Fingern in den Schnitt, schiebe sie links und rechts unter die Haut, zieh deine Arme auseinander und das Fell ab. Mit Kraft!» Ich zog, zerrte, es ploppte. «Jawoll, belly popping!», rief Paul. Das Fell war jetzt rings um den Körper zerrissen.

«Jetzt hast du zwei Teile, zieh weiter!» Es ruckte, rechts und links. Dann war das Eichhörnchen nackt. Es war kein Eichhörnchen mehr. Es war ein Stück leidlich eichhörnchenförmiges Fleisch. Beinahe fertig für die Küche. Paul fing es in einem Plastikbeutel auf. Ich griff, was für die Küche untauglich war, mit der behandschuhten rechten Hand, zog den Handschuh ab, über Fell, Pfoten und Gedärm, und knotete ihn zu. «Schmeiß in den Eimer», sagte Paul. Der Jungkoch kam vom Restaurant auf den Parkplatz geschlendert. «He!», rief er. Ich warf einen Blick auf das Blut über-all im und am Wagen, auf den mit Eichhörnchenteilen gefüllten Eimer, auf die noch hängenden restlichen Toten. Ich fürchtete Är-ger. Der Junge ging schnell. Er lachte, seine Augen leuchteten. «Ich will auch eins häuten!» Paul reichte ihm ein Eichhörnchen und das Messer.

Das Schiefertafelmenü über dem Tresen des «Manor House Inn» lockte mit der akuten Spezialität: «Kasserolle aus Eichhörn-chen und Kaninchen». Eine Frau rief: «Das ist ja widerlich!» Und sie hatte nicht mal das Innere von Pauls Spezialitäten-Transporter gesehen. Ich musste daran denken, wie vor vielen Jahren ein Kell-ner auf Mallorca meinen Kindern und mir die Spezialität seines Restaurants empfohlen hatte: Kaninchen. Meine jüngste Tochter war damals fünf. Eine Alle-Kleintiere-Liebhaberin und leiden-schaftliche Meerschweinchenhalterin. Der Zwischenfall mit dem im Ofen zur Ruhe gelegten Meerschweinchen war zwar schon ein oder zwei Jahre her, aber ich war sicher, angesichts der Menüemp-fehlung müsse mein Kind in mitleidige, verzweifelte Tränen ausbrechen. Das Gegenteil war der Fall. Sie verlangte begeistert Kaninchen. Stach mit der Gabel herzhaft zu und ließ es sich schmecken. Als sie mit dem Kaninchen fertig war, rief sie: «Das war lecker! Nächstes Mal will ich Meerschweinchen!» Sie war auf den Kleintiergeschmack gekommen. In mehr als einer Hinsicht. Kinder sind weit robuster, als man gemeinhin denkt.

Ich nahm mir an ihrer Nichtzimperlichkeit ein Beispiel, tat es Paul nach und bestellte die Kasserolle. Sie schmeckt eigen, kräftig, nach Wild. Sie schmeckte nicht so, wie es in Pauls Wagen roch. Ich war erleichtert. Jason Long, der Koch und Besitzer des Restau-rants, sagte, es habe ihn Überwindung gekostet, bis er in das erste Eichhörnchen biss. «Der Geruch beim Häuten war – so streng.» Er verzog das Gesicht. «Abstoßend!» Er sagte versöhnlich: «Aber sie schmecken ganz ähnlich wie Kaninchen.» In Jasons Unterarm war mit tiefblauer Tinte gestochen: «God made me funky!» Gott schuf ihn flippig. Der Mann zog einen Bräter aus dem Ofen. In dem graubraunen Sud simmerten verschiedenförmige, verschiedenfarbige Stücke Fleisch. «Das kleine Graue sind die Eichhörnchen, das große Goldbraune die Kaninchen.» Jason sagte, er koche beides zusammen, weil das Grau allein so unappetitlich aussehe. Er kochte sie mit Rosmarin, Thymian und roten Zwiebeln in der Schale. «Die Zwiebelschale gibt zusätzlich Farbe.» Er briet das Fleisch beider Tiere an und garte sie anschließend im Ofen, sechs Stunden, bei hundert bis hundertfünfzig Grad. Er sagte, das Eichhörnchen brauche diese lange, langsame Zubereitung. Sein Fleisch, reiner Muskel, ohne Fett, sei sonst zu zäh. Das Tier war offenbar keine naturgegebene Delikatesse. Ich dachte: Selbst zum Köstlichsein muss man es zwingen.

Während der letzten Löffel klingelte schon wieder Pauls Handy. «Hallo, PaulParkerPestControl.» Er lauschte. «Seit wann?», fragte er. «Sicher, dass es noch lebt?» Er lauschte wieder, nickte. «Aye. Bin unterwegs, zehn Minuten.» Wir ließen die Reste der Eichhörnchen-Kaninchen-Kasserolle stehen und gingen zurück zum Wagen. «Und?», fragte ich – «Da ist ein Eichhörnchen mit Unterkühlung. Muss in der Falle sitzen seit gestern Abend.» Wir bogen in einen Weg unter alten Bäumen, vorbei an einem roten Backsteinhaus. Links von uns lagen jetzt Felder, rechts eine Rasenfläche mit hier und da einer Eiche darauf. Es herrschte Parkambiente. «Wo ist es denn?», murmelte Paul. Seine Fallen unter den Bäumen waren leer. Wir gingen auf dem Weg zurück zum Haus. Der Parkbesitzer kam uns entgegen. Er war froh, Paul zu sehen. Darüber, dass Paul in Begleitung war, nicht. Er zögerte. «Ich möchte nicht, dass Sie einen falschen Eindruck bekommen», sagte er zu mir. «So etwas kommt wirklich selten vor. Nicht wahr?» Er sah zu Paul, der Blick übertraf seinen Tonfall an Dringlichkeit. «Ist schon okay», sagte Paul. «Sie ist Jägerin. Hat gestern selbst eins in der Falle erschossen.» Als sagte das schon alles. Als klassifizierte der Umstand mich einwandfrei als eine, die gegen das Schauspiel des Sterbens und seine Schrecken immun war. Und als schließe solche Immunität die Möglichkeit falscher Eindrücke aus.

Der Parkbesitzer führte uns zu einem Gebüsch. Das Eichhörnchen in der Falle darin lag reglos. An seinem Maul und in seinen Augen klebte eine gelbkörnige Masse. «Fliegeneier», sagte Paul. Das wusste ich. Auch an den Nasenlöchern und in den Augen des verbrannten Meerschweinchens hatten am nächsten Morgen schon diese gelben Körner geklebt. Boten des mit Sicherheit nahenden Todes. Oder eines Todes, der bereits eingetreten war. Paul sah auf das reglose, gelb verklebte Hörnchen in der Falle herab. Er zweifelte. «Sicher, dass es noch lebt?» – «Jaja», rief der Parkbesitzer, «leider!» Paul stieß mit dem Fuß gegen das Gitter. Das Tier zuckte. «Aye», sagte Paul, «lebt noch.» Er öffnete die Klappe und zog den Körper aus der Falle. «Ist jung, maximal ein Jahr. Die Jungen haben kaum Fettreserven, die kühlen schnell aus, wenn sie sich nicht mehr richtig bewegen können.» Das Herz schlägt schwächer, das Blut zirkuliert nur noch langsam, die unterversorgten Muskeln erstarren. Ich dachte: Seltsam. Ich hätte geglaubt, dass die Jungen die Starken sind. Und die Alten die Schwachen. Diejenigen, die am Schnellsten verfallen. So vieles im Leben ist eine Überraschung. Paul hielt mir das starre Tier hin. Ich zögerte.

Ich hatte tote Meerschweinchen gehalten, mehr als einmal. Ich hatte überfahrene Kaninchen von der Straße gekratzt – was in Deutschland verboten war, weil Wilderei! –, um sie kopfüber im Stall aufzuhängen und für meine Jagdhündin zu häuten und zu entweiden. Ich konnte ein totes Eichhörnchen anfassen, das war kein Problem. Mit diesem gerade noch lebenden war es etwas anderes. Ich scheute seine unvermittelten Regungen. Ich fürchtete mich vor einem plötzlichen Zucken. Mich schreckte die Unberechenbarkeit seines beinahe leblosen, aber noch nicht toten

Körpers. Paul grinste. Er hielt das Eichhörnchen hoch und ließ es tanzen. «Michael Jackson!» Ich griff zu.

Das graue Fell war kalt. Auf meinen Armen und meinem Rücken zog sich die Haut zusammen. Ich umfasste die schmale Eichhörnchenbrust etwas fester, nicht zu fest, gleich hinter den Vorderbeinen, dort, wo ich in ihr das Herz vermutete. Ich musste mich ablenken. Musste gegen das Gefühl an, diesem Körper und seinem unerhörten Lebenskampf ausgeliefert zu sein. Ich sagte: «Pscht!» Wir standen still. Da war das Pochen. Kaum spürbar. Weit weg. In viel zu langen Abständen. «Wenn ich es warm halte, wenn ich seine Herzgegend massiere, könnte ich es zurück ins Leben holen?» Ich dachte: Ich frage hier nicht aus Mitleid. Ich frage aus kühlem Interesse. Um zu wissen: Ab welchem Punkt ist «tot» die letztmögliche Konsequenz von «so gut wie tot»? Ab wann ist das Leben unwiederbringlich? Ich glaubte, das Herz schneller und stärker schlagen zu spüren, je länger ich den Körper hielt. Darum umfasste ich ihn jetzt mit beiden Händen. «Vergiss es», sagte Paul. «Wir machen dem jetzt ein Ende.»

Er ging voran, zu den Resten eines Zauns. «Also, du packst es an den Hinterbeinen und schlägst es mit dem Kopf auf den Pfosten. Zack!» – «Warum erschießen wir es nicht?» Paul schüttelte den Kopf. «Das ist schon so gut wie hinüber. Was willst du eine Kugel verschwenden?» Der Tod war hier die einzig denkbare Gnade. Und wie er kam, war dem Eichhörnchen sicher egal. Hauptsache, wir ließen es nicht länger auf ihn warten. Ich hob die Hand mit dem halbtoten Hörnchen darin und holte aus. Zack. Graues Fell streifte das Schwarz des Pfostens. Unter meinen Fingern pochte es vage weiter. Ich hatte nicht beherzt genug zugeschlagen. «Scheiße», sagte ich. Holte noch einmal aus. Zack! Rot sprenkelte meine rosa Bluse. Der Eichhörnchenkopf schlenkerte haltlos am Körper. Das Pochen war nicht mehr da. «Scheiße», sagte Paul. «Das war doch nur ein Test!» Das hatte ich gewusst, na klar. Und es trotzdem getan. Denn der Tod war für das Eichhörnchen die Erlösung. Und was für das Tier einzig zählte, war, dass sie unverzüglich kam. Ich dachte: Mehr konnte ich nicht für es tun.

Ich wusste, dass diese Geschichte eine der Geschichten sein würde, die Paul Parker sammelte wie Schätze. Von denen er lebte, über die er sein schmales Gehalt vergaß. Die Unsicherheit, ob die von Redesdale eingetriebenen Spendengelder auch am kommenden Tag noch reichten. Und den Geruch in dem Wagen, der ohne diese Geschichten nicht auszuhalten war. Und ich? Ich schabte mit dem Fingernagel über die Sprenkel und fragte mich, ob ich den Geruch bereits angenommen hatte.

JAGD OHNE HUND IST SCHUND

NORDFRIESLAND 2001

«JAGD OHNE HUND ist Schund!», sagte Magda. «Altes Jägersprichwort.» Und keines sei wahrer als dieses. Hattest du auf ein Reh geschossen, ein Schwein, einen Hirsch, und du hattest sie nicht richtig erwischt, nur so halbwegs, und trottete das Wild schwerverletzt und blutend davon, in die Tiefe des Waldes, außer Sicht, dann Gnade ihm und deiner Jägerseele Gott! Magda reichte Fotos herum. Rehe mit angeschossenen Mäulern – «Äser heißt das für euch Jungjäger ab jetzt bitte!» –, mit halb weggeschossenen Ohren (Lauscher), mit offenen, blutverschmierten Beinen (Läufe), mit angeschossenem und in der Folge schwerverletztem Irgendwas. Die mit den kaputten Mäulern waren natürlich am schlimmsten dran. Die hatten nicht nur mit Schmerzen, Blutverlust und Fliegeneiern in der offenen Wunde zu tun. Die konnten auch nix mehr fressen. Mussten also jämmerlich verhungern. Was ein Scheißtod war, unverantwortlich, verglichen damit, dass sie einfach so, bumm!, hätten umfallen können, wenn du nicht so ein erbärmlicher Schütze wärst. Ein Hitzfinger. Zitternd und viel zu früh am Abzug. Bumm! Und dann Scheiße was.

Mein Jägerleben lang hatte ich Angst, dieser Schütze zu sein. Ich nehme an, dass das einer der Gründe, wahrscheinlich *der* Grund war, warum ich nie etwas schoss. Warum ich zögerte, immer wieder, den Lauf der geladenen Waffe schon auf der Brüstung des Ansitzes, das Auge gegen das Visier gepresst, den Finger noch nicht am Abzug. Höchstens vage, das Metall nur gerade eben, kaum merklich, berührend, nie mit Druck. Ich wartete zu lange. Bis das Licht zu schwach, die Sicht zu schlecht, das Wild verschwunden war. Immer wieder. Ich fürchtete nicht das Töten, ich fürchtete, nicht *richtig* zu töten. Fast bis zu dem Punkt, an dem ich sicher war: Wenn es so einen Schützen unter uns Jung- und Altjägern gab, dann müsste ich es sein.

«Und hier kommt euer Hund ins Spiel!», sagte Magda. Natürlich nicht *nur* hier. «Ein guter Hund auf der Jagd ist überhaupt immer eine Freude.» Ein Hohelied auf des Jägers besten, treuesten Kameraden! Der oft genug sein Hundeleben aufs Spiel setzte bei der Ausübung der Jagd. Denn ein in die Enge getriebenes Wild konnte leicht gefährlich, lebensgefährlich werden. Für Mensch und Hund gleichermaßen.

Magdas liebste Schweinegeschichte, ohne Hund, ging so: Ein Paar ist nachts in dünnbesiedelter Gegend mit dem Auto unterwegs. Als sie durch ein Waldstück fahren, huscht etwas vor den Wagen. Es knallt! Das Paar, erschrocken, hält an und steigt aus. Am Straßenrand liegt ein Tier, ein Wildschwein, noch jung, ziemlich klein, mit Punkten und Streifen im Fell. Ein Frischling! So heißt ein Wildschweinkind. «Aber», brummte Magda mit einer Mischung aus Abscheu und Wohlwollen, «das wissen natürlich nur wir.» Die Jäger. Das weiß nicht das Paar, in seinem Auto im dunklen Wald. Denn: Das Paar ist ein bisschen doof. Weil: aus der Stadt. Die beiden wissen nichts über die Natur im Allgemeinen und schon gar nichts über Wildschweine im Besonderen. «Das!», rief Magda mit grimmem Behagen, «sollten sie schon bald bitter bereuen!»

Das Schweinchen ist herzallerliebst, aber nun leider kaputt. Liegt da, auf dem Grünstreifen neben dem Graustreifen, und schnauft schwer. Die Dame – «So eine ganz tierliebe, ihr wisst schon», sagte Magda und schnaufte schwer wie das Schwein –, hockt sich zum Schweinchen und bettet schluchzend sein Haupt in ihren warmen Schoß. Der Mann steht für einen Moment erschüttert daneben. Dann entscheidet er: «Ich fahre Hilfe holen, bleib du hier, bei dem Schwein.» Natürlich sagt die Frau freudig ja. Im Wald. Im Nirgendwo. Im Dunkeln. Na klar, sie ist ja tierlieb und das Schweinchen hoffentlich nicht allzu sehr kaputt. Hoffentlich noch zu retten! Wenn Mann nur schnell genug handelt. Die Frau ist nicht mehr zu retten: Als ihr Mann mit Hilfe zurückkommt – mit dem örtlichen Jagdbeauftragten, wem sonst!? –, liegt sie am Straßenrand. Tot! Und das eben noch ach so immobile kleine Schwein ist weg.

Magda sah wohlgefällig in die Runde. «Na, was war da passiert?» Wir hoben artig die Schultern. Aber natürlich wussten wir es alle. Der Nistkastenbauer hielte es nicht länger aus und rief schlau: «Die Mutter ist zurückgekommen!» Er meinte die Mutter des Schweins. «‹Bache› heißt das», rügte Magda liebevoll. «Und, ja: Die Bache war gekommen, hatte ihr gar nicht so sehr verletztes Kind (den Frischling) abgeholt und nebenbei der Tierlieben, die sie, nicht ganz zu Unrecht, für eine potenzielle Frischlingsmörderin hielt, mal eben den Garaus gemacht. Das hatte die nun davon! Von ihrer kindischen Liebe und städtischen Ahnungslosigkeit. In der sie ein leicht schockiertes Ferkelchen nicht von einem schwerverletzten hatte unterscheiden können. In der sie ein wehrhaftes Wild zu einem bedürftigen Schweinchen Babe degradierte. Wo hingegen jeder Jäger weiß: Es gab und gibt in unseren Wäldern nichts Wilderes, Wehrhafteres als das wilde Schwein!

«Merkt euch: Eine Bache mit Frischlingen ist lebensgefährlich», frohlockte Magda. Gefährlicher, unberechenbarer noch als der Mann der Bache. Der *Keiler*. Und das will was heißen! «Seht euch das an.» Sie reichte ein samtenes Säckchen über den Tisch, das wir öffnen durften. Aus dem dunklen Samt klapperten helle Zähne auf den Tisch. Zwanzig Zentimeter lang, rasiermesserscharf. «Hauer!», rief ich. Froh, auch mal etwas zu wissen. Ich war sicher: So heißen die Eckzähne eines männlichen Schweins. Und ich meinte auch zu wissen: Beim Kauen reiben und schleifen diese Zähne gegeneinander und werden auf diese Weise scharf gehalten. Aber ich wollte es nicht übertreiben. *«Waffen!»*, korrigierte Magda streng. «Die Zähne des Keilers nennen wir Waffen. Die treibt er euch links und rechts in die Innenseiten der Oberschenkel, da, wo die Arterien sitzen, und schlitzt die auf. Dann verblutet ihr an Ort und Stelle!» Merke: Schweine sind nicht nur gefährlich. Sie sind auch schlau und hinterfotzig. Legen sich an den Straßenrand und markieren den Verletzten, während ihre Verwandtschaft sich hinterrücks an die Hilfswilligen heranschleicht und sie niedermetzelt!

So eine aufgebrachte «Rotte», wie die Wildschweinfamilie korrekt auf Jägerdeutsch hieß, macht auch vor den Hunden nicht halt. Eine Tierarztfreundin schrieb mir einmal: «War ein langer Tag heute. Musste ein paar Jagdhunde wieder zusammenflicken. Die Wildschweine hatten sich gewehrt.»

Auch der Dachs, den die blauäugige Allgemeinheit ja bestenfalls als etwas behäbigen Landsmann mit Tweed-Anzug, Schiebermütze und über die Schulter geworfenem Stoffbeutel kennt, ist nicht zu unterschätzen. Dachse, die sich in ihrem Bau plötzlich einem grabenden Teckel oder Jack Russell gegenüberfinden, beißen zu. Und zwar so, wie nur ein Dachs zubeißen kann. «Die haben eine Kraft in ihren Kiefern, das glaubt ihr nicht! Die zerbeißen euch leicht den Unterarm», so Magda. «Durch die Haut und Sehnen und Knochen – schnapp, einfach so, entzwei.» Sie kannte mehr als einen Teckel oder Terrier, die diesen Zähnen zum Opfer gefallen waren. Sie reichte den Schädel des *Meles meles* herum. Ordnung: Raubtiere *(Carnivora)*, Familie: Marderartige *(Mustelidae)*. Unter den Mardern ist der Dachs der größte. Bis zu neunzig Zentimeter lang und, je nach Alter und Jahreszeit, zwischen neun und achtzehn Kilogramm schwer. Seine Beine sind, wie sein

Körper, kurz und stämmig. Die Vorderfüße tragen lange Krallen, zum Graben. Zusammen mit den kleinen Augen und Ohren machen sie ihn zu einem exzellent angepassten Erdreichbewohner. Zu einem ausgezeichneten Dämmerungs-Aktivisten, der nur im Zwielicht das «Geheck», seinen Bau, verlässt.

Einer nach dem anderen nahmen wir den Schädel in die Hand. Lang, schmal und flach, mit einer Anzahl kräftig-breiter Backenzähne. Ein paar kurzen, spitzen Ecken. Und vier prominenten Zahndolchen, zwei oben, zwei unten. Ein überraschendes Arsenal für ein Tier, das sich hauptsächlich von Insekten, Amphibien, Früchten, Wurzeln und ab und an einem Vogel oder einer Maus ernährt. Einer am Tisch rief: «Oh-haua-haua-ha!» Was Norddeutsch ist für «Wow!». Mich schauderte. Nicht wegen des Dachsschädels, sondern wegen des Ausdrucks. Wir klappten die Kiefer auf und wieder zu, befühlten den Knochen, die Zähne. Über den Hinterkopf zog sich ein Knochenkamm. Dinosauriergleich. Später las ich: Der Kamm vergrößert die Ansatzfläche für die Kaumuskeln und verleiht dem Dachs so, zusammen mit dem festen Scharnier des Kiefergelenks, seine sagenhafte Beißkraft. Ein paar von uns legten probeweise die Hand zwischen diese Zähne. Der «Haua-Ha»-Mann packte noch einen drauf, sprang vom Stuhl auf und quiekte: «Autsch!» Magda lachte, am lautesten von allen. Wir waren schon so ein lustiger Haufen! Die Geschichte von den knochenbrechenden Dachskiefern – schnapp, entzwei! – beeindruckte mich mehr als die anderen Geschichten im Kurs. Und das waren, über die Monate, eine Menge. Diejenigen meiner Kinder, die damals schon alt genug waren, erinnern heute noch, wie ich nach Hause kam und diese eine, spezielle Geschichte erzählte. Und auch die jüngeren wissen alles über den wahnsinnigen, unglaublich starken Dachskiefer.

Später, in Idaho, lernte ich eine andere Möglichkeit kennen, wie der Dachs einem lebensgefährlich werden konnte: Wenn mein Pferd durch das dünne, nicht pferdetragfähige Erddach in die Untiefe eines ihrer «Gehecke» trat und dabei immer wieder mal mit einem Ruck unter mir verschwand. Kaum auszumalen, hätte der Bewohner der Untiefe das Pferdebein mit einem einzigen Schnapp! seiner Wahnsinnskiefer durchbissen. Passierte aber nicht. Ich bekam auch nie einen der Erbauer dieser potenziellen Todesfallen zu sehen. Weder auf der Prärie in Idaho noch im deutschen Wald. Dachse – und ich meine, das vergaß Magda über all ihren Erzählungen von der großartigen Grausamkeit dieser Tiere zu sagen – sind scheu. Vielleicht habe ich es aber auch nur überhört. Ich meine: Was nützt einem so ein beißgewaltiger, lebensbedrohlicher Gegner, wenn er einem feige aus dem Weg geht? Meinen ersten Dachs sah ich erst zehn Jahre später, nachdem ich nach Irland gezogen war. Er lag tot am Straßenrand. Seither sehe ich sie regelmäßig, in Irland. Immer am Straßenrand. Immer tot.

Es gibt in Irland – nach nur geschätzten, hochgerechneten Zahlen, da der Dachs, solange er lebt, ein unsichtbares Tier ist – mehr Dachse als in Deutschland. Etwa drei pro Quadratkilometer, in Deutschland sind es knapp zwei. Und doch gilt er in manchen Regionen Irlands als ausgestorben. Daran sind nicht Jäger schuld. Auf beiden Inseln, Irland und England, stehen Dachse unter Naturschutz. Es ist verboten, Dachse «absichtlich zu töten, zu verletzen und zu fangen». Sie «grob zu misshandeln». Sie «auszugraben, ihre Bauten absichtlich oder leichtsinnig zu beschädigen oder zu zerstören oder den Zugang zu ihnen zu blockieren». Es ist verboten, «einen Hund in den Bau zu schicken und einen in seinem Bau befindlichen Dachs zu stören». Also all das, oder doch einiges von dem, was in Deutschland jährlich rund siebzigtausend Dachse durch Jägerhand und -hund legal das Leben kostet. Schuld am gebietsweisen Aussterben des Dachses ist auch nicht – noch nicht – das irische Landwirtschaftsministerium, dem der Dachs, allen

Forschungen und durch sie bedingten Zweifeln zum Trotz, auch weiterhin als Überträger des *Mycobacterium bovis*, des Erregers der Rinder-Tuberkulose, gilt. Auf beiden Inseln erkranken jeweils dreißigtausend Kühe pro Jahr daran.

Das Bakterium ist zwar nicht der eigentliche Auslöser der Tuberkulose beim Menschen (deren Erreger ist das Bakterium *M. tuberculosis*). Aber als einer der wenigen echten Zoonosen – also Krankheiten, die vom Tier auf den Menschen wechseln können – ist die Rinder-Tuberkulose auf den Menschen übertragbar: durch das Trinken von roher Milch und durch Tröpfcheninfektion. Die Krankheit führt zu Schwäche, Appetit- und Gewichtsverlust, zu an- und abschwellendem Fieber, periodischem trockenem Husten, Durchfall und geschwollenen Lymphknoten. Das ist alles nicht schön. Bisweilen führt sie, nach all diesen unschönen Symptomen, auch noch zum finalen, unschönsten aller Krankheitssymptome: dem Tod. Um vor lauter Angst trotzdem nicht ganz den Verstand zu verlieren, könnte man sich nun fragen: Wann habe ich zuletzt rohe Milch, direkt von der Kuh, getrunken? Wie viele Kühe zählen zu meinem engen Bekanntenkreis? Wann habe ich zuletzt in Tröpfchenflugnähe neben einer von ihnen gestanden? Oder auch nur neben dem Kuhfladen? Darauf, so nehme ich an, dürfte die Mehrzahl von uns zu dem Schluss kommen: «Ich bin wohl nicht sehr gefährdet.» Ähnlich wie Magda uns damals hätte sagen können: «Der Dachs könnte zwar mit einem Happs aus eurem Unterarm zwei Unterarme machen. Nur werdet ihr, so lange ihr nicht selbst in seinen Bau kriecht, in der Praxis kaum je einem kampfbereiten Dachs begegnen. Wenn überhaupt.» Wahrscheinlicher war, und dieses Szenario immerhin malte sie in den grellsten Farben aus, dass er unseren Hund zerlegte.

Um die Ausbreitung der Krankheit unter Kühen und Menschen zu verhindern, lässt das irische Landwirtschaftsministerium – inoffiziell seit Mitte der achtziger Jahre, offiziell seit 2004 – jährlich rund sechstausend Dachse fangen und, wie Paul Parker es in Northumberland mit den Grauhörnchen macht, in der Falle erschießen. Seit 2013 ist das auch Praxis in Großbritannien. Die Schreibtischexperten denken wohl: «Pfff, eine Viertelmillion Dachse. Da fallen sechstausend weniger pro Jahr nicht auf!» Doch selbst diejenigen, die das Dachstöten für das Ministerium beaufsichtigen, sagen: «Wir können uns die aktuelle Tötungsrate zwar noch ein paar Jahre leisten, aber sie wird schon recht bald Einfluss auf die Überlebensfähigkeit der irischen Dachspopulationen haben. Die akute Rate ist einfach nicht aufrechtzuerhalten.» Man überlege stattdessen, den in der Falle sitzenden Dachsen statt der Kugel nur eine Spritze zu geben. Und sie anschließend wieder auszusetzen. Man prüfe bereits, recht erfolgreich, einen Impfstoff. Der sei aller Wahrscheinlichkeit nach billiger als das Erschießen. Na, Gott sei Dank. Geld ist doch immer ein Argument.

So wird es wohl auch weiterhin nur einen Verantwortlichen für das bislang noch regionale Aussterben der irischen Dachse geben: den Autofahrer. Und wenn sich die Käufer und Autoproduzenten weiter so ranhalten wie bisher, sorgen diese Dachskiller Nummer eins in absehbarer Zeit ganz allein für ein Aussterben im ganzen Land. Bei all der Tier- und Naturliebe und Friedfertigkeit der Fahrer. Getreu des Gesetzes und guten Gewissens: einfach nur aus Versehen. Vielleicht werden wir so nicht nur den Dachs zugrunde richten, sondern die ganze Welt: einfach aus Versehen. Wie könnten wir uns das verübeln? Ich empfinde jedes Mal Bedauern, wenn ich so einen Dachs am Straßenrand liegen sehe. Äußerlich meist unbeschädigt. Durch Verwesungsgase aufgeblasen zu einem Dachsballon. Erstens tut mir leid, dass der arme Dachs tot ist. Zweitens, dass er so *unnütz* tot ist. Dass man ihn, so blöde, wie er zu Tode kam, nicht mal essen kann. Dachse zu überfahren, statt sie zu schießen, ist der wahre Frevel. «Geräucherter Dachsschinken, eingerieben mit Lorbeer, Wacholder und Knoblauch! Hach!», rief Magda und hauchte einen Kuss auf den zusammengelegten Daumen und Zeigefinger. «Das ist eine Delikatesse!»

Und zu diesem Schinken machte man den Dachs nicht mit dem Auto. Sondern mit der Büchse. Und mit der Hilfe eines spitzenmäßig ausgebildeten Hundes. Der sich unerbittlich in das Geheck des Dachses grub und ihn heraus-, geradenwegs in die kurze Flugbahn deiner tödlichen Kugel trieb. Mit einem Hund, der sich diesem Beißgewaltigen in den Weg warf, an deiner Stelle. Der dir zur Seite stand, dich beschützte. Wenn es sein musste, auch vor deinem bislang schlimmsten Widersacher: dir selbst. Hattest du beim Schuss blöde gefehlt oder erwies sich das angeschossene Tier als robuster, resistenter, als es – auch um seiner selbst willen – sein sollte, schicktest du den Hund hinterher, dem flüchtigen Wild auf die Spur. Und in null Komma nichts fand er es dir, und du konntest das Wild mit der «Handfeuerwaffe» oder mit der «kalten Waffe» (also mit dem gezielten Stich deiner Messerklinge) erlösen. Wenn denn dein Hund zu was taugte. «Und einen tauglichen Hund zu finden», schnarrte Magda, «das ist eine Kunst für sich!» Kaufte man einen fix und fertig ausgebildeten? Möglicherweise durch seinen Ausbilder oder Vorbesitzer bereits versauten? Oder wählte man einen Welpen und versaute ihn selbst?

«Die Entscheidung hängt natürlich auch immer von eurem Portemonnaie ab», sagte Magda. So ein fertig ausgebildeter, womöglich fertig versauter Hund kostete, je nachdem, welche Rasse, wie alt er war und wie viele und welche Prüfungen er erfolgreich abgelegt hatte, gerne mal zweieinhalbtausend Euro. Oder auch drei. Oder vier. Magda wusste von Hunden, die für zehntausend den Besitzer gewechselt hatten. Was, zugegeben, eher selten war. Aber es kam vor. So ein Hund hatte von seinem Ausbilder alle für eine erfolgreiche Jagd notwendigen Knöpfe bereits eingebaut bekommen. Und jeder, der kein kompletter Idiot war, konnte die bei Bedarf einfach drücken und für sich nutzen. Das hatte was.

Nur leider vermochte nicht jeder Käufer auf Anhieb zu sagen, ob man dem Hund auch ein paar falsche Knöpfe eingebaut hatte. Das merkten die meisten erst viel zu spät. Lange nachdem sie nicht nur ihr schönes Geld verloren hatten, sondern auch einen Gutteil ihrer Nerven. Das war das eine. Und dann gab es natürlich auch komplette Idioten, die nicht einmal in der Lage waren, ein paar gut eingebaute Hundeknöpfe zu drücken, und die die Schuld dafür dann dem Ausbilder, Vorbesitzer oder gleich dem Hund gaben.

«Ein Welpe dagegen ist ein so gut wie unbeschriebenes Blatt», schwärmte Magda. «Der wächst bei euch auf, den prägt ihr selbst, der bindet sich an euch.» So wie es bei einem ausgewachsenen Hund gar nicht mehr möglich war. «Die Prägephase eines Welpen dauert wie lange?», bellte Magda. Unser Zahnarzt zeigte auf. «Von der sechsten bis sechzehnten Lebenswoche. Was in dieser Zeit versäumt oder falsch gemacht wird, ist später nicht oder kaum noch nachzuholen oder zu korrigieren.» Lehrbuchmäßig. Magda nickte stolz. Diesen hier hatte sie rechtzeitig und auf das Vortrefflichste geprägt. Gleich in den ersten, entscheidenden Lehrgangsstunden. Vielleicht war er aber auch schon so zu uns gekommen. «Nature versus nurture», Natur oder Erziehung. Anlage oder Umwelt. Welches von beidem ist ausschlaggebend? Was bestimmt, wie einer sich entwickelt, was oder zu welcher Person er wird? Tauglicher Jagdgefährte oder nervenaufreibender Idiot. Sind es die Gene, die ihm von der Natur mit auf einen dann unabänderlichen Weg gegeben worden sind? Oder kommt er auf die Welt als unbeschriebenes Blatt? Als ein Nichts, das man kneten und formen kann. Dass man formen muss. Zu etwas Tauglichem. Oder zu einem Idioten. Ob Hund oder Mensch, es gelten die gleichen Fragen.

«Wenn ihr euch für einen Welpen entscheidet, lassen wir euch natürlich mit dem nicht im Regen stehen», sagte Magda. «In unserer Jägerschaft gibt es erstklassige Hundeleute, die euch gern bei der Ausbildung behilflich sind. Die wissen, was sie tun.» Dann hieß es: Früh an jedem Samstag- oder Sonntagmorgen auch noch auf den Hundeplatz! Und an einem Abend in der Woche. Sie hatte es uns ja gleich versprochen: Die Jägerschaft war jetzt unsere Familie. Und ich wunderte mich über mich selbst. Über dieses Etwas in mir, was immer es war, das dieses Versprechen nahezu wunderbar fand.

Andererseits, sagte Magda, habe sie natürlich Verständnis, wenn einer sich keinen Hund leisten könne. In mehr als nur finanzieller Hinsicht. Wer in einer Stadtwohnung hauste oder den ganzen Tag auf Arbeit war, sei, zugegeben, besser dran ohne. Treffender ausgedrückt: *Der Hund* war besser dran ohne ihn. Einen Stadtheini, Acht-Stunden-außer-Haus-Malocher als Besitzer. Noch schlimmer: sich einen schick silbergrauen, herrlich stromlinienförmigen, wald- und wildgeilen Weimaraner mit stechenden Bernsteinaugen kaufen und mit dem zur Hauptgeschäftszeit die Fußgängerzone auf und ab traben. Zu jagen gab's da für den Hund zwar nix, jedenfalls nicht legal, aber man fiel mit ihm auf. Labradore und andere Retriever – zu Deutsch: «Wiederholer» – brachten nicht länger Enten und Fasane zurück, sondern, wenn sie Glück hatten, Tennisbälle. Sie galten als erstklassige Familienhunde, und das waren sie womöglich auch. Wenn man sie anderweitig ausreichend beschäftigte. Was nicht der Fall zu sein schien. Es hieß, sie neigten zu Übergewicht. Wie alle, die fressen, ohne sich zu bewegen.

In Irland wurde ich mal Zeuge davon, wozu so ein bis an die Grenzen seiner Gutmütigkeit gebrachter, unterforderter Familienhund in der Lage war. Die beiden – übergewichtigen – Labradore unseres Nachbarn rissen in einer einzigen Nacht vierzehn Schafe. Der Nachbar fand sie am nächsten Morgen auf der benachbarten Wiese, knurrend und zähnefletschend über den Leichen wachend. Sie ließen ihn nicht heran. Er holte sein Gewehr und erschoss sie aus sicherer Distanz. Wenn man es genau nahm, hatten die beiden natürlich nicht wirklich etwas verbrochen. Sie waren nur

Hunde gewesen, so richtig. Das erste und letzte Mal in ihrem Leben. Auf den Sofas alter Omis litten Teckel die schlimmste aller Hundequalen im Allgemeinen und Jagdhundequalen im Besonderen: durch absolute Ereignislosigkeit bedingte Langeweile. So eine Oma musste doch in Ohnmacht fallen, wenn sie sich unverblümt klarmachte, wovon ihr Fifi in seinen Kuschelkissen träumte: wie er, kläffend, jaulend, nahe am schönsten Wahnsinn, Dachs, Fuchs, Kaninchen aus ihren Bauten grub. Und wie er jedes Tier, dass klein genug war, hetzte, packte und schüttelte, bis es sich nicht mehr regte.

Und Pudel, hallo, Pudel, wusste das überhaupt noch einer von denen dadraußen, dass das Eins-a-Vogeljagdhunde waren? «Seine Intelligenz und sein Arbeitseifer machen ihn leicht führbar, die Schwimmhäute zwischen seinen Zehen machen ihn zu einem exzellenten Schwimmer. Er ist athletisch, hat Durchhaltevermögen, und sein wasserundurchlässiges, gelocktes Fell wirkt in feuchtkalter Witterung schützend wie ein Wollpullover … Jagdpudel sind Hunde mit blitzschnellen Reflexen, sie rasen auf Kommando unverzüglich los, um den geschossenen Vogel zu holen, haben ein gewaltiges Erinnerungs- und Orientierungsvermögen betreffend, an welcher Stelle der Vogel abgestürzt ist, und eine exzellente Nase, um einen im hohen Gras versteckten Vogel aufzuspüren», so Wikipedia. Klang das nach einem Köter, der sich am liebsten mit bonbonbunt gefärbtem Haar und lächerlicher Pompom-Frisur auf Hundeschauen herumtrieb? Oder auch nur tagein, tagaus auf dem Sofa lag? Na, bitte! Die besten Jagdhundehalter waren, man konnte es nicht anders sagen, Leute wie sie, Magda und ihr Harald. Sie waren Jäger *und* Bauern. Also den ganzen Tag daheim. Was in ihrem Fall hieß: in der freien Natur. Zudem verfügten sie über eine seit frühester Kindheit geprägte, möglicherweise genetisch bedingte Liebe und einen Verstand für alles Vieh. Hunde eingeschlossen. Sie und der Harald hatten gleich zwei, einen

Deutsch-Kurzhaar-Rüden und eine kleine Münsterländer-Hündin. Zum Vergnügen und Nutzen aller. Denn: «Mit einem guten Hund ist man ein gerngesehener Gast auf jeder Jagd.» Die Lehre und gute Nachricht daraus für uns alle war: Wir brauchten gar keinen eigenen Hund. Wir mussten uns gar nicht mit solchen wie ihnen messen. «Zur Not kann man immer auf einen Kameraden und seinen Hund zurückgreifen.»

Ich dachte: Ich würde gern auf die Jagd eingeladen werden. Später, wenn ich Jägerin wäre. Allein wegen meines guten, *erstklassigen* Jagdhundes. Den ich dann hätte. Bislang hatte ich nur Schröder. Der nicht wirklich ein Labrador war. Er war eher ein Labradordarsteller. Ein aus Ungarn eingewanderter Betrüger. Einer, der lieber allein loszog – wohin auch immer – und erst Stunden später mehr oder weniger erschöpft nach Hause kam. Das Letzte, was er bei seinen Ausflügen im Sinn hatte, war die Jagd. Ich dachte: Genaugenommen dürfte ich einen wie Schröder gar nicht besitzen. Als Jägerin. Oder: als eine, die auf die Jagd eingeladen werden wollte.

Ich hatte auch Fly. Die ein astreiner Labrador war. Mit Ahnentafel, Labrador-Klubausweis, allem Drum und Dran. Ich hatte sie im Sommer vor meinem Jägerherbst gekauft. Ob in halbwegs weiser Voraussicht oder aus ganz gewöhnlicher Familienhund-Spinnerei, kann ich nicht mehr sagen. Nur dass sie aus einer exzellenten Jagd-Labrador-Linie war. Allerdings: aus einer Linie dänischer Jagd-Labradore. Das Lieblingswort aller Dänen ist ja, wie neuerdings alle Welt weiß, «hygge». Was jene spezielle dänische Gemütlichkeit beschreibt. So speziell und gemütlich, dass sich das Wort nicht wirklich übersetzen lässt. «Hygge», ja, das ist mit einer dampfenden Tasse Tee in der Hand und Kuschelsocken an den Füßen vor dem Kanonenofen auf einem skandinavisch weißen Leinensofa sitzen. Und es ist auch: mit dickfelliger Ignoranz jede Konfrontation umgehen. Und so eine bräsig-lahme dänische Ente hoffte ich jetzt zu einem *deutschen* Jagdhund zu machen? Magda gackerte hell, als ich es erstmals erwähnte. Sie faltete die Hände auf der Eichenholztischplatte vor sich, legte den Kopf schief und fragte: «Warum nicht beim Bewährten bleiben? Warum keinen Deutsch-Drahthaar? Oder einen Deutsch-Kurzhaar?» Die hatten Biss! Willen! Ausdauer! *Das* waren Hunde! Die führten ihr ganz und gar Richtigsein schon im Namen. «Warum aus der Reihe tanzen?», sagte Magda.

Und dann hatten wir noch einen ganz scharfen, kleinen Mini-Jack-Russell. Luke. Aber der gehörte meiner zweitältesten Tochter. Sie war damals gerade sieben. Ein sanftes, großherziges Kind, das jeden aus dem Nest gefallenen Vogel mit nach Hause trug. Und das ein oder andere Kätzchen. Das, im Alter von vier Jahren, eines Tages unvermittelt in Tränen ausgebrochen war und, als ich erschrocken nach dem Grund dafür fragte, schluchzte: «Ich will, dass die Welt noch mal von vorne anfängt! Du und Papa, bald seid ihr alle alt und dann tot. Ich will, dass die Welt noch mal von vorne anfängt!» Was konnte man, sollte man darauf sagen? Als ich das erste Mal laut überlegte, den Jagdschein zu machen, legte sie die Stirn in Falten und sagte: «Du willst Tiere totschießen? Das finde ich nicht gut.» Ich schwieg. Später sollte dieses Kind andere Seiten in sich entdecken. Aber noch war es nicht so weit. Und ihr minikleiner, gewiss höchst jagdtauglicher Hund war in jedem Fall unantastbar. Statt den Dachs, Fuchs und die Kaninchen aus ihren Bauten zu hetzen, setzte er seine Intelligenz, Zielstrebigkeit, Ausdauer und seinen für seine Rasse legendären Mut ein, um in winzigen, unbewachten Momenten die Würstchen vom noch heißen Grill zu stehlen. Und gegen uns alle Fußball zu spielen.

Als ich mich für den Jagdlehrgang einschrieb, hatten wir also bereits drei Hunde. Die weitgehend nutzlos, weil ungenutzt waren. Sie verbrachten zwar ihre Tage, die meisten, in einem Ein-Hektar-Garten. Darüber hinaus wurde nicht viel von ihnen erwartet. Sie konnten sich, außer beim Fußballspielen und Würstchenklauen, nicht beweisen. Und wer wollte wissen, ob ihnen das reichte? Wer konnte sicher sein, dass ein Arbeitsloser in einem Garten glücklicher ist als ein Arbeitsloser, der sich beschränken muss auf seine Couch? So etwas durfte man bestenfalls hoffen. Sicher war nur: Ich «brauchte» keinen vierten Hund. Das wusste ich. An den meisten Tagen. Dann und wann gab es aber auch Tage, an denen ich dachte: Außer! Wenn ich diesen vierten Hund wirklich «ge-brauchte», wenn er nicht Teil meiner – mehr oder minder – nutzlosen Sammlung von Garten-Hunden, sondern wenn er ein «Gebrauchshund» war. Ein *echter*, nicht nur dem Namen nach. Ein Arbeitswilliger. Arbeitssüchtiger. Ein von mir zur Arbeit Befähigter. Der sich sein Futter und, meinetwegen, seinen abendlichen Platz auf dem Sofa verdiente. «Jagd ohne Hund ist Schund», flüsterte Magda. In meinem Kopf. An solchen Tagen.

Es muss an einem dieser Tage gewesen sein, als einer der Altjäger sagte: «Die Deutsch-Kurzhaar-Hündin von dem alten Räuber draußen im Koog hatte doch gerade einen Wurf.» Ich erinnere mich nicht mehr, zu wem und warum er das sagte. Kann sein, dass der Satz einfach so, aus Zufall, fiel. Oder: dass es ein Zufall war, den ich herbeigeführt hatte. Mit Macht. Das gibt es ja zur Genüge. Man tut und macht und ackert. Schlägt die Zeitung rein zufällig auf der Seite der Hundeverkaufsanzeigen auf. Bringt das Gespräch rein zufällig immer wieder auf Mitjäger und ihre Hunde. Fragt zufällig auch einmal, wer denn nachweislich gute Hunde züchtet, nämlich solche, die später auch «den mitjagenden Kameraden eine reine Freude sind». Und wer gerade einen Wurf dieser Prachtwelpen haben könnte. Einfach so, zur rein zufälligen Information. Später steht man dann mit dem Hund auf dem Arm da und will alles für Schicksal halten. Für das selbstlose Einspringen eines allmächtigen, augenzwinkernden Universums. Oder man gibt gleich dem armen Hund die Schuld.

«Ist das nicht un-glaub-lich!», ruft man. «Dabei *wollte* ich gar keinen Hund!» Aber der Hund, diese dem Menschen an Eingebung, Gefühl und Seele, ach, überhaupt an allem dreitausendmal überlegene Kreatur, hat es mal wieder besser gewusst. Hat einen hergelockt, rausgelockt, den langen Weg in den Koog. Per tierisch toller Telepathie, oder wie immer Hunde und andere gepriesene Viecher so etwas machen. Und das Tollste, das schier Unerklärlichste daran überhaupt ist, dass sie von so weit weg, von ihrem Zwinger in einem fernen Koog aus *wissen*, dass es dich gibt. Obwohl sie's doch gar nicht wissen können. Ihr seid euch ja nie begegnet! Und also ist auch das ein Beweis. Dafür, wie toll und einzigartig und überlegen die Viecher uns sind. Und nicht etwa der Beweis dafür, dass der Glaube an all das Käse ist.

ROBERT

IDAHO 2017

«HEUTE!», RUFT TONY. «Da wird's was.» Heute ist der
Tag der Tage. Nach all unseren enttäuschend leeren Versuchen, all
den Stunden des in Wald und Schnee Lauschens und Starrens, des
Lauerns und Wartens, werde ich heute meinen ersten Wolf sehen.
Meinen ersten lebenden. Und ihn dann, mittels Büchsenschuss,
Kaliber .223 Remington, für den Schuss auf kurze Distanz, hun-
dertachtzig bis dreihundertsechzig Meter, in einen toten verwan-
deln. Wie es Roberts fünfzehnjährige Tochter im Familienvideo
getan hat, das glückselige Kind. Der Wolf? Weniger glücklich.
Aber im Leben gibt's nicht nur Gewinner. Für jeden, der gewinnt,
verliert ein anderer. Immer. Das weiß man. Nur vergisst man es
leicht.

Und wenn ich nicht selbst das Gewehr an die Schulter hebe, an-
backe, Maß nehme, Finger am Abzug, und: Peng!, dann werde ich
eben Robert zusehen können, wie er einen verwandelt. Was für
den Wolf keinen Unterschied machen wird. Ich denke: Du schießt
also, wenn du Gelegenheit dazu bekommst, besser selbst. Selbst
schießen ist besser als danebenstehen. Selbst schießen heißt:
Entscheidungen treffen, Kontrolle haben. Statt einen anderen die
Entscheidung treffen zu lassen, statt ihm die Kontrolle über das
Geschehen zu überlassen. Über den Wolf. Und, auf eine Art, auch
über dich selbst. Ich muss an das leblose Eichhörnchen denken,
damals, in Northumberland. Das ich über den Zaun schlug. Ich

148

hätte nein sagen können. Hätte Paul, den Verminator, die «Drecksarbeit» machen lassen können. Für das Eichhörnchen, das schon so gut wie tot war, hätte das keinen Unterschied gemacht. Aber für mich. Darum schlug ich zu. Kann sein, dass ich das damals noch nicht verstanden hatte, dass ich nur einem Instinkt folgte. Heute, denke ich, verstehe ich es. Mir hat mal einer gesagt: «Du musst dich entscheiden. Wenn du dich nicht entscheidest, entscheiden andere für dich. Und das ist Mist.» So ist das. Natürlich, ich könnte entscheiden, *nicht* zu schießen. Nur bliebe das Ergebnis gleich. Darum trage ich besser aktiv dazu bei. Statt dröge danebenzustehen und «es» passieren zu lassen.

In jedem Fall: Heute ist mein Tag! Garantiert. So gut man eben auf der Jagd oder im Leben etwas garantieren kann. Das vergessen die Leute gern: dass es keine Garantien gibt. Schon gar nicht aufs Leben. Tut doch jeder so, als sei er für immer hier. Und damit er darin bitte nicht gestört wird, muss er das Gefühl haben können, alle anderen sind auch für immer hier. Wenn keiner stirbt, stirbt man auch selbst nicht. Milchmädchenrechnung, na klar, aber für den Augenblick, in dem mal wieder einer davonkommt oder man ihm dabei sogar behilflich sein konnte, stellt sich Ruhe in unserem vergänglichkeitsgeplagten Hirn ein. Natürlich ist diese Ruhe so trügerisch wie mein eigenes Gefühl von Kontrolle, wenn ich den Abzug ziehe. Es sind zwei Seiten der gleichen Münze.

Tony sagt: «Ich fahre dich nach Coeur d'Alene. An der Tankstelle dort treffen wir Robert und seine Tochter, und du steigst um und fährst mit ihnen weiter. Ich glaube, Robert will seine Fallen oberhalb von Avery, entlang des Saint Joe River abfahren. Er hat da oben ein paar, soviel ich weiß.» – «Mit dem Schneemobil?», frage ich und werfe einen Blick auf den immer matschiger werdenden Schneematsch und die Eisflächen unter dünnen Tauwasserschichten in Tonys Garten. «Zur Hölle, ja, mit dem Schneemobil. Da oben gibt's noch genug Schnee, tonnenweise, mehr als dir lieb ist, wirst sehen.» Avery liegt 757 Meter über dem Meeresspiegel. Hundertzwanzig Meter höher als Tonys Haus, in Sandpoint. Hundertzwanzig Meter Unterschied zwischen Schnee und Nichtschnee. Zwischen Leben und Tod. Sie können entscheidend sein.

Einmal bin ich in Irland auf einen Berg geklettert, den höchsten, den die Insel zu bieten hat, Croagh Patrick, im County Mayo. 767 Meter hoch, das ist in etwa so hoch, wie Avery liegt. Ich wollte nicht wirklich auf den Berg klettern. Es war nicht geplant. Die Kinder und ich waren nur gerade in der Stadt, die zu dem Berg gehörte, fuhren dann aus der Stadt heraus und an dem Berg vorbei, staunten, stiegen aus. Croagh Patrick sah felsig-rau und ungastlich aus. Wir spazierten ein bisschen die Flanke hinaus, auf der schon einige Leute unterwegs waren. Es war Juni in Irland, trotzdem trugen die meisten T-Shirt. Ein paar liefen in Sandalen. Unten, am Fuß des Berges, war das noch okay. Wenn man nicht zimperlich oder auch nur von der Realität eines irischen Junis unbeirrbar war. Am Touristenhäuschen boten sie simple Stöcke feil, eben vom Baum geschnitten und angespitzt, als Aufstiegshilfe. Ein Euro das Stück, vielleicht waren es auch zwei. «Wenn ihr zurückkommt, vom Gipfel, könnt ihr sie natürlich mit nach Hause nehmen. Besser aber ist, wenn ihr sie mir zurückgebt.» Unentgeltlich. «Das bringt Glück!» Wem, sagte er nicht. Wir lachten. Der Stöcker- und Glücksverkäufer war gekränkt.

Wir dachten: 767 Meter! Das ist nicht hoch. Es war nur das Höchste in Irland. Kein Wunder also, dass die Tourismushaie gegenüber ihren Kunden so taten, als ob das Hügelchen hier der Mount Everest war. Wir spazierten weiter, über Gras und Steine, und gerieten bald aus der Puste. In Abständen kamen wir an Schildern mit Betanleitung vorbei. Hier waren zwei Ave-Maria herunterzurattern, dort drüben ein Vaterunser. Ein paar Kletterer standen mit gesenktem Haupt da und taten wie ihnen von den Schildern geheißen. Der Himmel, der eben noch ziemlich blau gewesen war, färbte sich zunehmend grau. Nieselregen setzte ein. Wind kam auf. Ein Wetter wie im November. Auch plötzlich genauso kalt. Wir zogen unsere Jacken über, was nicht viel half. Der Regen fiel zu dicht. Und der Wind blies zu hart. Menschen im T-Shirt schnauften vorbei. Männer mit nacktem Oberkörper. Kinder und Erwachsene in Sandalen. Und auf nackten Füßen. Später las ich: Als irischer Katholik kannst du dich so von deinen Sünden befreien. Keuche halbnackt, barfuß und betend den Croagh Patrick hinauf, danach ist dir fürs Erste alles vergeben. Oder du stirbst an Unterkühlung. Beides soll vorkommen, nur eins ist belegt.

Etwa nach zwei Drittel der Strecke hatten meine älteste Tochter und mein Sohn die Schnauze voll von diesem Betrüger-Berg, der oben viel höher und steiler war, als er von unten aussah, und drehten um. Meine beiden jüngeren Töchter, ihr miniwinzig kleiner Chihuahua-Terrier-Hund und ich quälten uns weiter. Wofür? An die Vergebung glaubten wir nicht. Was gut war. Ans Aufgeben auch nicht. Was ein bisschen doof war. Jetzt, wo wir schon fünfhundert Meter weit gekommen waren, mindestens, konnten wir auf keinen Fall zurück. Dachten wir. Nicht ohne auch die restlichen 267 Meter bewältigt zu haben. Das ist vielleicht auch eine Art Religion. Oder ein Aberglaube. Man kennt das Phänomen von den Schneeballgeschäften: Hast du erst eine Menge X an Zeit und Geld in die investiert, steigst du nicht mehr aus, auch wenn du längst erkannt hast, dass das Geschäft kein Geschäft, sondern Kokolores, die reine Abzocke ist. Manchmal fragten wir einen, der schon oben gewesen war, also wieder runterkam: «Wie weit ist es noch? Wie lange?» Die Antwort war über Stunden immer die gleiche: «Knapp zehn Minuten!» Zu meinen Töchtern sagte ich: «Ich weiß nicht, entweder kriechen wir wie die Schnecken. Oder der verfluchte Berg wächst.» Es war ein bisschen wie bei der Wiederkunft des Herrn. Oder der Apokalypse. Die werden auch immer wieder verschoben. Was mir beides im Grunde schnuppe war, nur wäre ich gern endlich mal auf diesem Berg gewesen.

«Was gibt es denn oben zu sehen?», rief ich einem Vorbeischnaufenden zu. «Ein Häuschen!», rief er zurück. «Gibt es dort Kaffee?» – «Nein, aber eine Marienstatue. Und Bänke zum Verschnaufen und Beten. Aber ich kann nicht mit Sicherheit sagen, ob das Häuschen geöffnet ist.» Ich dachte: Wie auch immer, wir sollten endlich umdrehen! Und keuchte weiter. Jetzt senkrecht den verflixten Berg hoch. Gras gab es schon lange nicht mehr. Nur noch Geröll. Plötzlich stürzte vor uns ein Kind. Ein Junge, geschätzte acht Jahre. Schlug sich den Kopf an den Felsen auf, fiel um und blieb liegen. In seinem T-Shirt, dem Wind und dem Regen. Kein zugehöriger Erwachsener in Sicht. Nur seine Schwester, die gerade mal zwei oder drei Jahre älter war und in einem fort weinte: «Er stirbt! Stirbt er? Er stirbt doch nicht. Oder?» Ich dachte: Nein! Aber sicher sein konnte man natürlich nie. Die Atmosphäre während der Stunden, die wir mit den Kindern dort oben saßen, über der Welt, in dem Wolkendunst und der Kälte, weit, weitab von allem, tat ihr Übriges zu dem Alles-ist-möglich-Gefühl. Während wir so auf die Bergwacht warteten, dachte ich oft: Ein bisschen fühlt es sich an, als seien wir alle gestorben. Dann aber schnaufte wieder einer vorbei, auf dem beschwerlichen Weg zu Maria, auf dem Gipfel. Und wusste doch nicht einmal, ob ihr Häuschen geöffnet war. Endlich kamen zwei den Berg heraufgestapft, bedächtig wie die Schnecken. Man sah gleich, dass sie von der Bergwacht waren, in ihren derben Schnürstiefeln, dicken Jacken, Leuchtwesten und mit Helmen. Offenbar wussten sie, welchen Unterschied ein paar hundert Meter und ein paar Grad Celsius machen. Vermutlich wussten sie auch genug über die dünne Grenze zwischen Leben und Tod. Das Kind, nehme ich an, hat den Berg überlebt.

Tony hat bereits meinen Rucksack gepackt. Nein, Tony hat *seinen* Rucksack gepackt. Für mich. So eine lächerlich unprofessionelle Gurke aus dem Pleistozän der Rucksack-Evolution. Mit Schlabberrücken und zu hundert Prozent nicht wasserdicht. Aber in Tarnfarben. Ich sage schwach: «Ich kann doch meinen Rucksack nehmen.» Dreifach verstellbares Tragegestell, Rückenbelüftung, Goretex-Haut. Das ganze Hightech-Gedöns, das man als enthusiastischer Rucksack-Käufer im Laden auf jeden Fall braucht. Und danach nie wieder. Wann habe ich je diesen Rucksack benutzt? Ich meine: sachgemäß? Wann habe ich ihn Dauerregen ausgesetzt oder mich mit ihm auf dem Rücken über Stunden so abgerackert, dass ich ohne Belüftung auf keinen Fall überlebt hätte? Wann habe ich ihn überhaupt jemals anders benutzt als für den Sprung vom Auto in den Supermarkt, um möglichst viele Fünfhundert-Liter-Packungen Ben & Jerry's zum halben Preis darin zu verstauen? Jetzt und hier hätte der Rucksack endlich seine Chance. Hätte Tony nicht schon sein Rucksack-Fossil mit meinem Zubehör vollgestopft. Beziehungsweise *seinem* Zubehör: Gummi-Überhosen, zwei Paar Handschuhe, eins aus militärgrüner Wolle, das andere gelb und aus Leder («Die kannst du übereinanderziehen»), eine Regenjacke. Und Sallys extradicke und schwere Daunenjacke.

«Du nimmst besser die und lässt deine zu Hause, ich glaube nicht, dass das dünne Ding warm genug ist.» Meine Eins-a-Hightech-Daunenjacke! Aus dem englischen Outdoor-Fachgeschäft, das in der wörtlichen deutschen Übersetzung «Bergwarenhaus» heißt. «Sie ist absichtlich so dünn», sage ich. «Damit sie leicht ist. Und trotzdem warm. Tauglich bis minus vierzig Grad!» Tony lacht. Ruft: «Wie soll das denn gehen?!» Sagt: «Nimm die dicke Jacke. Damit du nicht frierst.» Und tatsächlich bin ich froh. Meine Jacke ist wirklich sehr dünn. Das scheinbar unerschütterliche Vertrauen, das ich in diese Jacke im Laden noch hatte, ist verflogen. Wie und wohin, weiß ich nicht. Ich denke: Wenn ich es wüsste, könnte ich es mir einfach zurückholen. Über die vergangenen Tage habe ich diesbezüglich mein Bestes versucht, ich habe versucht, immer wieder, mich durch Zusammendrücken der Daunenwürstchen mit den Fingern davon zu überzeugen, dass die Jacke nicht ganz so dünn sei. Dass die Würstchen ausreichend mit Daunen gefüllt sind, um ein Erfrieren im Tiefschnee zu verhindern. Jedes Mal, wenn ich an der Jacke an ihrem Haken vorbeigehe, drücke ich die Würstchen. Mit immer dem gleichen Ergebnis: Ich finde sie ziemlich dünn. An manchen Stellen mehr als an anderen. Diese Stellen machen mir zunehmend Sorge. Ich stelle mir vor, dass diese Stellen entscheidend sind. Ich stelle mir vor, wie an diesen Stellen die Kälte eindringt, erst in die Jacke, dann in mich. Und wie sich die Kälte durch meinen Körper frisst. Mit tödlichem Ergebnis. Ich stelle es mir so lange und lebhaft vor, dass ich beginne zu frieren. Weil die Würstchen selbst keine Hilfe sind, suche ich die Internetseite des Bergwarenhauses auf, um mich, noch einmal, der Extrem-Kältetauglichkeit dieser extrem dünnen Wunderjacke zu versichern. Na bitte, da steht es, in der Produktbeschreibung: «Getestet bis minus vierzig Grad». Leider fällt mir erst jetzt, kurz vor dem Ernstfall, auf, was dort nicht steht, nämlich: was bei den Tests herausgekommen ist. Dass es nicht dasteht, kann logischerweise nur eines bedeuten, denn: «Getestet bis minus vierzig Grad, alle Testpersonen tot», so was bekennt auf seiner Business-Website natürlich keiner. Lieber schweigt er und verkauft die Jacken zum halben Preis.

Ich traue den Bergwarenhaus-Testern nicht. Ich traue der Jacke nicht. Und ich will nicht fernab aller Zivilisation und Zentralheizungen, hoch oben in Idahos tiefverschneiten Bergen sein, wenn ich herausfinde: zu recht. Tony stopft eine Banane und zwei Orangen zu seiner Überhose, den Handschuhen, der Goretex-Haut und zu Sallys Jacke. Mehr geht nicht rein in den Rucksack. Nicht beim besten Willen. Darum nehme ich in einem unbewachten Moment die Banane und die Orangen heraus und ersetze sie durch meine Kamera. «Das wird dir bald bitter leidtun», flüstert eine Stimme in meinem Kopf. Also stopfe ich wenigstens die Banane zurück in den Rucksack. Zur Kamera und all dem anderen Kram. Sicher ist sicher.

Tony läuft auf und ab. Tony ist aufgeregt. Tony kann gar nicht abwarten, bis es endlich losgeht. Für mich. Dreimal hat er an diesem Morgen schon Robert angerufen. Ob er schon auf ist, ob er schon los ist, wann er endlich da ist. Zum Treffpunkt in Coeur d'Alene fährt Robert zwei Stunden. Eine Stunde länger als wir. Es geht also früher los für ihn, den glücklichen Hund. «Ah!», ruft Tony. «Wie gern käme ich mit euch! Auf Wolfsjagd!» Es juckt ihn. In seinem Jägerherz. Sein jährliches Jagd-Camp ist schon wieder fünf Monate her, und bis zum nächsten sind es noch sieben hin. Wie soll er die überleben? Statt mit dem tollen Robert und mir auf Jagd zu gehen, muss Tony zum Treffen seiner Herzgruppe fahren. Wie soll er *das* überleben? Und ich verstehe: Wenn Tony schon selbst nicht mitkann, dann wenigstens seine Ausrüstung. Und sein Rucksack.

«Wenn dir einer einen Wolf findet», sagt Tony, «dann dieser Teufelskerl Robert. Da oben im nirgendwo.» Wo genau das sein soll, weiß auch Tony nicht. «Ich war noch nie mit Robert unterwegs.» Überhaupt kennt er ihn nicht so genau. Erst seit kurzem. Über seinen Verein, den F4WM. Er weiß, dass er Holzfäller ist, mit eigener Firma, oben in Post Falls. «Das muss ganz gut laufen», sagt Tony anerkennend. «Wie sonst füttert der seine tausend Kinder?» – «Vierzehn», sage ich. «Es sind vierzehn Kinder.» Tony wischt mit der Hand durch die Luft und lacht. Kommt für ihn aufs Gleiche raus. Dass Robert katholisch ist, weiß er noch. Und einen bisschen bekloppten Bruder hat. «Da war mal was», sagt Tony. «Etwas mit einem Flugzeug. Ich erinnere mich nicht genau. Hab's auch nur am Rande gehört.» Was soll's, einzig entscheidend ist: «Der ist ein hervorragender Jäger.» Und nicht nur, wenn's auf Wölfe geht.

Sondern überhaupt. «Der hat die Gefriertruhe voll mit Hirsch und Elch. Kriegt seine Riesenfamilie in jedem Fall satt.» Chapeau! Robert kennt sich aus. Mit dem Wild. In der Wildnis. Ich denke: Darum bin ich hier, wegen des großen, unbekannten Nirgendwos. Und wegen Teufelskerlen wie Robert. Einem Jäger, wie er nicht im Buche steht. Wie man ihn plauzleibig an einem norddeutschen Eichenholzkneipentisch hinter seinem Bierchen antrifft. Sondern wie man ihn nur im Leben, dem wahren, wie man ihn nur in der Tiefe dieser Wälder finden kann. Ich denke: Nimm das, Magda! Und du, dicker Ulli, auch.

Während wir an der Tankstelle in Coeur d'Alene auf Robert warten, kaufe ich zwei Halbliterflaschen Wasser «mit Geschmack». Wassermelone und Weintraube. Ich denke: Dieses Wasser mit Geschmack ersetzt mir – für eine Weile – das Essen. Statt mühselig eine Drei-Kilo-Wassermelone mit mir herumzuschleppen, an der ich nur nach mühevoller Mit- und unter Zuhilfenahme von Schneidewerkzeugen knabbern kann, stecke ich lieber fünfhundert Gramm Melonenwasser in meinen Rucksack, schraube ab und an den Deckel auf und nehme einen Schluck. Statt büschelweise hochkalorische Weintrauben zu verschlingen, nibbele ich lieber an kalorienarmem Weintraubenwasser. So weit meine Theorie. Ich koste einen Schluck Weintraube. Es schmeckt nicht, wie ich Weintrauben in Erinnerung habe. Es schmeckt nicht wie irgendetwas, das ich schon mal gekostet und in Erinnerung habe. Oder wie ich mir vorstelle, dass irgendetwas schmecken sollte. Im Grund gibt es nur eine korrekte Geschmacksrichtungs-Beschreibung für dieses Möchtegern-Weintrauben-Gesöff: «scheiße». Früher hat man «Scheiße für Gold verkauft». Heute verkauft man Scheiße für Weintrauben. Und Grünkohl heißt jetzt «Kale». Ist damit auf einen Schlag kein Arme-und-alte-Leute-Gericht mehr. Sondern ein trendy «Superfood». Als «Grünkohl» hätte er es wohl kaum auf die Hitliste des coolsten Grünzeugs geschafft. Was vielleicht nicht ganz das Gleiche ist, wie wenn man übersüßtes, flüssiges Plastik in Flaschen füllt und als klasse Fruchtgetränk verkauft. Oder eine papierdünne Jacke als Minus-vierzig-Grad-Equipment. Aber doch schon. Und ich frage mich, ob das der Grund ist, warum es schief und immer schiefer läuft auf der Welt. Ob das der Kern des sich immer weiter verbreitenden Übels ist. Oder nur sein Symptom? Robert ist da. Mit Tochter und Truck und Anhänger. Und mit drei Schneemobilen. Eins auf der Ladefläche des Trucks, zwei hinten auf dem Hänger. Mein Herz legt ein paar Schläge zu, und meine Knie werden ein klein bisschen weich. Ich weiß nicht, ob vor Aufregung oder Angst oder beidem. Noch weiß ich es nicht. Aber bald werde ich's wissen. Viel zu genau. Tony geht um Truck und Hänger herum, etwas krumm, Hände in den Hosentaschen, er begutachtet mit Chefblick Roberts Schneemobilarsenal, grinst und hebt eine Braue. «Du hast ein Schneemobil zu viel mitgebracht.» Eins mehr als drei Personen, zwei Fahrer, wirklich brauchen. Robert lacht. «Ich habe mir gedacht, es macht ihr mehr Spaß, selbst Schneemobil zu fahren, als bei mir oder Marilyn hinten drauf.» Marilyn ist Roberts Tochter. Mitte dreißig. Das älteste seiner vierzehn Kinder. Marilyn ist eher klein, hat rote Wangen und schwarzes Haar. Sie sagt nicht viel. Ich denke: Vielleicht ist sie schüchtern. Sicher ist sie schüchtern. Sie sieht schüchtern aus. Was mich unsäglich erleichtert. Ich denke: Mit zwei knallharten Brocken dadraußen in der knallharten Wildnis unterwegs zu sein, wäre vielleicht ein bisschen viel für den Anfang. Marilyn gibt mir die Hand. Eine kleine, leichte, sehr weiche Hand. Und ich denke: Puh, Gott sei Dank. Und komme mir gleichzeitig ein bisschen erbärmlich vor.

Marilyn ist Schneiderin und arbeitet von zu Hause aus. Sie hat heute bis in die frühen Morgenstunden geschneidert, bis um drei oder vier. Darum ist sie ein bisschen müde. «Tut mir leid», sagt sie. Und: «Ich war schon ewig nicht mehr mit Dad dadraußen.

Überhaupt dadraußen. Ich weiß gar nicht, ob ich noch weiß, wie man so ein Ding da fährt.» Sie macht eine Kopfbewegung zu den Schneemobilen auf dem Anhänger hin. Und ich denke noch einmal: Puh! Mein Herz schlägt schon nicht mehr ganz so schnell. Meine Knie gewinnen Stabilität zurück. Fürs Erste. Ich öffne die hintere Tür des Trucks und werfe meine Wassermelonen-Weintrauben-Wasserflaschen auf den Rücksitz, auf den Berg all der anderen Sachen. Jacken, Hosen, Helme, Knarren, Toastbrote, Butter, Wurst (am Stück), Schalldämpfer, Käse (in Scheiben), Tomaten, Munitionskisten, Weintrauben (echte), ein Brotmesser, andere Messer. Es scheint ein ungeschriebenes amerikanisches – nein, ein internationales – Gesetz zu sein, dass die Trucks knallharter Kerle knallhart zugemüllt sind. Mit Unentbehrlichem. Wenn es nur danach ginge, dann dürfte ich mich einwandfrei zu den Knallharten zählen. Ich fahre zu Hause zwar keinen Truck, nur einen Kombi, aber Berge von Unentbehrlichem darin herum. Vielleicht ist das meiste auch nur Müll.

«Wie viele Fallen hast du da oben?», fragt Tony.

Robert legt den Kopf schräg. «Och, weiß nicht, schätze, sieben. Drei Schnappeisen und ein paar Schlingen.»

«Wann zuletzt einen drin?»

«Vor drei Wochen.»

«Höchste Zeit für den nächsten! Heut' habt ihr Glück!»

Robert ballt die Rechte zur Faust und schlägt sie in die offene Linke. «Verflucht, ja. Heute kriegen wir sie!»

Ich denke: Wir tun hier, als gäbe es doch eine Garantie. Oder wenigstens eine Art verlässlicher Hochrechnung, die Jagd und, natürlich, das Leben überhaupt betreffend. Bist du drei Wochen rausgefahren für nichts, hast du in der vierten ein Recht auf Beute. Hast du so und so viele Male schon im Leben Pech gehabt, kann es dich nicht auch noch ein nächstes Mal treffen. Aber natürlich weiß ich, dass das Humbug ist. Das Leben im Großen und Ganzen betreffend und damit die Jagd. Ich bin schon hundertmal in den Wald gefahren, habe für Stunden auf meinem Ansitz gefroren und nichts geschossen, meist nicht einmal etwas gesehen, was schießbar gewesen wäre. Wir wissen es alle. Und wir müssen es vergessen.

Tony lehnt am Anhänger, die Hände in den Taschen, blickt auf die Schneemobile. Ich kann sehen: Das dritte Schneemobil auf dem Anhänger lässt Tony keine Ruhe. Ich kann es sehen, lange bevor Tony endlich den Mund aufmacht und Robert noch einmal fragt: «Du willst sie selbst fahren lassen?» So als wäre ich gar nicht da. Ich nehme ihm das nicht übel. Es beunruhigt mich nur, dass es ihn beunruhigt. Ich halte ihn für den Tollkühneren von uns beiden. Für unerschütterlich. Für einen, der alles für machbar, alles für überlebbar hält. Viermal Vietnam, zweimal abgeschossen. Einer, der (später) zu mir sagt: «Angst? Was soll dir so ein Gefühl nützen?» Und so einer steht jetzt da, Stirn in Falten, und das lächerliche Schneemobil lässt ihm keine Ruhe. Robert lacht. «Klar. Ich zeig ihr, wie's geht. Ist doch nichts dabei.» Und dann müssen wir auch schon los. Zwei Stunden Fahrt, rauf in die Berge, zu Roberts Fallen in der tiefverschneiten, eiskalten Wildnis oberhalb Averys. Von der ich noch keine Vorstellung habe. So wie ich damals von dem irischen Berg keine Vorstellung hatte. Und dem Unterschied, den ein paar hundert Meter machen.

«Ich sehe euch heute Abend», sagt Tony. «Gleiche Stelle. Ruf mich an, bevor ihr da oben losfahrt, damit ich pünktlich hier sein kann.» – «Klar doch», sagt Robert. – «Habt Spaß», sagt Tony. – «Klar doch», sage ich. Und als ich ihm nachsehe, wie er zu seinem Truck geht, plötzlich allein, mit den Schlüsseln klimpernd, ein bisschen krumm, macht sich in mir ein Gedanke breit. So ein dummes Gefühl. Das Gefühl von Niemalsmehr. Von Endgültigkeit. Und es betrifft nicht Tony, sondern mich. Ich werde diejenige von uns beiden, von uns allen hier sein, die es am Abend nicht mehr gibt.

Das Gefühl kenne ich schon. Es befällt mich, seit ich denken kann, mit grässlicher Regelmäßigkeit. Ich habe es vor Flügen und Autofahrten, speziell vor langen. Ich hatte es, bevor ich im Oktober auf der Ranch im Süden aufs Pferd stieg und Kühe trieb. Und als ich, kurz nach dem Terroranschlag in Mali, mit meinem Sohn eine Woche nach Marokko flog. Möglicherweise hätte ich es auch ohne vorhergehenden Terroranschlag gehabt. Ich sehe Tony zu, wie er in seinen Truck steigt, und denke trotzig: «Krieg dich ein jetzt. Dieses Gefühl bedeutet nichts!» Es ist nichts weiter als ein dummes Gefühl. Es ist keine «Ahnung». Ich muss es wissen, ich habe dieses Gefühl oft gehabt, und ich bin noch immer hier. «Nicht mehr heute Abend!», flüstert es in mir.

«Steig ein», sagt Robert. Und ich klettere neben ihn auf den Beifahrersitz, weil hinten schon Marilyn sitzt, die sich zwischen dem ganzen Unentbehrlichkeitsmüll langmachen und noch ein bisschen pennen will. Weil sie heute Nacht praktisch durchgenäht hat. Es sind zwei Stunden bis rauf nach Avery. «Lohnt sich», sagt Marilyn froh, zieht ihre Stiefel aus und klemmt eine Jacke zwischen ihren Kopf und das Fenster des Trucks. Zwei Stunden, denke ich. Das Gefühl in mir hofft, dass sie nicht zu Ende gehen.

ZWEITER WAFFENKONTAKT

NORDFRIESLAND 2001

ANFANG DES JAHRES hatten wir ersten Waffenkontakt. Magda trug die Lehrflinten in die Kneipe. Die «Flinte» ist das Gewehr für den Schuss auf Kleinwild. Geflügel, Kaninchen, Hase und Fuchs. Die «Büchse» ist das Gewehr für den Schuss mit der Kugel und bringt Größeres zur Strecke. Reh, Hirsch, Schwein. Die «kombinierte Waffe» hat zwei oder mehr Läufe für Kugel und Schrot. Taugt zum Töten von Groß und Klein.

Gefahrendistanz der Büchse: bis zu tausend Meter. Ich dachte: Wow! Tausend! Meter! Das musste man sich mal vorstellen. Das war doch kaum zu begreifen. Dass du hier, auf deinem Ansitz, abdrücken konntest, und in einem Kilometer Entfernung haute deine Kugel einen Jogger aus den Laufschuhen. Natürlich nur wenn die Flugbahn der Kugel frei und unverstellt war. Und wann war sie das schon? Andererseits: Stand der Kugel etwas im Weg, ein Baum, ein Gebäude, was immer, konnte sie durch den Aufprall beziehungsweise Abprall in eine neue, ganz andere Richtung gelenkt werden. In eine Richtung jenseits jeder Kontrolle, die du nie beabsichtigt hattest. Und die dann für einen Jogger, Radler, Spaziergänger tödlich sein konnte.

Das alles konnte dir passieren. Wenn du mehr Blödmann als Jäger warst. Darum: kein Blödmann sein! Jäger sein! Verantwortlich handeln. Sorgfalt walten lassen. Nur abdrücken, wenn du dir deines Schusses absolut, zu hundert Prozent sicher warst. Wenn du wusstest, dass dir fünf Kilometer weiter gerade *kein* Jogger durch die Flugbahn lief. Und wenn kein Baum, Gebäude, kein Irgendwas die von dir angestrebte Flugbahn verstellte. Ich fragte mich, wie um alles in der Welt ich sehen sollte, was sich in fünf Kilometern abspielte. So weit vorausgucken konnte doch kein normaler Mensch. Wie sollte ich die Wirkung, die *mögliche* Wirkung, jedes Baums, Gebäudes, jedes Irgendwas korrekt erkennen, jede Eventualität zu hundert Prozent genau berechnen? Wie konnte ich unter solch uneinsehbaren, unwägbaren Umständen meiner Kugel jemals sicher sein? Wenn ich mir selbst schon so selten sicher war?

Die kleineren Schrotkugeln – Durchmesser: zweieinhalb Millimeter – trafen ihr Ziel auf eine Distanz von zweihundertfünfzig Metern. Dass wir schießen *konnten*, vorausgesetzt. «Aber das lernt ihr ja hier.» Die Drei-Millimeter-Kugeln erreichten ein Ziel über dreihundert Meter Distanz. Allerdings: Wolltest du dir ihrer und deiner Tötungskraft sicher sein, beschränktest du dich besser auf eine Entfernung zwischen dreißig und vierzig Metern. Der Schrotschuss war kein sorgfältig gezielter Schuss, sondern ein Schnellschuss auf fliehendes, fliegendes Wild. Der Plastikzylinder, gefüllt mit Bleikugeln, verließ den Lauf. Platzte auf. Die Kugeln verstreuten sich. Je weiter vom Ziel entfernt, umso breiter, aber auch langsamer und mit weniger Kraft. Hattest du etwas drauf und deine Entfernung clever bemessen, prasselte deine Garbe mit gerade dem richtigen Wumms und nahezu komplett auf den Wildkörper ein und erschütterte das einen Millimeter unter der Haut liegende Nervensystem. Verletzte es vielleicht auch. Nötig war die Verletzung allerdings nicht, das Tier starb auch so. Der Schock reichte aus.

Das fand ich faszinierend. Dass einer einfach so tot zusammenbrach, ohne wirkliche, tödliche Verletzung. Rein aus Schock. Es faszinierte mich auch aus persönlichen Gründen. Ich fühlte mich dem erst nervengelähmten, dann toten Tier verbunden. Dachte: «Wie oft ist das genauso?» Und: «Ist doch gar nicht nötig!» Aber Letzteres war, wenigstens auf das getroffene Tier bezogen, natürlich Quatsch.

Wir taten, als schössen wir. Luden nicht vorhandene Patronen in die Kammern. Schlossen die Waffen. Gingen in Stellung. Schaft auf die Hüfte, Lauf nach oben. Die Gesichter wechselten ins Strenge. «Anbacken!», schnauzte Magda. Wir rissen uns den Schaft an die Wange. Und «Peng! Ihr müsst hinfühlen», sagte Magda. Mit welcher Waffe fühlten wir, konnten wir treffen? Welche Schaftlänge passte uns am besten? «Das kann nur jeder von euch für sich selbst sagen.» Ich hob die Schultern. Nahm diese und jene Flinte. Ging in Stellung. Riss mir Schäfte an das Gesicht, bis meine Verwirrung zu echter Verzweiflung taugte. Welche Waffe war für mich die richtige? Wie sollte ich, die ich nie zuvor eine Waffe in der Hand gehalten, geschweige denn mit einer Waffe geschossen hatte, das sagen?

Schließlich entschied Magda: «Du nimmst diese. Die passt.» Ich wusste mich ihrem besseren Wissen ausgeliefert.

Anfang März begann dann das Übungsschießen. Mit den Schrotkugeln auf die fliegenden Scheiben aus Ton, mit der Kugel auf den hundert Meter entfernten Rehbock aus Pappe. In der Prüfung würden drei von zehn Tontauben zu zerschießen sein, auf dem Bock mussten die Treffer wenigstens dreiundzwanzig von fünfzig möglichen Punkten zählen. Wir hatten bis Ende April Zeit, das zu können.

«Hast du schon mal geschossen?», fragte Magda. Ich schüttelte den Kopf. «Du nimmst die Waffe hoch, backst langsam an, drückst das linke Auge zu, zielst in den Himmel, schwenkst den Lauf wieder leicht runter und holst die Taube dort ab, wo sie aus dem Bunker kommt. Dann: Korn an die Taube, und zack! Also, auf geht's.» Anbacken, zielen, Lauf runter. Magda brüllte: «Taube kommt!»

Treffer. Am Ende des ersten Durchgangs hatte ich drei von zehn Tauben erwischt. Auf dem Kugelstand achtundvierzig Zähler der möglichen Treffer. Der Schießstandleiter, ein alternder Bär mit Bart und frischrotem Gesicht, strahlte. Erzählte jetzt jedem: «Das Mädel schießt wie Gift!» Was, und das begriff ich erst auf meine wacklige Nachfrage hin, das höchstmögliche Lob war. Ich bin nicht gut darin, mein (vermeintliches) Können zu erkennen. Es anzuerkennen, schon gar nicht. Folglich bin ich auch scheiße darin, die Anerkennung anderer anzunehmen, geht beides Hand in Hand. Ich bin Lob nicht gewohnt. Aber ich kenne Zynismus. Sagt einer: «Wow, gut gemacht!», halte ich es automatisch für solchen. Wenn ich begreifen muss, dass es ernst gemeint ist, sage ich: «Na ja. Nicht wirklich.» Das sind so meine Mechanismen.

Meine armen Eltern mit ihrem Mittelklassekomplex und anderen Ängsten und Unzulänglichkeitsgefühlen waren nicht gut darin, mich zu unterstützen. Mit einer Ausnahme: im Versagen. Vielleicht war das keine Absicht. Vielleicht können sie da nichts für. Ich glaube, das passiert leichter, als man denkt.

Ich Schützin war also fürs Erste glücklich. Aber ich wusste auch: Dieses Glück kann nicht halten. Nach ein paar Schießstandtagen erklärte Magda uns bereit für den nächsten Schritt: nicht fertig angebackt dastehen und mit der Waffe bereits an der Wange die Taube erwarten. Sondern: den Schaft erst anheben, wenn die Taube schon fliegt. Kurz anvisieren, zielen und Schuss! Ich versagte. Bei jedem Versuch, jedem Schuss aufs Neue. Ich bewegte mich also auf schaurig heimischem Terrain, auf dem es nur eine Richtung gibt: abwärts.

Der Schießstandbär und andere Altjäger, die meiner Katastrophe und wachsenden Verzweiflung beiwohnten, schüttelten den Kopf. «Mädchen, die Flinte ist dir zu kurz!» Der Schaft schloss nicht an die Schulter, er endete ein oder zwei Zentimeter davor. Hatte Spiel. Bei jedem Schuss knallte der Rückstoß mir also das

Holz ins Fleisch und gegen den Knochen. Es schmerzte. Bei jedem Schuss, bei jedem Stoß ein bisschen mehr. Ich fühlte, dass sie recht hatten. Nahm all meinen Mut zusammen und wagte, es laut zu sagen. Gegenüber Magda. Die wollte von solchen Zweifeln nichts hören. «Die Flinte passt!» Der Bär, neben ihr, brummte missmutig. Was nicht viel an Gegenwehr und Einsatz war. Dann aber, unter den Umständen, doch wieder eine Menge. Oder? Wie willst du das bemessen? Ich meine: Für Magda war schon dieses bisschen an Einsatz zu viel. Sie schrillte: «Die Ausbilderin bin ich!» Der Bär stampfte brummend davon.

Ein anderer Alter nahm mich beiseite. «Tu mit dieser Flinte dein Bestes, aber lege dich vor der Prüfung nicht mit ihr an.» War das ein Beistand? Oder seine Art, mich ans Messer zu liefern? «Sch-schlucken», stotterte der Vorjahresverlierer. «Erst einmal alles schlucken.» Ich wagte keinem zu trauen, am wenigsten mir selbst. War ich das Opfer einer Verschwörung? Oder einer Paranoia? Am Abend färbte meine Schulter sich blau.

BENJY

DA STAND ER NUN ALSO, der so teuer Gerettete, und begriff von seinem Glück und all dem Tamtam um ihn nichts. Dieser Charolais-Bulle aus der irischen Grafschaft Mayo hatte ja keine Ahnung, dass und wie knapp er dem Tod durch den Bolzenschuss in seinen breiten Schädel entkommen war. Daheim in Irland hatte der Tierarzt ihn als «schwul» klassifiziert. Also: als nutzlos. Desinteressiert an dem, was dem ordentlichen, tauglichen Bullen in seiner hofeigenen Herde Lebensziel sein sollte: der Produktion neuer Charolais-Kühe und Bullen. Sein Tod war zwischen Tierarzt und Farmer also schnell beschlossene Sache gewesen. Schneller, als er normalerweise beschlossen worden wäre. *Nach* der Produktion neuer Steaks und Rollbraten. Da hätte um sein Schicksal keiner gekräht. So aber erkor die weltweit vernetzte, für jedes Versprechen auf einen Skandal höchst empfängliche Gesellschaft ihn zum «Teil einer verfolgten Minderheit». Und binnen weniger Tage nach der Meldung in einem irischen Kleinstblatt war der Bulle eine globale Berühmtheit und seine Rettung das Kurzzeit-Lebensziel schwuler und nichtschwuler Bürger weltweit.

Er hatte Glück gehabt. Durfte man das so sagen? Das wollte ich wissen. Darum war ich hier. Von einem Magazin geschickt und den eigenen Fragen getrieben. Wusste man, was das war: Glück? Überhaupt? Und im Besonderen, für einen Charolais-Bullen? Der stand da, in seinem Asyl im britischen Norfolk. Knietief im frischen Stroh. Senkte im bedächtigen Rhythmus die lockige, unversehrt gebliebene Stirn, zog mit rauer Zunge Büschel von Heu aus der Raufe zwischen die Zähne und mahlte sie zu verdaulichen Fetzen. «Das einzige Geräusch auf der Welt, das so geldverschlingend wie wohlklingend ist.» So hatte ich es einmal zu Freunden gesagt, als wir im Stall standen und unseren Pferden beim Heufressen lauschten.

Ab und an hob der Bulle den Kopf und sah hinüber zu seinen Betrachtern jenseits des Gitters. Machte ein paar zögerliche Schritte auf die Absperrung zu. Im letzten Moment jeweils entschied er sich wieder anders, trabte rücklings zurück zum Heu. Floh zurück in das Gefühl relativer Sicherheit, das das Futter ihm bot. Er war hier noch nicht ganz zu Hause.

Gründerin der «Hillside Animal Sanctuary» ist Wendy Valentine, eine eher kleine, magere Dame mit dünner Stimme, tiefliegenden Augen und Stroh an den Kleidern und im ergrauenden Haar. Bevor Valentine Hillside eröffnete, hatte sie 1984 die Pferdestiftung «Red Wings» gegründet. Mit 1500 Pferden, Ponys, Eseln und Maultieren in seiner Obhut ist Red Wings das derzeit größte Asyl für Pferde und Ähnliche auf den Britischen Inseln. 1995 verließ Valentine die Organisation und unterwarf sich der selbstgestellten Aufgabe, von nun an die oft katastrophalen Bedingungen in der Farmtierhaltung und -schlachtung öffentlich zu machen. Das war das erklärte Ziel. Nebenher wollte sie vernachlässigten und misshandelten Farmtieren ein Zuhause geben. Heute beherbergt Hillside 300 Kühe und Ochsen, 1200 Pferde, 800 Hühner, Enten und Gänse, 150 Schweine. 500 bis 600 Schafe und Gänse, genau war das nicht mehr zu sagen. 60 Hunde. 50 Meerschweinchen. Kaninchen, deren Zahl ich zu erfragen vergaß. Zwei Strauße. Und den möglicherweise schwulen Bullen.

John Watson, Mitte vierzig, ehemals Steuereintreiber für die britische Krone, seit fünf Jahren Spendeneintreiber für Hillside, sagte:

«Andere Tierschutzorganisationen setzen sich ein Limit, nehmen vielleicht 100 oder 200 Tiere auf. Dann erklären sie sich für voll.» Weil ich glaubte, jene Spur von Triumph in seiner Stimme zu hören, fragte ich: «Und ist das nicht etwas Gutes? Wenn einer sein Limit erkennt und respektiert?» Watson zögerte. Sagte: «Natürlich, doch.» Sagte auch: «Aber wir setzen uns kein Limit. Wir expandieren. Wir strapazieren Grenzen. Wir mieten immer und immer noch ein paar Hektar Weidefläche dazu.» Im vergangenen Jahr waren es 500, in diesem werden es 800 Hektar sein. Als die britische Schwulenorganisation «The Gay UK» Hillside bat, Benjy aufzunehmen, sagten Valentine und Watson ohne zu zögern ja.

Bei seiner Ankunft in Hillside erwarteten ihn Journalisten. Nicht der ganz große Bahnhof, aber zwei, drei hatten sich hinaus in den Matsch gewagt, um sein Glück gebührend zu feiern. Was er nicht in der Lage war zu empfinden, machten sie mit ihrer Aufregung wett. Er selbst stand wie angefroren im Innern des Lastwagens und lauschte auf das Hin und Her und die Rufe. Als sich das Dunkel auftat und ein Schwall grauen Lichts in den Wagen fiel, fürchtete er es, wie er zuvor das Dunkel gefürchtet hatte. Wohin?

«Das Erscheinungsbild des Bullen soll ausgesprochen männlich sein. Er soll so ausgestattet sein, dass er seine ausschlaggebenden, reproduktiven Aufgaben erfüllen kann. Er sollte zwei große Hoden haben, und sein Körperbau muss ihm ermöglichen, sich frei in seiner Kuhherde zu bewegen.» Der junge Charolais erfüllte all diese Ansprüche. Darum hatte der Farmer in Mayo ihn auf dem Markt gekauft. Er legte seine Hoffnungen und seine Zukunft in dieses Tier, das er Benjy nannte. Tatsächlich bewegte Benjy sich unter den Kühen freier als jeder andere Bulle. Denn die Kühe waren ihm egal.

Der zu Hilfe gerufene Tierarzt war der Erste gewesen, der das Wort «schwul» fallenließ. Möglicherweise mit einem Augenzwinkern. Eine Art derber Herrenwitz unter derben Kerlen. Auf jeden Fall hatte der Farmer das Wort weitergetragen, wohin, konnte keiner mehr sagen. Nur dass die Geschichte einer rotwangigen Reporterin zu Ohren gekommen und kurz darauf in der Lokalzeitung zu lesen gewesen war: «Schwuler Bulle soll zum Schlachter!» Die Schlagzeile traf den irischen Tierschutzrecken John Carmody ins Herz. Er rief internetweit zur Rettung «Klein Benjys» und Spenden für «diesen unschuldigen Jungen» auf: «Als schwuler Mann weiß ich nur zu gut, wie es ist, gleichgültig behandelt zu werden! Darum hoffe ich, wir können Benjy eine zweite Chance geben und gleichzeitig auf die Probleme aufmerksam machen, denen alle Schwule auf der Welt gegenüberstehen.» The Gay UK stimmte ein: «Der arme Benjy soll geschlachtet werden, nur weil er schwul ist. Wo bleibt die Akzeptanz?» Ich las das und dachte: Und wo bleibt der Verstand? Darf man nach dessen Verbleib in diesem allseitigen Klima politisch korrekter Verblödung überhaupt noch ab und an fragen?

Noch in Nordfriesland hatte ich selbst einmal ein paar Jahre Kühe gehabt. Galloways. Schwarz gelockte, urige Fleischrinder, die ihren Ursprung im Südwesten Schottlands hatten. Meine zwei Galloway-Kühe kaufte ich von einem Bauern in meinem nordfriesischen Nachbardorf. Sie wurden dort geboren. Als ich sie erwarb, waren sie bereits stattliche Kühe, mit je einem neuen Galloway-Tier im Bauch. Der Bulle des friesischen Bauern funktionierte einwandfrei. Hauptsächlich hatten die Kühe der «biologischen Pflege» unserer Pferdeweide dienen sollen. Also: die Gräser und Kräuter fressen, die die Pferde verschmähten. Es kam dann aber natürlich auch so, dass wir unsererseits die Kühe fraßen. Beziehungsweise deren Kälber, sobald die eine wurstwerte Größe erreicht hatten. Für vier Kühe war unsere Weide erstens zu klein. Zweitens war es ein tolles Gefühl, neben Äpfeln, Stachelbeeren und Rhabarber nun auch Wurst und Steak aus dem eigenen Garten zu ernten. Auch wenn die Ernte von Letzterem mit mehr Aufwand und Unruhe verbunden war. Selbst schießen, was, wie ich fand, ihrem weitgehend natürlichen Dasein ein entsprechend, na ja, natürliches Ende gesetzt hätte, durfte man die Tiere nicht einfach so. Nicht mal mit Jagd- und Waffenbesitzschein. Die Nachbarn telefonierten schon einmal im Jahr den Amtstierarzt herbei, weil unsere armen Pferde auch den Winter auf drei Hektar Weide im Freien verbringen mussten, statt es, wie die Nachbarpferde, in einer kuscheligen Zwei-Quadratmeter-Box bei Radiomusik gemütlich zu haben. Nicht auszudenken, welchen Himmel und vor allem welche Hölle sie in Bewegung gesetzt hätten, wäre ich mit Büchse im Anschlag unter ihrem Wohnzimmerfenster langgepirscht und hätte auf meine Galloways angelegt. Als auf der Schwäbischen Alb vor Jahren ein Biobauer beantragte, seine Kühe selbst schießen zu dürfen, um ihnen das quälend furchterregende Erlebnis Schlachthof zu ersparen, vergifteten empörte Mitbürger ihm kurzerhand seine Herde. 15 Rinder starben. Leider blieben die Täter unbekannt. Es konnte sie also keiner nach der Logik ihrer Tat befragen.

Hatten die Kälber jeweils Schlachtreife erreicht, trieben meine Kinder und ich sie zu Pferd in einer Ecke der Weide zusammen und von dort auf den Schlachttransporter. Aber Nordfriesland war nicht Idaho. Und die Nachbarn, die von ihrem Wohnzimmerfenster unserem Treiben zusahen, waren keine Cowboys. Sie riefen den Amtstierarzt an. Der dann aus der Kreisstadt zu uns herausgefahren kam, vierzig Kilometer, zum soundsovielten Mal, unsere «Tierquälerei» prüfte, den Kopf schüttelte und müde sagte: «Die Leute sind Idioten!» Er meinte nicht unsere Nachbarn. Jedenfalls nicht speziell. Er meinte: überhaupt. Im Großen und Ganzen! «Und sie werden immer schlimmer. Es hat doch keiner mehr eine Ahnung, was natürlich ist und was nicht. Was Tiere *wirklich* brauchen! Und was eben nicht. Die Leute gehen von ihren eigenen Gefühlen und Bedürfnissen aus und glauben, sie können die eins zu eins übertragen. Was für ein Quatsch!» Aber rausfahren und prüfen musste er, wann immer ein Empörter ihn anrief. So stand es in seiner Amtstierarzt-Verordnung geschrieben. Ich musste an ihn denken, als ich in Norwich gegenüber diesem durch weltweite Empörung Geretteten stand. Und nicht wusste, ob ich mich stellvertretend für ihn glücklich fühlen sollte. Oder einfach nur müde.

Die Tierretterin Wendy Valentine kämpft mit unfassbaren, furcherregenden Zahlen. Kosten für Futter: wöchentlich 5000 britische Pfund, umgerechnet rund 6500 Euro. Kosten für Stroh / Einstreu in den ersten anderthalb Januarwochen: 26 000 Euro. Unterhaltungskosten für Hillside insgesamt: 65 000 Euro. In jeder Woche. Das sind knapp 3,5 Millionen im Jahr, die Valentine von ihren Anhängern und solchen, in denen sie auch nur entfernt einen möglichen Anhänger wittert, erbettelt. Valentine ruft sie an, schreibt E-Mails, versendet Rundschreiben. Letzteren liegt jeweils ein zusammenfaltbarer Pappstall bei, mit ringsum aufgedruckten Tieren und Geldschlitz im Dach. Der Empfänger möge ihn bitte in seinem Haus aufstellen, mit entbehrlichen Münzen füllen und anschließend zurücksenden, die Tiere danken! Valentine lässt Videos drehen und stellt sie auf YouTube. Herzergreifende Filme von kahlen Hühnern, die auf wunden Füßen vorsichtig über Drahtgitter taumeln. Zornig machende Filme von dürren, hohläugigen Pferden und Kühen, die bis zu ihren Bäuchen in Schlamm und in Scheiße stehen. Und wenn es noch nicht die Bilder sind, die den Betrachter zu Tränen treiben, dann besorgt das spätestens die Musik.

«Wendy ist dreist», sagte John Watson. «Wendy wagt sich so weit vor wie sonst keiner.» Er meinte: tieresammelnder-, bettelnderweise. Er sagte: «Manchmal wird es den Anhängern zu viel. Kann man verstehen.» Andererseits, wie sollten sie den Tieren helfen, wenn nicht mit der Hilfe aller? Und helfen müssen sie, dazu sehen sie keine Alternative. Der griechische Philosoph Plato vergleicht die Seele des Menschen mit einer Kutsche: Der Verstand ist der Fahrer, die Gefühle sind die Pferde. Das Leben, schließt Plato, ist ein beständiger Kampf, die Pferde unter Kontrolle zu halten. Anders riskiert man, dass sie einen über das Ziel hinaus-, hinein ins Verderben reißen. Bisweilen nimmt Hillside die ehemaligen Bewohner von Tierasylen auf, die ihre finanziellen Mittel und ihre Kräfte überschätzt haben.

Für Benjys Rettung erbettelte Hillside zusammen mit The Gay UK umgerechnet 6000 Euro. Innerhalb von 28 Tagen. Sam Simon, Erfinder der Comic-Familie *The Simpsons* und unheilbar an Krebs erkrankt, gab noch einmal so viel. Rund 3000 Euro fraß Benjys Transport. Wie viel hatte der irische Farmer eingesteckt? John Watson zog vor, es nicht zu wissen. Wer es wusste, war mein Schlachter, daheim, in Irland. Wo jeder überhaupt alles über jeden weiß. «5000 Euro hat dieser Hund für das Vieh bekommen!», brüllte der Mann mit dem Messer in der Hand und lachte. «Fünf! Tau! Send! Für die nutzloseste Kreatur von allen!» 800 hätte dem mit Glück ein Metzger gezahlt. «Nicht mal zum Schlachten war das Vieh gut genug!» Der Schlachter zuckte mit den weißen Kittelschultern. «Da war nix dran.»

Es ging Befriedigung davon aus, den einst zum Tode Verurteilten hier im frischen Stroh waten zu sehen. Ein Wohlbehagen, das sich von dem Bullen auf einen selbst, den Betrachter, übertrug. Oder? War es nicht doch eher so, dass der Bulle zu diesem Grad des Wohlbehagens, das man ihn betrachtend empfand, selbst gar nicht fähig war? Dass man das Behagen quasi stellvertretend für ihn empfand? Und wenn es so war, war das erheblich? Neurologen der Emory Universität in Atlanta, im US-Bundesstaat Georgia, fanden in einer Testreihe heraus, dass, wenn ihre Probanden anderen halfen, in deren Gehirnen kurzfristig dieselben Areale aktiviert wurden, die aktiv waren, wenn die Probanden eine Belohnung erhielten oder ein generelles Behagen empfanden. Nur war dieses Behagen eben nicht von Dauer. Und ich fragte mich, ob auch das ein Grund, ob es möglicherweise der wahre Grund war, warum Wendy Valentine (und so manche andere) immer neue, immer mehr Tiere retten musste: um das eigene, flüchtige Gefühl von Behagen immer neu zu entzünden. Und sich so selbst zu belohnen.

Leider war auch die Frische des Strohs nicht von Dauer. Früher oder später würde der Bulle zu einem Behagensverfall beitragen. Dem eigenen, womöglich. Und garantiert zu einem Verfall des Behagens seines Betrachters. Als Kind spürte ich Verzweiflung, wenn andere, offenbar weniger feinsinnige Menschen nach frischem Schneefall die reinweiße, perfekte Decke mit ihren Fuß- oder Reifenspuren zerstörten. Fast schon einen aus Hilflosigkeit geborenen Hass. Konnten Benjys Retter sich gegen ein ähnliches Gefühl dauerhaft wehren? Musste sie dessen Gleichgültigkeit gegenüber seiner Rettung und seinen Rettern nicht enttäuschen? Watson lachte, als sei das eine blödsinnige Frage.

In irischen Schlachthäusern sterben jährlich 1,55 Millionen Rinder allein für den menschlichen Verzehr. Im britischen Königreich töten Schlachter in jedem Jahr 2,6 Millionen, in Deutschland 3,22 Millionen. In den drei Ländern zusammen werden pro Tag mehr als 20 000 Kühe geschlachtet. Die meisten von ihnen, davon darf man ausgehen, sind heterosexuell. Und hier stand und mampfte dieser eine Gerettete und verschmutzte sein Stroh. Zehrte gleichgültig an den Reserven seiner Retter, ohne überhaupt nur zu ahnen, wie glücklich er war. Während Tag für Tag 19 999 andere starben. Durfte man das Erfolg nennen? War es vernünftig? Oder war es, wie Watson sagte, Benjys Recht? Nicht lange nach seiner Ankunft in Norfolk zeigte der Bulle auf einmal Interesse an Kühen. Er ist jetzt kein Bulle mehr. Watson ließ ihn kastrieren, rechtzeitig, bevor er tat, was ein Bulle tun muss, und Hillsides Kühe deckte. Glück gehabt.

RÄUBER

«ALLES IDIOTEN», brummte der Mann, den sie den «Räuber» nannten. «So ein toller Hund, aber sie lassen ihn links liegen. Das kapiert man doch nicht.» Der tolle, aber von den Käufern links liegengelassene Hund war jetzt vierzehn Wochen alt. Eine Deutsch-Kurzhaar-Hündin, einfarbig braun. Ihre ersten Geschwisterwelpen hatte er schon im Verlauf der vergangenen sechs Wochen verkauft, den letzten gerade am Vortag. Auswahl gab's also nicht. Es musste Henni sein, so hatte er die Verschmähte auf dem Papier genannt, oder gar kein Hund. Jedenfalls nicht jetzt, hier, von ihm. Wollte ich von ihm einen Hund, aber nicht diesen, etwa: weil ich genauso ein Idiot war wie die anderen Welpenauswähler vor mir, musste ich auf den nächsten Wurf warten. «In zwei Monaten, denke ich mal, lasse ich meine andere Hündin decken.» Plus zwei Monate Tragzeit, plus zwei Monate bei der Mutter. Ergo: Vor einem halben Jahr wäre hier kein Welpe für mich zu holen.

Ich zögerte. Der Welpe wirkte gesund. War freundlich. Körperlich korrekt. Zwei wache Ohren, helle Augen, gerader Rücken, vier gerade Beine. Kam aus einer vielbestaunten, preisgekrönten Jagdhundelinie. Aber was wusste ich, von solchen Oberflächlichkeiten mal abgesehen, schon über Deutsch-Kurzhaar. Oder andere Jagdhundgenossen. Nichts! Ich war also, was die geschätzte Jagdtauglichkeit eines Welpen betraf, auf seine Papiere und die Ehrlichkeit seines Züchters und Verkäufers angewiesen. Und diesen Züchter und Hundeverkäufer hier nannten sie den «Räuber». Einmal hatte ich den Schießstandbären gefragt, warum. Er hatte mich angesehen, fassungslos über meine Unbedarftheit, und zurückgefragt: «Mensch, Antje, warum wohl?!» Mehr hatte er nicht zu sagen. Viel mehr hatte auch keiner der anderen Jäger jemals zum Räuber zu sagen. Aber der Tonfall, mit dem sie das wenige sagten, genügte. Diese Mischung aus Furcht, Verachtung und einer widerwilligen Art der Bewunderung. Mit diesem Tonfall hatten sie mich, aller Wahrscheinlichkeit nach unbeabsichtigt, an der Angel.

Und dann gab es doch einen, der über den mysteriösen Mann im Koog sprach. Er lächelte erst versonnen, legte gleich darauf aber die Stirn in Falten und seufzte: «Ach, Justus, ja.» Das war sein Name. Der wahre. Bevor dieser Mysteriöse für alle zum «Räuber» geworden war. Außer für Karl, meinen Waffenlehrer.

Ein Mann, der seinen eigenen, lange verhaltenen Groll gegen die Jägerschaft hegte. Aus welchen Gründen auch immer. Der «anders» als die anderen war. Allerdings nicht so sehr und so offen, dass er riskiert hätte, sich damit zu schaden. Sondern in haargenau dem richtigen Maß. Gerade so «anders», dass er sich ihnen nicht zugehörig fühlen musste und doch als Gleicher angenommen werden konnte. Eine Balance, um die ich ihn – und jeden anderen, der dieses Kunststück fertigbrachte – beneidete. Ich war zu dieser Balance nicht in der Lage. Nicht bei den Jägern. Und auch sonst kaum je irgendwo im Leben. Das lag nicht daran, dass ich mich nicht um Balance bemühte. Vielmehr war es so, dass, je verzweifelter ich mich um sie bemühte, ich umso mehr aus der Balance geriet. Ich dachte: Vielleicht war es diesem Justus einmal genauso gegangen. Vielleicht hatte auch er sich um diese sagenhafte Balance bemüht. Und dann, als sie ihm wieder und wieder verlorenging und er erkannte, dass sie für ihn nicht zu erreichen war, sich dazu entschieden, dauerhaft darauf zu pfeifen. In jedem Fall klang das, was ich über ihn hörte, interessant. Geradezu sympathisch.

Karl nannte ihn niemals «Räuber». Immer nur Justus. Auch mal «mein Freund». Wenn auch mit dem Zusatz: «So weit man mit Justus befreundet sein kann.» Beides nahm mich für beide Männer ein.

Für Karl: weil er wohl sah, dass mit Justus, vorsichtig gesagt, nicht alles im grünen Bereich war. Und sich dennoch – oder gerade deswegen – zu seinem Freund erklärte. Wegen der vielen ungrünen, schwierigen Stellen. Ich dachte: So einen Karl hätte ich auch gern in meinem Leben. Der mich liebt, *obwohl*. Besser noch: *gerade deswegen*. Ich hatte immer verstanden, das sei zu viel verlangt, schon von Kindesbeinen an. Und hast du das erst mal kapiert, als Kind, kriegst du es auch später kaum raus. Dann bist du es, lebst du es. Deine verfluchte Wertlosigkeit. Nichtswürdigkeit. Oder wie willst du das anders nennen?

Für Justus nahm mich ein: dass er so ungrün und schwierig war. Einer, mit dem man, wenn überhaupt, nur unter den tollsten Schmerzen befreundet sein konnte. Und der offenbar darauf schiss. So wie er darauf schiss, was die anderen über ihn erzählten. Er schien sogar auf eine trotzige Art stolz darauf zu sein. Seinen Hundezwinger hatte er «von Räubersruh'» genannt. Kamikaze! Ich dachte: So weit muss man es erst mal bringen!

Es war Karl gewesen, der mich letztgültig zu Justus in den Koog geschickt hatte. Mit den Worten: «Wenn du einen guten Hund willst, schau dir unbedingt seine an.» So ungefähr. Bis dahin hatte ich nur von Justus gehört, ihn nie getroffen. Er kam nicht auf den Schießstand, ging nicht zu den geselligen Abenden, nicht zum alljährlichen Jägerball. Ging nirgendwohin, niemals. Er blieb unsichtbar. Hielt sich fern. «Alles Idioten!» Das war sein pauschales Urteil, nicht nur die Hundekäufer betreffend.

Der «Räuber» sah dann genauso aus: eher klein, kräftig. Gestiefelt. In Bundeswehrhosen und ebensolchem Pullover. Hohe Stirn, das Haar grau und leicht wirr, grauer Vollbart. Die Brauen schwarzgrau und buschig. Über den äußeren Augenwinkeln wild nach oben geschwungen. Was ihm schon genug Verwegenes gab. Dazu noch der Blick: grimm. Wer hatte mich zu ihm geschickt, Karl? Nun gut. Kannte ich Hunde? Hatte ich schon mal einen besessen? Was wollte ich überhaupt mit dem Hund? «Hoffentlich nicht auf Treibjagd gehen!», knurrte der Mann, der für mich noch immer der «Räuber», noch lange nicht Justus war. «Ihn auf der Treibjagd verhunzen. Oder womöglich gleich von so einem Möchtegernjäger über den Haufen knallen lassen.» War Karl mit seinem geliebten Dackel passiert. Und zwar: erst kürzlich. Wusste ich das? Ich nickte, Karl hatte es mir erzählt.

Er hatte seinen hirschroten Kurzhaardackel mit auf eine Gesellschaftsjagd genommen. Zwar im heimischen Forst, aber mit ein paar ihm unbekannten Gästen. Einen Jagdschein hatten sie, waren auch offiziell eingeladen von Magda und Mann, Karl hatte also davon ausgehen müssen, dass er ihnen vertrauen konnte. Mittlerweile fiel ihm offensichtlich schwer, sich seine Leichtgläubigkeit zu verzeihen. Er war also mit ihnen losgezogen. Hatte im Wald wie immer seinen Hund abgeleint und in den Fuchsbau geschickt, damit er den Fuchs heraustrieb. Den vor dem Ausgang wartenden Gästen direkt vor die Flinten. Dann kam der Part, bei dem Karls Stimme zu zittern begonnen hatte. «Es ist deine verfluchte erste Pflicht als Jäger, dich im Griff zu haben. Abzuwarten. Nicht auf alles zu ballern, was sich bewegt! Ganz egal, wie sehr dir die Knie zittern und dein verdammter Finger am Abzug juckt!» Ob diese Gäste das nicht wussten oder ob es ihnen egal war – war ja nicht ihr Hund –, da könne er letztlich drauf scheißen. Das Ergebnis blieb das gleiche: Auf der Walderde vor dem Bau hatte nicht der Fuchs gelegen, sondern Karls toter Dackel.

Der Hundekiller hatte sich wortreich entschuldigt. Und Karl hatte ihm, in Anwesenheit der Kameraden und unter Wahrung der Etikette, die Hand geschüttelt. Dann war man auseinandergegangen. Der eine, hoffentlich, in dem Wissen, dass er jetzt einen Todfeind hatte. Aber vielleicht war der selbst dazu zu blöde. Eine Vorstellung, die Karl quälte. «Denn selbstverständlich werde ich das diesem Idioten nimmer und nimmer verzeihen!», hatte er gerufen, als er es mir erzählte. Und schon gar nicht, das war offensichtlich, verzieh er es sich selbst.

Justus nickte. Zuckte aber gleich darauf in Selbst-Schuld-Manier mit den Schultern. «Was geht der auch mit den Idioten los.» Er selbst? Niemals mehr! Das hatte er sich schon vor Jahren geschworen. Aus gutem, aus dem besten Grund: Erfahrung. «Wenn ich zur Treibjagd eingeladen werde, weiß ich, ich soll mit Idioten losziehen. Wenn ich auf Treibjagd war, weiß ich, ich bin mit Idioten losgezogen.» Dazwischen gab's für ihn nichts. Auf Jagd ging er nur noch allein. Beziehungsweise: mit Hund. Eingeladen wurde er ohnehin nicht mehr, war ja klar.

Ich dachte: Na bitte, kann mir doch nur sympathisch sein. Er sah mir das sicher an. Hatte wohl auch von Karl die ein oder andere Geschichte gehört. Von meiner Jägerwerdung. Und wie und warum die beinahe in die Hose gegangen war. «Auf Treib- oder sonstige Gesellschaftsjagden werde ich ganz bestimmt nicht eingeladen.» Das sagte ich so. War also keine Gefahr für den Hund. Na bitte, konnte ihm schon mal alles sympathisch sein. Aber er war eben keiner, der sich leichten Herzens für andere erwärmte. Seine Frau konnte davon ein Lied singen. «Wenn du den Hund nimmst, helfe ich dir», brummte er. Bei der Ausbildung. «Wir treffen uns jeden Samstagvormittag an meinem Schuppen. Ziehen dann raus in die Felder. Unterordnung. Suche. Nachsuche. Bringe ich euch alles bei.» Es waren noch andere Junghundebesitzer mit von der Partie. «Schlägst du ein?» Ich schlug ein. Legte vierhundert Euro auf seinen Küchentisch, und Henni war meine. «Du hast den besten Hund aus dem ganzen Wurf bekommen», sagte Justus. Und ich konnte sehen: Er meinte es so. «Ach was, nicht nur aus dem

Wurf. Ich schwöre dir, das ist mein bester Welpe seit Jahren. Hab lange keine gesehen wie die.» – «Warum war dann ausgerechnet sie bis zuletzt da?» Das musste ich Zweiflerin fragen, nie restlos von meinem Glück überzeugt. Justus zuckte mit den Schultern. Missmutig. «Was weiß ich. Weil die Menschen Idioten sind», brummte er.

Justus, Henni und ich, wir gehörten also irgendwie zusammen.

JAGDGERICHT

LEHRTE MAN UNS im Jagdkurs das Töten? Mitnichten. Man lehrte uns, eine Waffe zu laden, zu halten, man lehrte uns, mit ihr zu zielen. Und, hoffentlich, zu treffen. Mehr nicht. Das Töten, den Willen und die Fähigkeit, auch die letzte Grenze zu überschreiten, brachten wir von allein mit. Töten konnten wir schon. Wir alle.

Bevor Magda uns gestattete, unser Können unter Beweis zu stellen, lehrte sie uns zu nutzen, was wir erlegen würden. Tierleiber öffnen, Därme entnehmen, Häute abziehen, Körper in Stücke schneiden. Für uns hieß das: aufbrechen, ausräumen, aus der Decke schlagen, zerwirken. «Die Jägersprache ist eine so schöne Sprache», schwärmte Magda mal wieder. Blumig, blutleer, befriedet. Die Wörter losgelöst vom Geschehen. Wir trafen uns Samstagfrüh um acht, in der Halle des Dachdeckers, um die blumig-leeren Worte mit Blut zu füllen. Sozusagen. Auf Tannengrün über dem Betonboden betteten wir ein frisches Schwein, zwei seit Tagen gekühlte Hasen, etwa dreißig Wildkaninchen, eine tiefgefrorene Schnepfe. Hintereinander, nach Arten geordnet. Wir «legten die Strecke», brachten die Toten in Reih und Glied. Der Autoverkäufer sah jämmerlich aus.

Magda nutzte die tote Sau für eine kurze Zwischenprüfung: «Wie heißen die Augen des Schwarzwilds?» Wir Fremdsprachenschüler sahen einander betreten an. Schließlich traute sich einer, vorsichtig zu fragen: «Seher?» Der Erleger des Schweins quittierte den Vorschlag mit einem verächtlichen Blick. «Oder Augen?», murmelte ein Zweiter. Magda tat, als habe sie ihn nicht gehört. Aber schon so, dass man wusste: Sie hörte hier sehr wohl alles, also Vorsicht! «Hat jemand noch einen Vorschlag?» Unser Eiferer meldete sich zu Wort: «Lichter!» Fragezeichen? Kannte einer wie er nicht. «Wir klären das später», schnarrte Magda.

«Wir werden jetzt einen Jagdtag durchspielen», ordnete sie an. «Mit Jagdleiter, Jagdherrn, Hundeführern, Treibern und Jagdbläsern. Ich habe die Rollen auf Lose geschrieben. Jeder von euch zieht eine Aufgabe aus meinem Hut. Bei uns geht es demokratisch zu.» Sie nahm jeweils zwei der gefalteten Zettel, legte sie in dem umgedrehten Hut zurecht, trat an einen von uns Schülern heran, zeigte auf einen der beiden Zettel und bestimmte: «Du nimmst den.» Ich verlor kurz die Fassung. Rief: «Mauschelei!» Warum, weiß ich nicht. War es Mut oder Blödheit? Beides ist ja oft schwer, wenn überhaupt, voneinander zu unterscheiden. Als Kind, wenn ich mich zur Wehr setzte gegen eine empfundene Ungerechtigkeit oder ungefragt meine Meinung sagte, was vorkam, höhnte meine Mutter: «Hättest du dein Maul gehalten, hätte ich dich für klüger gehalten.» Der Spruch, wenn er pädagogisch gemeint war, hatte den umgekehrten Effekt: Er befeuerte nur mein ohnehin schon hell loderndes Verlangen, meine Blödheit immer aufs Neue unter Beweis zu stellen. Schade.

Jetzt lähmte mich Magda mit einem Blick. Mitten ins Nervensystem. «So einen Vorwurf verbitte ich mir!» Ich verstand: Die Rangordnung in der Gesellschaft darf nicht dem Zufall überlassen werden. Und zog brav meinen Zettel. «Landrat». Ein Ehrengast. War das nun gut? Oder eine Falle? «Bitte aufstellen!», schrillte Magda. «Jeder nimmt seinen Platz an der Strecke ein.»

Ein Gewühl und Geschubse begann. Allgemeine Ratlosigkeit. Wer hatte hinter den Toten zu stehen? Wer davor? Wer oben, wer unten? Ein Lehrbuchgeblätter entbrannte. Auf welcher Seite, verflucht, war noch mal die Skizze der korrekten Jagdgesellschaftsaufstellung? «Die Bücher wegpacken!», kreischte Magda. Ich, Landrat, bezog demütig Stellung am Schnepfenhintern. War selbstverständlich falsch. Dem Wild ins «Waidloch» sahen die Treiber, die Hundeführer, die Bläser. Aber doch bitte niemals der Ehrengast. Ich sollte es erst bei der Abrechnung am Abend erfahren. Fürs Erste blieb ich die Einzige, deren Fehlstand Magda nicht korrigierte.

«Und jetzt nimmt sich jeder ein Seil und ein Stück. Die Kaninchen zuerst.» Sie hielt den jämmerlichen Nistkastenbauer am Arm zurück. «Halt, nein, du nicht, stell dich hierher. Neben mich.» Er atmete leichtsinnig auf. Wir anderen bitte: Eine Schlinge um jeden Hinterlauf binden und das Tier mit den Löffeln nach unten an den Stahlträger hängen und öffnen. Ich hatte mein Messer vergessen. Kostete Strafe, fünf Mark. Gott sei Dank hatte das gute Kind zwei und war bereit, eins davon an mich zu verleihen.

Stich unters Waidloch, den Hinterausgang des Wildtiers. Zwei Finger in das frische Loch, unter die Bauchdecke schieben und zwischen den Fingern die Haut bis zum Brustbein durchtrennen. «Aufschärfen». Der Kanincheninhalt quoll heraus. Rot, blau, braungrau. Es floss kaum Blut. Ich griff Därme, Magen, Schlund, Leber, Nieren, Herz, alles hing zusammen, alles musste in einem der Hülle entrissen werden. «Gescheide». Wir sortierten die Masse in Essbares und Müll. Die kleinen Lebern füllten bald einen Eimer. Was fühlte ich? Technisch kaltes Interesse. Der Körper, sein Inhalt, sie waren ihrer Funktionen beraubt. Jetzt, wo das Leben die Hülle verlassen hatte, fiel es schwer, es zurück hineinzudenken. Fast war es unmöglich. Mit jedem Leib, den ich auftrennte und aushöhlte, schien es, als verlöre das Leben mehr an Bedeutung. Und mit ihm der Tod. War es das, was mich hierhergelockt hatte?

Später erzählte mir eine Medizinstudentin von ihrem ersten

Anatomieunterricht in der Pathologie. Sie erzählte, wie sie und ihre Mitstudenten mit all den aus den Körpern getrennten Menschenaugen, gesammelt in einem Marmeladen-Eimer, ihren Unfug getrieben hatten. So eine Masse von Augen. In einem Marmeladen-Eimer. Das sah einfach zu komisch aus, war einfach zu verlockend. Ich halte diese Studenten nicht für kaltherzig oder «böse». Was ich glaube, ist: Wir sind alle bemüht, den Tod auf Distanz zu halten. Auf die ein oder andere Weise. Natürlich, im Nachhinein war die Studentin über sich selbst erschrocken. Und doch musste sie kichern, als sie es erzählte.

Wir mussten jetzt die Kaninchenhülsen entkleiden. Dazu bitte: die Hinterläufe gleich unterhalb der Pfoten umschneiden, den Balg am Schnitt packen, langsam herunterziehen, die Schwanzwurzel mit dem Messer durchtrennen, weiterziehen. Die Haut in einem Stück über den Bauch, die Rippen, die Vorderläufe herunterkrempeln. Voilà! Jemand wedelte mit einem Kaninchenkleid: «Gebrauchte Garderobe zu verkaufen, nur einmal getragen!» An den Stahlträgern baumelten kopfüber die Nackten. Ernest Hemingway schreibt in *Tod am Nachmittag*, seiner Hommage an den spanischen Stierkampf, dass in der Tragödie dieser Kämpfe der Tod oft grotesk daherkommt, geradezu komisch. Als die komischste Gestalt erscheint ihm das Pferd des Pikadors. Wie es, sein Leib von den Hörnern des Bullen aufgerissen, seine letzten Runden in der Arena läuft. Eine Schleppe von Eingeweiden mit sich ziehend. Ich dachte: Diese Kaninchen hier haben ein bisschen davon. Eine Hemingway'sche Tragikomik.

Dem Nistkastenbauer, sich kurz und blöde in Sicherheit glaubend, hatte Magda das Schwein reserviert. Den größten Leichnam von allen. Sie kannte ganz offenbar ihre Pappenheimer. Seine Gesichtsfarbe wechselte von rosig über blass zu gelbgrün. Er trat an die borstige, kopfüber hängende Leiche, hob das Messer und ließ es wieder sinken. «Ich kann nicht», flüsterte er. Sie, mit erhobenen Brauen und erhobener Stimme, ging ganz in ihrer Rolle als Mutter auf. «Natürlich kannst du! Durchatmen! Messer ansetzen!» Sie sprach jetzt ausschließlich mit Ausrufezeichen. Im Tonfall der Fremdenlegion. «Du willst doch mal einer von uns sein!» Der Autoverkäufer schien sich nicht länger sicher. Er setzte mit zitternder Hand die Klinge an, drehte das Gesicht zur Seite. Er zog und schob die Klinge blind durch die Schwarte. Abwärts. Das Schwein klaffte auf, und sein Inhalt fiel heraus. Gestank füllte binnen Sekunden die Halle. Der Nistkastenbauer taumelte rückwärts und erbrach sich. Unsere so mühsam erwirkte Distanz zum Tod war nicht für jeden und unter allen Umständen zu schaffen.

Nach dem «Zerwirken» rechneten unsere Ausbilder ab. «Jagdgericht». Vor dem standen wir jetzt alle. Der Sautöter klagte einen nach dem anderen an, Magda versagte als jedermanns Verteidigerin, der Richter befahl alle zur Kasse. Das Jägerwort für Augen der Sau nicht gewusst: kostete jeden zehn Mark. Ohne Hut auf dem Kopf an die Strecke getreten: fünf Mark. Das Waidloch des Hasen Arschloch genannt: zwanzig Mark. In Blau gekleidet Karnickel zerschnitten: zehn Mark. Magda beim Verteilen der Lose der Mauschelei bezichtigt: zwanzig Mark. «Zahlt jeder pauschal hundertfünfzig Mark», schlug der Richter vor. «Dann kommt ihr billiger weg.» Der Eiferer und sein gutes Kind lachten hell. Den Ärmeren unter uns schwoll die Wut das Gesicht.

WILD

IDAHO 2017

OBERHALB VON AVERY kommt dann nur noch Wildnis. Die Straße, die hier in den schneefreien Monaten ein Highway ist, der hoch in die Berge bis nach Montana führt, ist jetzt eine breite, stille Piste ins weiße Nichts. Zur Linken zieht sie sich in Serpentinen an einer bewaldeten Felswand entlang, zur rechten, in zunehmendem Abstand, rauscht unter ihr der Saint Joe River. Zu beiden Seiten des Flusses erheben sich düster und dicht die Fichten. Der kleine Ort Avery war einst Teilungspunkt der pazifischen Erweiterung der «Chicago, Milwaukee, St. Paul and Pacific Railroad» (Milwaukee Road), einer Bahnlinie durch den Mittleren und Nordwesten. Die Züge hielten im Depot, das jetzt im Nationalen Register Historischer Orte aufgeführt ist, und wurden auf Dampf- oder Diesellokomotiven umgerüstet oder an Elektrolokomotiven angeschlossen. Als die pazifische Erweiterung der Milwaukee Road 1980 pleiteging, erfuhr auch Avery einen Absturz ins wirtschaftlich Bodenlose.

Jetzt leben noch fünfundzwanzig Leute permanent hier. Im Sommer sind es ein paar mehr, Arbeiter für die US-Waldbehörde und Sommerhausbesitzer entlang des Saint Joe Rivers. Eine Schule gibt es schon lange nicht mehr, und die letzte Kneipe ist 2014 abgebrannt. Unter «mysteriösen Umständen». So stand es mysteriös in der lokalen Zeitung. Eine Feuerwehr hatte Avery zu der Zeit schon nicht mehr. In der Nähe campierende Waldarbeiter hatten das Feuer daran gehindert, sich in die umliegenden Wälder zu fressen. Wir passieren den Ort, der kaum noch als solcher zu erkennen ist. Ein paar hundert Meter außerhalb bringt Robert den Truck mit Anhänger in einer Parkbucht zum Stehen. Der Schnee links und rechts der Piste scheint metertief. Seine Tochter packt die Brote, Butter, den Schinken, Käse, ein paar Tomaten und das Buttermesser aus und beginnt, auf dem Rücksitz Sandwiche für uns alle zu schmieren. Ich bin für jede Verzögerung dankbar und bemüht, mir das nicht anmerken zu lassen.

Gibt's hier ein Klo? Ich muss das fragen. «Möglicherweise dahinten, im Ort», sagt Marilyn zögerlich. Zwanzig Minuten zu Fuß. «Warum gehst du nicht hinter dem Schild da?» Sie würde das so machen. Sobald sie hier mit den Sandwiches fertig sei. Ich sehe zu der mannshohen Tafel gleich neben dem Truck. Hinweise auf die Schön- und Besonderheiten dieser großartigen Natur. Na, meinetwegen. Der Natur eine Besonderheit hinzuzufügen, erweist sich dann als nicht ganz so einfach. Der Schnee jenseits der geräumten, festgestampften, geglätteten Straße frisst mich bei jedem Schritt bis zu den Knien. Oder auch bis zu den Hüften. Schon auf den zehn, zwanzig Metern bis zu meinem erwählten Pinkel-Schild gerate ich in einen zermürbenden Kampf mit der großartigen Natur. Wie soll ich unter solch widrigen Umständen hier die Hosen herunterlassen können?! Es geht dann aber. Als ich es zum Truck zurückgeschafft habe, bin ich erschöpft, und meine Jeans ist bis hoch zu den Knien durchnässt. Andersherum wäre es schlimmer. Aber trotzdem.

Robert hat derweil die Schneemobile abgeladen und ist mit jedem ein paar Meter die Piste auf und ab gebraust. Nur so, zur Probe. Oder um schon mal Dampf abzulassen. Mit den Maschinen jedenfalls ist alles in Ordnung. Roberts Laune, die ohnehin schon grandios gewesen war, scheint bei jeder Rückkehr noch um ein Vielfaches grandioser. Er strahlt. Summt. Brüllt voll der schönsten

Vorfreude dies und das vor sich hin. Das hier ist seine Welt. Sein Element. Er öffnet einen Exmarmeladeneimer, weiß, mit Deckel, und zeigt mir den braunen, pastigen Inhalt. Frohlockt: «Kennst du das?» Zu seiner Zufriedenheit kenne ich's nicht. «*Castoreum.* Sekret aus den Biber-Drüsen. Die Biber markieren damit ihr Revier.» Ich schnuppere. Es riecht nicht weltbewegend. «Wird auch in der Parfümherstellung benutzt. Ich habe gelesen, es verleiht eine tierische Note.» Robert zwinkert. «Lockt Männer an.» Er aber! Lockt damit die Wölfe. Und zwar erfolgreich. «Die sind verrückt danach!»

Später lese ich: In den USA, wo die Behörde für Lebens- und Arzneimittelsicherheit (Food and Drug Administration) so ziemlich alles zum sicheren Nahrungsmittel erklärt, solange es noch keinen umgebracht hat, lassen sie das Sekret auch als Essenszusatz zu. Als «natürlichen Aromastoff». Es ersetzt hauptsächlich Vanille. Seltener Himbeeren und Erdbeeren. Was mir meinen Verdacht bestätigt, dass du den Leuten heutzutage alles als jeden Geschmack verkaufen kannst. Wenigstens in Amerika.

Robert presst den Deckel zurück auf den Eimer und zurrt Letzteren auf dem Gepäckträger fest. Er lacht schon wieder. Eine tolle Geschichte fällt ihm gerade ein. Nämlich wie ihm, dem Oberglückspilz, einmal der beste Wolfsköder überhaupt in die Hände fiel. Tausendmal besser noch, weil um ein Vielfaches effektiver als das Biberzeugs hier. Und genaugenommen fiel er ihm nicht in die Hände, er fiel ihm vor die Füße. Unverhofft, aus einem kopfüber in seiner Werkstatt hängenden Wolf. «Der kotzte!», brüllt Robert froh. «Hatte sich, bevor ich ihn über den Haufen schoss, an einem Hirschkalb überfressen und kotzte jetzt, noch wo er tot war, das halbverdaute Kalb wieder aus. Einen riesigen Haufen, der stank wie die Pest!» Was für ein Gottesgeschenk. «Hast du einen Hund, dann weißt du, wie verrückt die nach Kotze sind. Nach der eigenen, nach der von anderen noch viel mehr. Wölfe sind genauso.»

Robert, im Glück, kratzte den Schatz zusammen und schaufelte ihn in einen Marmeladeneimer.

Jetzt nimmt er das Gewehr aus dem Wagen. Eine Büchse mit schönem, braunrot gemasertem Holzschaft, langem Lauf und Zielfernrohr. Ein Jagdgewehr, wie ich es selbst gern mal besessen hätte. Keine von diesen halbautomatischen Knarren, die aussehen, als seien ihre Träger nicht zur Jagd, sondern zum nächsten Schulmassaker unterwegs. Robert setzt den Schalldämpfer auf die Mündung, zielt in einen Schneehaufen, schießt. Zielt und schießt ein zweites Mal. «Um zu sehen, wie sehr und in welche Richtung der Schalldämpfer den Flug der Kugel verfälscht.» Damit er das ausgleichen und sicher treffen kann. Wenn es erst so weit ist.

Er schmeißt ein paar blutige Hirschohren auf die Fußrasten des Schneemobils. Marilyn kommt hinter dem Schild für die Naturschönheiten hervorgestapft. Wir sind so weit. Zeit, mich in die Kunst des Schneemobilfahrens einzuweisen, Robert hat es schon mal gestartet. «Also», sagt er, dreht erst an dem einen Handgriff und drückt dann den anderen. «Hier rechts ist das Gas, und da links ist die Bremse. Und mit dieser roten Taste kannst du das Ding komplett abwürgen, für den Fall, dass du Scheiße baust oder die Kacke sonst wie am Dampfen ist. Aber das wirst du nicht brauchen.» Und das war's. Mehr hat er nicht zu sagen. Ich setze den Helm auf, ziehe die Handschuhe an. Marilyn nickt. Robert brüllt: «Auf geht's! Schnappen wir sie uns!», springt auf sein Höllengerät und braust davon. Einfach so. In die weiße Wüste hinein. Mit hundert Sachen. Auf den Fußrasten über der Sitzbank stehend, linkerhand Felsen und Fichtenwaldfinsternis, rechts, in der Tiefe, der Saint Joe River, schäumend und gurgelnd. Jetzt, im Februar, wo er ein Wildwasser ist, die Tauwasser der vergangenen Tage aus Idahos Bitterroot-Bergen mit sich reißend. Ich denke: Guck da nicht runter, sieh bloß nicht hin. Nur leider lässt sich dagegen nichts machen.

Ein Schneemobil ist ein Motorrad auf Kufen. So ungefähr. Schneemobilfahren ist Motorrad- und Skifahren kombiniert. Wahrscheinlich. Genau kann ich's nicht sagen, ich bin weder Motorrad noch Ski gefahren. Jemals. Von daher denke ich jetzt: Es ist eine unglaublich blöde Idee, zwei diffizile Fortbewegungsarten miteinander verbinden zu wollen, wenn man nicht einmal *eine* von ihnen beherrscht. Oder sich jemals an ihr versucht hat. Aber nun ist es zu spät, weil ich schon auf dem Ding drauf bin. Robert vor mir. Hinten Marilyn. Wir drei unterwegs, gemeinsam, mit einem Ziel. Wir haben Dinge zu tun. Alles entscheidende Dinge. Dinge, die zu tun haben mit dem Leben und mit dem Tod. Wir haben Fallen zu kontrollieren, Fallen zu leeren. Darauf zumindest hofft Robert. «Ich auch!», denke ich. Aber ich bin mir nicht mehr sicher, warum eigentlich. Würde mich einer fragen, ich könnte es nicht auf Anhieb sagen. Dass es mit dem Töten zu tun hatte, glaube ich nicht. Oder?

Ich wollte hier draußen sein, ja. In diesem Schnee, in der Wildnis, weit weg von allem. Ich *wollte* jagen. Weil es zum Von-allem-weit-weg-Sein dazugehört. Weil es dafür unerlässlich ist. Einmal habe ich von einem jungen Mann gelesen, den es auch hinaus in die Wildnis gezogen hatte. Im April 1992 machte sich dieser Christopher McCandless von seinem Heimatstädtchen im mittleren Westen der USA weit nach Norden auf, nach Alaska. Er fuhr die knapp fünftausend Kilometer nach Fairbanks per Anhalter. Von dort wollte er weiter, tief in den Busch, und dort «für ein paar Monate vom Land leben». Von dem, was die Natur zu bieten hatte. So natürlich und wild wie nur möglich. Er suchte die Einsamkeit, sehnte sich nach Ursprünglichkeit. So erzählte er es dem Mann, der ihn die letzten paar Kilometer von Fairbanks bis an den Rand des Denali Nationalparks fuhr. Der andere, ein erfahrener Waldläufer und Jäger, war besorgt.

Das Gepäck des Jungen, so schätzte er, wog kaum mehr als zwölf

Kilogramm, maximal fünfzehn. Viel zu leicht, viel zu wenig Proviant, um monatelang in der Wildnis zu überleben, besonders zu jener Zeit, wo kaum Nahrhaftes wuchs. Das Frühjahr hatte gerade erst begonnen. Es lag noch Schnee. Der andere, in Alaska geboren und aufgewachsen, kannte, wovon der Junge träumte: die Wildnis. Er wusste, wie unvorstellbar rau sie tatsächlich ist. Wie unnachgiebig und gnadenlos. Er kannte auch die Spinner und Träumer, die glaubten, ein paar Monate fern von allem, als Einsiedler im Busch, könnten die Löcher in ihrem Leben stopfen. Einem Reporter sagte er hinterher: «Die blättern ein bisschen im *Alaska*-Magazin und denken: ‹Hey, da gehe ich hin! Lebe da oben vom Land und mache mir ein schönes Leben!› Aber wenn sie dann hier sind und tatsächlich raus in den Busch ziehen, dann ist es nicht halb so, wie in den Magazinen versprochen. Die Flüsse sind breit und schnell. Die Moskitos fressen dich bei lebendigem Leib. Und in den meisten Gegenden gibt es nicht genug Tiere zum Jagen. Das Leben im Busch ist kein Picknick.» Ich hatte das gelesen und gedacht: Die Wildnis schert sich nicht um die Sehnsucht der Menschen nach ihr. Nicht um die Träume, Hoffnungen, Nöte derer, die sich in ihr verirren.

Jim Gallien, der Mann, der die Wildnis kannte, versuchte, den jungen Abenteurer von seinem Vorhaben abzubringen. Er sah: Der einzige Proviant des Jungen war ein Fünf-Kilo-Sack Reis. Seine billigen Wanderstiefel waren weder wasserdicht noch ausreichend isoliert. Sein Gewehr war ein kleines Kaliber .22. Zu schwach, um Elche oder Karibus zur Strecke zu bringen, was eine Notwendigkeit war, um, wie McCandless träumte, «ein paar Monate» in der Wildnis zu überleben. Er hatte keine Axt. Kein Insektenspray. Keine Schneeschuhe. Keinen Kompass. Seine einzige Orientierungshilfe war eine abgegriffene, zerlesene Landkarte, die er aus einer Tankstelle mitgenommen hatte. Und, so gab er nach einem Blick aus dem Wagenfenster auf einen reißenden Fluss zu: Er fürchtete sich vor Wasser. Der andere bat ihn dringend, von seinem Vorhaben abzusehen. Der Junge beharrte. Gallien bot ihm an, einen Umweg über die Stadt Anchorage zu fahren und ihm dort angemessene Ausrüstung und Proviant zu kaufen. Der Junge lachte und lehnte ab. Schließlich nahm er, wenn auch widerstrebend, ein Paar Gummistiefel von Gallien an. Eine Packung mit Sandwiches. Und eine Tüte Taco Chips. Dann stieg er aus dem Wagen und zog in den Busch. Der andere sah ihm nach. Voller Sorge. Und Hoffnung. Dachte: Nur ein paar Tage, dann treibt der Hunger den wieder heraus.

Hinterher – das war, als sie den Jungen gefunden hatten. In dem ausrangierten Bus, den ein paar Trapper als Unterkunft irgendwann in den Wald gefahren hatten und in dem Chris McCandless lebte. 113 Tage immerhin. Kein Trapper kam in dieser Zeit zu dem Bus raus, es war einfach nicht die Saison. Es kam auch sonst niemand, der Junge war allein. So wie er es sich gewünscht hatte. Er ernährte sich hauptsächlich von Beeren und Pflanzen. Einmal hatte er so etwas wie Glück und brachte mit dem zu kleinen Gewehr einen Elch zur Stecke. Mehrere hundert Kilogramm Fleisch. Er arbeitete wie ein Verrückter, über Tage, um es rechtzeitig zu räuchern. Die schwarzblauen Schmeißfliegen arbeiteten aber schneller, und bald war die kostbare Nahrung mit Eiern und Maden versaut.

Nach drei Monaten hatte der Junge genug von der Wildnis und der Einsamkeit. Vom Hunger gewiss auch. Es zog ihn zurück in die sichere Bequemlichkeit der Zivilisation. Doch der Fluss, den er im April mühelos hatte durchqueren können, um auf die wilde Seite des Trails zu kommen, war jetzt durch die Tauwasser zu einem reißenden Strom angeschwollen. Dadurch gab es für McCandless kein Durchkommen mehr. Kein Rauskommen aus der Wildnis und seiner selbstgewählten Isolation. Er kehrte zurück in seinen «magischen Bus». So hatte er ihn getauft. Es war alles nachzulesen – hinterher. Er hatte über die Wochen auf Zetteln und den Rändern von Buchseiten eine Art Tagebuch geführt. Ein paar Wochen nach seinem Ausbruchsversuch fanden Elchjäger zu ihm raus, rochen im Innern des Busses «so etwas wie verdorbenes Fleisch», sahen einen «Schlafsack mit einer Beule darin». Die Beule war Chris McCandless. Seine letzte Notiz, auf eine Buchseite gekritzelt, war: «Ich hatte ein glückliches Leben, und Dank sei dem Herrn. Auf Wiedersehen, und Gott schütze euch alle.» Er war seit ungefähr neunzehn Tagen tot, abgemagert auf dreiunddreißig Kilo, kein Unterhautfettgewebe mehr. So befanden sie in der Autopsie. Christopher McCandless war 24 Jahre alt, als er starb. Den Abenteuerverrückten und Wildnis-Anbetern galt er noch immer als Held, als einer, der rückhaltlos seine Träume lebte. Aber die wahre Moral seines Endes war: Wenn du hier draußen träumst, dann stirbst du. Einfach so. Ohne «Herrn», der dich schützt.

Robert hat seine Fallen über die ersten 65 Highway-Meilen verteilt, die Schnappeisen unter Erde und Schnee versteckt, Schlingfallen ein paar Zentimeter über dem Boden zwischen den Bäumen aufgehängt. Alle drei Tage fährt er hier hoch und die Strecke ab, um die Fallen zu kontrollieren. Für den Fall, dass er Glück gehabt hat. Damit er einer mit der Pfote in den Eisen hängenden Beute mit einer Kugel aus ihrer Not helfen kann. Diejenigen, die sich in die Drahtschlingen verirrt hatten, brauchen ihn nicht. Sie strangulieren sich binnen Sekunden.

Für jeden getöteten Wolf zahlt Tony ihm 500 bis 1000 Dollar. Er ist Tonys bester Mann. Robert hält den Trapper-Rekord über die meisten gefangenen und getöteten Wölfe in Idaho. «Das Geld interessiert mich nicht», sagte er im Wagen. Was glaubhaft klang. Einer wie er, dachte ich, läuft mit einem anderen Brennstoff als Geld. Sicher, es war eine willkommene Anerkennung seiner Arbeit hier. Ein Zuschuss zu seinen Kosten, die sich schnell zu Unsummen auswuchsen. Zu Benzingeld, Fallen, Munition. Mehr nicht. Hauptsächlich, sagte er, fahre er hier zweimal die Woche raus zum Wohle des großen nordamerikanischen Hirsches, des Elks.

«Der Elk hat es seit der Wiedereinsiedlung der Wölfe in Idaho schwer.» Noch schwerer, als er es ohnehin schon gehabt hatte, seit der Besiedelung des amerikanischen Westens durch den Menschen. «Aber wir Menschen sind nun mal gottgewollt hier», so Robert, der Katholik. «Und wir brauchen Platz. Und so haben wir den Elk, der zuvor in den sattgrünen unteren Regionen ein gutes Leben führte, in die harschen Bedingungen der kargen oberen Regionen gedrängt.» Und als sei das alles für den Elk nicht hart genug gewesen, war Anfang der Neunziger die Wildschutzbehörde US Fish & Game mit ihrer irren Wiedereinbürgerungsidee eines hier längst ausgestorbenen Superräubers dahergekommen und hatte den Wolf eingesiedelt. Der war jetzt wieder hier. Nicht gott-, sondern nur behördengewollt. Und der großartige amerikanische Hirsch kämpfte ums Überleben.

Robert, dessen vorderer E-Mail-Adressenteil folgerichtig «Elkslayer», Hirschmörder, lautet, sieht sich in der Pflicht, ihm dabei zu helfen. Denn natürlich: «Ich will, dass genug Hirsche überleben, damit ich selbst ein paar töten kann. Daraus mache ich gar keinen Hehl, warum sollte ich?» In der Tat, dachte ich, warum sollte er? «Wir hegen das Wild, um es zu ernten», so hatte es unser Mann im norddeutschen Jagd-Lehrwald damals gesagt. Und kein Hühnerfresser oder Hamburgervertilger konnte das den Jägern guten Gewissens verübeln. Taten sie aber, klar. Die Welt ist ein Irrenhaus. Um das zu wissen, muss man nicht erst nach Idaho fahren. Fünf Fallen auf 65 Meilen, ich denke: Bei Roberts Ballaballa-Tempo haben wir die in einer Stunde geschafft. Schlimmstenfalls in zwei Stunden. Was mir nur recht sein kann. Einerseits. Andererseits rast der wie ein Bekloppter an Felsen und Abgrund entlang. Und ich, weil ich mir nicht leisten kann, ihn zu verlieren, so gut es geht hinterher. Für die Schön- und Besonderheiten der Natur ist nicht viel Zeit, die rauschen an einem vorbei, dass es nur so kracht.

Ich denke an Steve Nadeau, den müden Biologen in Boise, der in jedem Herbst mit Hund, einem Reit- und einem Packpferd hoch in die Berge auf Jagd zieht. Ich denke: Das wär's gewesen! Aber natürlich nimmt Steve keinen mit. Ist vorzugsweise allein unterwegs, von dem Hund und den Pferden mal abgesehen. Die stören nicht bei der Einsamkeit. Eher, dass sie das Gefühl auf eine großartige Art unterstützen. Da sind der Hund und die Pferde und du. Und auf der anderen Seite der Rest der Welt. Mit dem du nichts mehr gemein hast, mit dem dich nichts mehr verbindet, wenn du erst mal dadraußen bist. Das ist ja ein Sinn, wenn nicht der größte, des Unterfangens: dass man sich zurückzieht. In Schweigen und schönste Verlorenheit, weitab von jedem und allem. Ich kenne das alles. Deshalb habe ich Steve auch gar nicht erst gefragt. Seine Antwort hätte nur vernichtend sein können.

Ein paar Kilometer den Highway hoch sehen wir das erste Stück Wild. Im wahrsten Sinne: ein halber Vorderlauf, halb eingesunken im harschen Tiefschnee der Piste, neben der glatten Schneemobilspur. Von seinem Kniegelenk bis hinunter zu dem zarten, schwarzen Huf ist er noch intakt, bezogen mit hellbraunem Fell. Oben ragt aus dieser Haarhülle der zersplitterte Knochen. Mit scharfen Zähnen vom Restbein getrennt und zerbissen. «Ein Hirschkalb», sagt Robert. «Kein Jahr alt.» Ich nehme es in die Hand, fühle das junge Haar, den glänzenden, kleinen Huf. Streiche über die rauen Ränder des Knochens. «Das war kein Wolf», sagt Robert. «Den hat ein Puma gerissen. Du kannst es daran sehen, wie der Knochen zersplittert ist.» Nahe des Abhangs auf Flussseite sehen wir seine Spuren. «Der Puma hinterlässt nur den Abdruck seiner Ballen. Schau hier.» Vier tropfenförmige Abdrücke, im Halbkreis über einer größeren Form angeordnet, einer Art spitzenlosem Dreieck. «Der Wolf hat einen ganz ähnlichen Abdruck. Aber er hinterlässt darüber zusätzlich die Abdrücke seiner Krallen.» Robert sieht hinunter zum Fluss. «Schätze, die Katze wollte das Bein mitschleppen, über den Fluss. Etwas hat sie gestört.» Im vergangenen Jahr, sagt er, haben sie hier im Fluss einen Puma gefunden. «Genau an dieser Stelle. Der musste ein Wild verfolgt haben, über den noch halbgefrorenen Saint Joe River. Ist dabei eingebrochen, ersoffen und dann im Fluss eingefroren. Was für ein Bild!» So schnell kann es gehen, hier draußen. Dass einer, der eben noch aufs Töten aus war, plötzlich selbst tot daliegt.

Im Auto hatte Robert erzählt, wie ihm manchmal ein Puma in die Fallen geriet. Und dass das ein bisschen ein Umstand war, weil erstens Pumas in Idaho nur geschossen, nicht mit Fallen gejagt werden durften und zweitens der Puma während der Wolfssaison Schonzeit hatte. «Als die erste Katze mit der Tatze zwischen den Schnappeisen hing, habe ich den Wildschutzbeauftragten der Fish-&-Game-Behörde angerufen. Und der Schreibtischpupser in seinem Büro da sagt: ‹Musst du wieder freilassen.›» Und zwar: unbeschadet! Jaja, sie würden zu Hilfe kommen, na klar. Aber Robert hatte andere Wildschutzmänner im Hintergrund lachen gehört. Er schloss also mit ihnen eine Wette ab, legte auf, ging rüber zu Falle und Puma, zog seine Winterjacke aus und warf sie der Hundert-Kilo-Katze über den Kopf. «Das beruhigte die erst mal halbwegs.» Sein Jagdkumpel griff den halbwegs beruhigten Puma beim Schwanz, sie zählten bis drei, Robert bog die Schnappeisen auseinander, befreite die Tatze, brachte sich in Sicherheit, oder in eine Distanz, die er für sicher genug hielt. «Und dann, zack, ließ mein Kumpel am hinteren Ende los, und der Puma ging seiner Wege.» Wette gewonnen. Seither machen sie es jedes Mal so. Mit einem Mann am Pumaschwanz und einem zweiten an seinem Kopf, mit Jacke. Die Schreibtischpupser rufen sie erst gar nicht mehr an. Er hatte sich halb zu mir rübergelehnt, während er weiter den Wagen die Berge hochlenkte. Verschwörerlächeln im Gesicht. «Wenn wir heute einen Puma in der Falle haben, bist du mein Mann am Schwanz.» Und das war nicht mal das wirklich Beängstigende.

Wirklich beängstigend war, dass ich wusste: Säße ein Puma in Roberts Fallen, ich würde es tun.

Und dann verliere ich Robert doch. Diese kleine und immer kleiner werdende Gestalt auf ihrem winzigen Schneemobil. Die schon um die nächste Biegung rast und hinter ihr verschwindet. Während mein Schneemobil aus Roberts Spur nach links, in den Tiefschnee, driftet, seitwärtskippt und mit letzter Kraft, was eine Menge ist, in eine Schneewehe vor der Felswand kracht. Ende. Fürs Erste.

Die 300 Fahrzeugkilo wieder aus der Wehe zu ziehen, erweist sich als Kraftakt, dem ich alleine nicht gewachsen bin. Marilyn kommt zu Hilfe, springt auf die rechte Fußraste, die jetzt hoch in die Luft ragt, und versucht, das Schneemobil mit dem eigenen bisschen Körpergewicht wieder auf beide Kufen zu stellen. Vergeblich. Motor starten, Gas geben. Das Mobil mit eigener Kraft aus der Wehe und zurück auf die Kufen kommen lassen, derweil man auf der in der Luft hängenden Kufe auf und ab springt. Vergeblich. «Dad!», brüllt sie. «Dad!» Aber es ist ja sinnlos, Robert ist weg, außer Sicht, und der Lärm der Motoren betäubt alles. Von wegen Schweigen und schönste Verlorenheit.

Als Robert unser Fehlen endlich bemerkt und zurückkommt, haben wir das Schneemobil dann doch schon befreit. «Was machst du denn?», fragt er. Was ich ein bisschen eine unsinnige Frage finde. «Einfach Gas geben und in meiner Spur bleiben», sagt er. «Das Schneemobil passt auf sich selbst auf. Das macht genau, was es tun soll.» Ich schaue zum Abhang. Zu Roberts Spuren, die haarscharf an der Kante entlangführten. Ich lausche auf das Rauschen in der Tiefe. «Der Fluss macht mir Angst», sage ich. Robert lacht. «Der Fluss! Ach, der Fluss bleibt, wo er ist, und du bleibst hier oben, in meiner Spur. Kein Problem.» Aber es war eines. Und das sollten wir schon bald sehen.

MIT DEN WÖLFEN HEULEN

NORDFRIESLAND 2001

ANFANG APRIL TRAF ich eine Entscheidung. Ich würde Karl anrufen. Einen Altjäger, der uns in Waffenkunde unterrichtete. Handelte privat mit Gewehren, mit neuen und gebrauchten. Im richtigen Leben, wie ich es nannte, war er Gymnasiallehrer. Eine hochgewachsene, gerade, kluge Erscheinung. Mehr wusste ich nicht über Karl. Ich dachte: Erscheinungen können dich täuschen. Du kannst *dich* mit ihnen täuschen. Indem du nur siehst, was du sehen willst. Weil du das, was du in den anderen hineinsiehst, so dringend brauchst. Einen Freund. Oder Feind. Du kannst beides hineindichten, in den gleichen Menschen, je nach Bedarf. Ohne ihn jemals zu *sehen*.

Ich schloss nicht aus, dass Karl mir wie ein möglicher Verbündeter, wie ein Freund vorkommen wollte, nur weil ich beides dringend brauchte. Tatsächlich war er vielleicht ein Freund von Magda. War er ein Freund von Magda? «Die Jäger stecken alle unter einer Decke!» Unser Credo der Angst. Meine Tontaubentrefferquote war mittlerweile null. Die Schießprüfung in drei Wochen. Ob ich mit Magda versagte oder gegen sie: Ich hatte nichts zu verlieren.

Mein erster Satz am Telefon war: «Ich bin verzweifelt.» Karl wusste offenbar etwas. «Hast du Kummer mit dem Treffen?» Ich zögerte. Egal. «Ich glaube, die Flinte ist mir zu kurz.» – «Du kannst gern herkommen und probieren, ob eine von meinen dir passt.»

Beretta, Kaliber 20. Klein, leicht. Die fühlte sich gut an. «Nimm sie Samstag mit auf den Schießstand und probiere, ob du was triffst.» Auf einem Zettel bestätigte er das Einverständnis des Waffenhalters, dass ich diese Waffe transportieren dürfe. Jeweils auf der Strecke zwischen seinem und meinem Haus und dem Schießstand. Und dass ich, als Jagdanwärterin, diese Waffe zu Übungszwecken «führen» dürfe. Das sollte reichen. «Hab den Zettel bei dir, dann kann dir keiner was.» Um eines allerdings wolle er mich bitten: «Sag Magda nicht, von wem du die Waffe hast.» Als Waffenbesitzer hatte er seinen Geschäftspartner auf der dänischen Seite der Grenze angegeben. Ich wusste nicht, ob ich darüber enttäuscht sein sollte. Oder nur erleichtert.

Magda, auf dem Schießstand, war alarmiert. Auf das Höchste! Schnappte: «Wer hat dir das Ding angedreht?» Mit Blick auf meine kleine Beretta. Die nicht meine war. Was konnte ich sagen? Irgendetwas über irgendeinen, der mir das Ding geliehen hatte, wie und warum auch immer. Mir zitterte die verfluchte Stimme: «Die schriftliche Erlaubnis des Waffenbesitzers, sie zu führen, habe ich im Wagen.» Die legst du ihr bitte nur im Notfall vor, hatte Karl gewarnt. Magda und der fette Ulli wechselten Blicke. Bevor sie endlich schnaubte: «Probier's. Aber ich habe dich gewarnt.»

Ich backte mit bebenden Händen an. Von den zehn Tauben traf ich zwei. Hatte Magda doch gleich gewusst! Sie sah erleichtert aus, beinahe zufrieden. «Dass du mir nicht noch einmal mit einer fremden Flinte kommst! Wieder die Alte nehmen!» Von zehn Tauben traf ich eine. Jeder Schuss detonierte in meinem Wangenknochen. Der Gasdruck rammte mir den um Zentimeter zu kurzen Flintenschaft ins Fleisch, gegen den Knochen. Meine Schulter war blau, grün, die Flecken gerändert in schmutzigem Gelb. Gegen den zu erwartenden Schmerz konnte ich nicht anvisieren. Ich schoss nicht mehr, um zu treffen, ich drückte nur noch ab.

Ich dachte: Entweder gehe ich mit dem Runterschlucker vor die Hunde, oder ich mache hier und jetzt den Mund auf. Ich ging in Stellung. «Hör zu, Magda. Ich will nicht durch diese Prüfung fallen. Nicht weil ich nicht schießen kann. Und nicht weil ich Journalistin bin oder weil dir aus sonst irgendeinem Grund meine Nase nicht passt!» Ich dachte: Mein Tonfall! Viel zu wild. Viel zu aufgeregt. Es hatte klingen sollen wie eine Kampfansage. War aber die Offenbarung meiner Verwundbarkeit. Ich sah Magda ins Gesicht. Ihr unerwartetes Erschrockensein verhalf mir zu einer plötzlichen Kälte.

Ich wiederholte meine Worte. Diesmal in aller Ruhe. Magda starrte an mir vorbei, zu den schwirrenden Tontauben hin. Ich dachte: Eins zu Null für mich! Eine ausgezeichnete Gelegenheit, gleich noch einen Treffer zu landen. «Und das Klima im Kurs ist mies! Dieses allabendliche Gehetze! Wer schon wieder nicht kommt. Wer darum die Prüfung ganz sicher nicht schafft. Ich finde, das muss aufhören!» Magda neigte sich vor und zischte: «Finde dich in die Gruppe ein. Einzelgänger im Lehrgang sind auch Einzelgänger auf der Jagd. Die können wir nicht gebrauchen. Du musst mit den Wölfen heulen!»

NAHTOD

IDAHO 2017

PLÖTZLICH WEISS ICH, wie's geht. Mit dem Schnee-mobil. Ich habe begriffen, wie ich mein Gewicht verlagern muss, um das verdammte Biest hierhin und dorthin zu lenken, um es in Roberts Spur, gleich hinter ihm zu halten. Immer haarscharf an der Kante des Abgrunds. Bei knapp unter hundert Sachen. Endlich kann ich mich auf die «Schön- und Besonderheiten dieser einzig-artigen Natur» konzentrieren, so gut wie frei von der Angst vorm Absturz.

Ein großartiger, amerikanischer Hirsch stakst neben uns die Felswand hinauf. Am Flussrand spielen vier Otter. Wir halten an und schießen sie nicht. Wir machen Fotos. Filmen, wie die Otter keckern, unter- und wiederauftauchen, sich am Ufer tummeln und jagen. Wir freuen uns eine Weile mit ihnen. Beziehungsweise: Wir freuen uns über sie. Denn wer weiß schon, ob ein Otter wirk-liche Freude kennt. Vielleicht folgt er keckernd und tauchend und über andere Otter rollend einfach nur seinem Instinkt. Und wenn es so ist, macht das einen Unterschied? Zu der Art Freude, wie wir sie empfinden? Wer weiß. «Auf!», sagt Robert schließlich. «Wir haben Dinge zu tun!» Bis zu den Fallen sind es noch knapp dreißig Meilen, fünfzig Kilometer.

Und dann, etwa eine Meile von den Ottern die Piste hoch, se-hen wir sie: drei Elche! Sie laufen direkt vor uns, auf dem glatt-gefahrenen Schnee. In der staksig-grotesken Art, wie nur Elche laufen. Die Schneemobile treiben sie an. Und doch bleiben sie in der Spur, nur ein paar Meter vor uns. Beinahe zum Anfassen nah. Inmitten der Wildnis. Ist es zu fassen! In den vergangenen Tagen bin ich mit Stacey, Tonys Tochter, die Straßen in Sandpoint auf und ab gefahren, der nächsten Kleinstadt. Auf der Suche nach El- chen. Stacey hat versprochen: «Die kommen jeden Winter in die Stadt gelatscht. Da fühlen sie sich sicher.» Vor Wölfen, Pumas und anderem tödlichen Ungemach, den Menschen eingeschlossen. In deren nächster Nähe, ausgerechnet. Aber natürlich hatten die Elche recht. Kein Jäger von Wert würde sie in seinem Vorgarten schießen. Was wäre das für ein schlechter Witz! Noch schlech- ter als die Großwildtouristen, die in Afrika Antilopen, Giraffen, Löwen, wer weiß nicht was in eigens damit bestückten Gehegen abschossen. Ein ebenso schlechter Witz wie die Jagdurlauber in deutschen Wildgattern mit ihren per gefülltem Futternapf direkt vor die Knarre gelockten Hirschen und Schweinen. Und die nann- ten sich dann «Jäger». Na ja, das waren sie vielleicht noch, mit Not. Aber «Jager»? Auf keinen Fall!

Wir fanden keine Elche. Nicht vor der Bücherei, wo sie laut Stacey «regelmäßig abhängen». Auch nicht im Grundschulhof. Wir fuhren im Schritttempo durch Sandpoints Straßen, starrten in Vorgärten, Schulhöfe, Parkplätze. Wir warteten an den Gleisen, nahe des Bahnhofs, rollten durch die verlassene Ferienhausanlage am See. Kein Elch. Was für eine Enttäuschung. Ich dachte: Wenn wir sie hier schon nicht finden können, auf den begrenzten Are- alen der Stadt, wie dann erst in den Weiten der Wildnis? Was, wie sich jetzt herausstellt, eine irre Verdrehung der Weltordnung war. Denn da laufen sie ja! Robert winkt uns, aufzuholen und an den dreien vorbeizuziehen. Sonst werden wir dazu verdammt sein, auf ewig hinter ihnen herzufahren. «Die laufen in der Spur, weil es für sie leichter ist», hat er zuvor erklärt, als er mir Elche versprach. An die ich schon nicht mehr glaubte. «Im Tiefschnee kommen diese schweren, behäbigen Jungs kaum voran. Sinken hoffnungslos ein. Da sind sie für ein Wolfsrudel leichteste, fetteste Beute.» Doch just bevor wir sie erreichen und überholen können, brechen sie nach links in den Wald und ächzen die Felswand hinauf. Außer Sicht für uns und in leichter Reichweite für die Wölfe.

Fast bin ich gut gelaunt. Jetzt, wo wir Otter sehen und Hirsche und Elche. Und, auf dem Tiefschnee am Pistenrand, erste Spuren von Wölfen. Jetzt, wo ich denke, dass ich den Dreh mit dem Teufelsding, das dieses Schneemobil ist, plötzlich raushabe. Nicht wirklich «plötzlich», sondern nach nunmehr sechzig Kilometern. In denen ich das Ding nur ein einziges Mal «gecrashed» habe. Und das, Gott sei Dank, auf der dem Fluss abgewandten Seite der Piste. «Macht nix», hat Marilyn freundlich gesagt. «Ist mir tausendmal passiert.» Auch wenn das nur ein Trostsatz war, er tat gut. «Vielleicht solltest du lieber bei meinem Dad mitfahren», hat sie noch gesagt. Hinter dem Mann, der auf seinem Schneemobil stehend mit hundert Sachen über die Piste donnert. Knallhart an der Kante. Mit dem Mann, den selbst ein zweimal abgestürzter Vietnam-Kampfpilot wie Tony für «ein bisschen wahnsinnig» hält. «Nein, danke», habe ich zitternd gesagt. «Ich fühle mich auf meinem eigenen Schneemobil sicherer.» Und blöderweise glaubte ich an die Berechtigung dieses Gefühls.

Das Einzige, was mich noch stört, ist der Motorenlärm, der mir durch alle Knochen und Muskeln bis hoch in den Kopf dringt. Wo er noch über Tage festhängen wird. So wie der Geruch nach Benzin, das in schwarzen Fahnen vor mir und hinter mir verbrennt. Wie die Hitze des Gashebels, die sich durch meinen Handschuh frisst und mir fast die Hand verbrennt. Ich denke: Ich hätte gern ein bisschen Schweigen. Und Einsamkeit. Und dann passiert es. Mein Schneemobil bekommt, wie Robert es später glücklich erzählen wird, «einen eigenen Kopf». Ich kann es sehen, fühlen. Es geschieht in Zeitlupe. Bei sechzig Sachen. Plötzlich fliegen wir aus der Spur, das Teufelsding und ich. Und da ist die Kante. Der Abhang. Und unten der Fluss. Schwer zu sagen, was ich in diesen Sekunden denke. Vielleicht nichts. Vielleicht fühle ich nur: wie der Boden unter mir, unter den Kufen verschwindet, plötzlich weg ist. Wie wir über die Kliffkante stürzen, das verfluchte Teufelsding und ich. Wie wir fliegen. Für ein paar lächerliche, beinahe komödienhafte Sekunden.

In seinem Stierkämpfer-Epos *Tod am Nachmittag* beschreibt Ernest Hemingway den Tod als «komisch». Auf die dem Tod oftmals eigene, tragische Art, die oft in seinen grauenhaftesten Momenten zutage tritt. Man kann darüber denken, was man will. Man kann sich über Hemingways Auffassung von Komik entsetzen. Oder man kann mit ihm lachen. Auf diese hilflose kleine Art, die einem, wenigstens im Nachhinein, das Gefühl von Kontrolle zurückverleiht. Die einem in dem alles entscheidenden Moment so tragisch verlorengeht. Ich meine: Wäre ich an jenem Februartag im Saint Joe River oder an seinem Abhang gestorben, mein Tod wäre hemingwaymäßig komisch gewesen. So war es nur mein Flug, im kleinen Winkel schnurgerade über die Kante hinweg.

Dieser Flug verleiht mir kein Gefühl von Freiheit oder grandiosem Abenteuer. Es ist ein Gefühl von «Scheiße, das war's!». Denn unten ist der eiskalte, reißende Fluss. Und bis zum Fluss sind es zweihundert Meter, horizontal, von der Kante gerechnet. Das ist eine lange Strecke. Ich springe. Von dem Teufelsding, noch im Flug. Weil ich dann doch etwas denke, nämlich: Auf keinen Fall will ich in dem scheißkalten Fluss da unten landen. Robert sagt: «Du bist *abgefallen*!» Aber das kann er natürlich nicht wissen, nur raten, denn: er hat es nicht gesehen. Er fuhr ja vor mir und Marilyn. War längst wieder um die nächste Biegung verschwunden.

Als er zurückkommt, sind das Schneemobil und ich nicht mehr da. Da ist nur Marilyn. Die in Roberts Richtung winkt, mit jener Auf-und-ab-Bewegung der Hand, sachte, die international bedeutet: «Sch-sch-sch!» Ich kann es sehen, vom Abhang aus, an dem ich erst liege, dann sitze und die endlosen, steilen Meter hochblicke. Ich sehe ihr im Schrecken rotes, verzerrtes Gesicht über mir, in der Ferne, und die Botschaft, die sie, ihrer offensichtlichen eigenen Angst zum Trotz, ihrem Vater zuwinkt. Heute weiß ich, was Robert gefühlt hat, was er dachte, in jenen Sekunden. In denen er um die Ecke kam und ich weg war. Zusammen mit dem verfluchten Schneemobil. Aber ich weiß es erst jetzt. Damals, elendiglich am Abgrund hängend, dachte ich: «Au Backe! Er ist sauer. Na klar. Weil ich Idiot sein Teufelsding in den Fluss geflogen habe!» Denn da treibt es jetzt. Noch einmal ein paar Meter unter mir. Und ich bin trotz meiner Angst vor Roberts Zorn heilfroh, dass wir beide, das Teufelsding und ich, geschiedene Leute sind. Wenigstens bin ich froh für ein paar Sekündchen. Dann erscheint Roberts hochrotes Gesicht weit oben über mir, und ich fange an zu heulen. Ich heule, in einer Endlosschleife: «Scheiße, scheiße, scheiße. Ich bin ein Idiot. Ich bin so ein verfluchter Idiot!» Und: «Es tut mir so leid! Verdammt, es tut mir so leid. Ich habe dein Dingens kaputt gemacht. Es tut mir so schrecklich leid!»

Roberts Miene ist fassungslos. Marilyns Miene ist fassungslos. Sie ist die Erste von beiden, die etwas sagt. Zu mir herunterruft. «Bist du verrückt?!», ruft sie. «Es ist nur ein Schneemobil!» Und: «Es ist nur Geld!» Und: «Wir sind froh, dass du noch *lebst*!» Weil sie nicht gedacht haben, dass ich noch lebe. Nicht für eine Sekunde. Als sie sahen, dass und wohin ich verschwunden war, da waren sie sicher: Ich trieb im Fluss. Zusammen mit dem Schneemobil. Und anders als das Schneemobil wäre ich nicht zu retten gewesen. «Ich hätte mir nicht mal die Mühe machen müssen, hinter dir herzuschwimmen!», ruft Robert. «Deine Klamotten hätten sich gleich vollgesogen mit Wasser, und du wärst gesunken wie ein Stein.» Ersoffen. Im winterlich wilden Saint Joe River. Wie der jagende Puma im vergangenen Jahr. Nur hätte ich kein so malerisches Bild abgegeben. Robert, oben am Abhang, lacht schon wieder. «Herrgott, bin ich froh, dass ich deiner kleinen Enkelin kein Handyfoto schicken muss, von dir, im Fluss. Dass ich ihr nicht schreiben muss: ‹Schau, da unten treibt Oma! Bye-bye, Oma!›» Er sagt tatsächlich «Oma». Auf Deutsch. Weil es in seiner polnischen Einwandererfamilie auch eine Oma gibt. Aus Österreich. Marilyn hat es mir schon im Auto erzählt.

Ich lehne noch immer am Steilhang im eiskalten Tiefschnee. Derweil Robert schnell ein paar Fotos macht, «für unsere Familiengruppe auf Facebook!». Von der heiter-legendären statt tragischen Art: «Die verheulte, aber Gott sei Dank lebendige und unglaublich unverletzte Ukrainerin nach ihrem grandiosen, Glück-gehabt-wie-Sau-Steilflug über die Kliffkante am St. Joe River!» So nennt er mich: die Ukrainerin. Immer noch. Obwohl ich ihm bestimmt schon eintausend Mal gesagt habe, dass ich gebürtig aus Deutschland, nicht aus der Ukraine bin. Egal. Unter mir im Fluss treibt das grüne Dingens. Und ich wüsste gern, wie ich an diesem Abhang wieder auf die Beine komme und hoch zu Robert, dem Oberfaxenmacher, und seiner Tochter. Ich hab's schon ein paarmal versucht, aber es geht nicht, der Abhang ist zu steil, der Schnee ist zu tief. «Du musst deine Knie und Ellbogen tief und fest in den Schnee rammen!», ruft Marilyn. «Und dich dann Stück für Stück hochziehen!» Ich ramme Knie und Ellbogen in den Schnee. Ich ziehe. Der Schnee unter mir gerät ins Rutschen und ich mit ihm. In Richtung River. Plötzlich fühle ich mich müde, der Sturz und die Kälte und die Angst haben mich ausgelaugt, die Knochen tun mir weh. Ich ramme noch einmal. Knie. Ellbogen. Ziehen. Ich rutsche. Rufe: «Du hast deine Fotos zu früh gemacht!» Robert lacht. Aber es klingt nicht mehr halb so heiter. Marilyns Miene verfällt in den alten Schrecken. Sie wirft mir ein Seil zu, das ich nicht zu fassen bekomme. Ich ramme. Rutsche. Denke: Scheiße! Ich komme doch hier nicht gerade noch mal so eben davon, um fünfzehn Minuten später doch noch im Fluss zu ersaufen! Wie komisch wäre denn *das*, Mr. Hemingway? Ich denke: Los jetzt! Mach schon! Aber irgendwie hört sich das nicht sehr überzeugend an. Eine alte Cowboystimme in meinem Kopf sagt: «Es gibt zwei Arten Pferde …» Und ich ertappe mich bei dem Gedanken, wie einfach und gut es womöglich wäre, jetzt hier im Schnee liegen zu bleiben und zu sterben. Ich denke das zum ersten Mal in meinem Leben. Und dann ramme ich meine Knie und Ellbogen in den Schnee und ziehe und ackere wie eine Bekloppte. Rammen. Ziehen. Rammen. Ziehen. Für alle paar Zentimeter, die ich rutsche, komme ich jetzt endlich die doppelte Zahl Zentimeter voran. Irgendwann bin ich oben. Große Freude! Das Schneemobil ist noch unten.

Es dümpelt auf und ab, an nahezu der gleichen Stelle, an der es zuvor im Wasser gelandet ist. Ein Schneemobil treibt nicht so leicht ab wie ein Mensch. Robert seilt sich ab, um es im Fluss zu sichern. Marilyn seilt sich ab, um ihm zur Hand zu gehen. Ich denke: Ich sollte mich abseilen, um ihnen beiden zu helfen. «Bleib bloß oben!», schreien sie beide. Also stehe ich am Abhang und mache Fotos davon, wie die beiden da unten bis zu den Knien im eiskalten Wasser stehen und an dem Schneemobil zerren und ziehen. Über zwei Stunden lang. Um es nah genug an das Ufer zu bringen und mit Seilen an Bäume zu binden, damit es bleibt, wo es ist. Damit Robert es am nächsten Tag mit seinem Sohn und einer Seilwinde bergen, trocknen, herrichten kann. «Es wird wieder laufen, klar doch», sagt Robert. Ein Schneemobil ist weit robuster als ein Mensch. Worüber ich ehrlich erleichtert bin.

Er steckt seinen Spaten an meiner Absturzstelle in den Schnee. «Damit wir deinen speziellen Ort hier ohne großes Suchen wiederfinden», sagt er. Es sieht sonst hinter einer Biegung aus wie hinter der nächsten. Nur diese eine hat jetzt eine Geschichte. Es ist spät, nicht mehr lange bis zum Sonnenuntergang. «Auf geht's!», ruft Robert. «Wir haben noch immer Dinge zu tun!» Es geht noch immer um Tod und Leben. Und es sind noch immer dreißig Meilen bis zu den Fallen. Fünfzig Kilometer. Robert will sie bei Tageslicht erreichen. «Steig auf!», sagt er und macht eine Bewegung mit dem Kopf, hinter sich. Und ich ahne: Der Horror hat überhaupt erst begonnen.

HUNDSTAGE

NORDFRIESLAND 2002

WIE VON JUSTUS vorausgesagt, wuchs Henni, mein Jagdhundwelpe, schnell zu einem erstklassigen Hund heran. Beziehungsweise zeigte sich im Training immer deutlicher der Hund, der sie schon immer gewesen war. Zugetan, arbeitsfreudig, kooperativ. Mit einem ausgeprägten Willen, mir zu gefallen. Sie suchte nach imaginärem Wild und apportierte ihre Dummys, die sandgefüllten Trainingssäcke, mit denen wir das geschossene Wild imitierten, wie eine Irre. Erst die kleinen Babysandsäcke. Dann immer größere Dummys, ein Kilo schwer. Und sie liebte Wasser. Zu jeder Jahreszeit und bei jeder Temperatur. Obwohl Justus wohl tausendmal sagte: «Den Hund nur ins Wasser schicken, wenn es gerade so warm ist, dass ihr selbst reingehen würdet. Sonst versaut ihr ihn auf Dauer.» Ich schickte Henni nicht ins Wasser. Musste ich gar nicht. Sie stürzte sich in jeden Tümpel, auch wenn sein Wasser eiskalt war. Justus murrte und schüttelte den Kopf über so viel Unverstand. Er meinte: meinen. Verflucht, dass ich Trottel nicht in der Lage war, meinen Hund von seinen Kamikaze-Wasser-Expeditionen abzuhalten! «Na, wie denn?», blaffte ich zurück. Justus hielt die geballte Faust in die Luft. «Nein!», sagte ich.

Von ihrer Jagdleidenschaft einmal abgesehen, lebte Henni davon, gestreichelt zu werden. Was ihre Ausbildung selbst für mich Anfängerin beinahe zu einem Kinderspiel machte. An Henni lag es also nicht, dass sich die Hundstage mit Justus dann zunehmend zu Katastrophen auswuchsen. Einerseits. Andererseits auch wieder nicht. Es ist schwer zu erklären, was mich jeden Samstagvormittag aufs Neue zu Justus aufs Schlachtfeld trieb. Für ihn war der Trainingsplatz – Feld, Wald oder Wiese – nämlich genau das: ein Kriegsschauplatz. Auf dem er und die Hunde ein um die andere Schlacht schlagen und sich beweisen mussten. Auf dem er sich vor den Hunden beweisen musste. Nicht vor uns Hundebesitzern, den Zeugen dieser Schlachten. Wir waren dem Alten scheißegal.

Bald erschienen mir die Trainingsplätze genau so: als Schlachtfelder. Ich könnte behaupten, dass Justus mir gar keine andere Wahl ließ. Aber natürlich ist das nicht wahr. Wahr ist: Der Alte und ich, wir lieferten uns die erbittertsten Kämpfe. Während die anderen Trainingswilligen mit ihren angeleinten Hunden oft stumm und betreten danebenstanden. Wahrscheinlich in der Hoffnung und Anstrengung, den Vormittag zu überleben. Oft fuhr ich nach solchen Vormittagen schwitzend und zitternd vor Wut heim. Manchmal auch vor Verzweiflung. Ich dachte trotzig: Das hier ist eine andere Wut und Verzweiflung als jene, die mich damals nach Magdas Tribunal aus der Eichenholzkneipe zu Karl getrieben hat. Diese hier fühlt sich besser an, geradezu gut. Diese hier kostet mich nicht das Leben. Im Gegenteil. Sie hält mich eher am Leben! Ich war noch nicht in der Lage zu sehen: Es waren zwei Seiten der gleichen Münze. Dass es Justus mit mir nicht anders ging, erfuhr ich von seiner Frau. «Mein Gott, wie der sich aufregt, wenn er samstags nach Hause kommt.» Sie lachte. Hatte wohl auch mal zu ihm gesagt: «Da hast du ja deinen Meister gefunden!» Eine Anmaßung, die er mit seinem üblichen Gebrüll quittiert hatte.

Wir trafen uns an den Samstagvormittagen an seinem Schuppen, irgendwo in den Wiesen, weitab vom Haus. Er, ich und die paar anderen Neuhundebesitzer. Justus' Schuppen ist – hauptsächlich – der Grund, warum meine älteste Tochter noch heute tobt, wenn das Gespräch auf ihn kommt. Warum sie sagt: «Ich begreife

nicht, wie du mit so einem Menschen befreundet sein konntest!»
Sie kann noch verstehen, halbwegs, warum ich auf Jagd gegangen
bin. Und immer mal wieder gern gehen würde. Vielleicht kann
sie das auch nicht wirklich verstehen, sondern nur verzeihen.
Mit knirschenden Zähnen. Was Justus betrifft, ist diese Tochter
unerbittlich: «Wie konntest du nur!» Sie schüttelt den Kopf, ver-
zieht das Gesicht in Abscheu. Ruft: «Nein, das verstehe ich nicht,
nicht mal ein bisschen! Was konntest du an diesem Typen bloß
gut finden! Wie konntest du mit so einem Typen befreundet sein!
Ich meine, *warst* du mit ihm befreundet? Wirklich befreundet?»
Dann weiß ich – für einen Augenblick – nicht, was sagen. Dann
überlege ich, ob es eine andere, eine bessere Erklärung meiner
unerklärlichen Sympathie für Justus gibt. Eine, die verständlich ist,
annehmbar. Für meine Tochter *und* für mich. Schließlich sage ich
nur, was ich immer sage, weil es, wenn es auch nicht verständlich
ist, immerhin der Wahrheit entspricht: «Mensch, ich weiß doch,
dass er höchst fragwürdig war. In mehr als einer Hinsicht. Aber
weißt du, es gibt Menschen, mit denen möchte man *trotzdem* befreundet sein.» Ich sage: «Bei all seiner Scheiße, da war *etwas* in
ihm, das ich mochte. Etwas, das ich verstand. Mit dem ich mich
verbunden fühlte. Da war ein *Kern* in ihm, den ich mochte und
den ich wertvoll fand. Und ich finde, den darf man nicht einfach
mit all dem anderen Mist über den Haufen werfen.»

Ich bin sicher, sie weiß, dass meine Rede nicht nur Justus gilt.
Dass ich sie in Bezug auf die Menschen überhaupt meine. Und auf
die allseits grassierende Gnadenlosigkeit in der Welt. In Bezug auf
eine Gesellschaft, die sich zunehmend in der schnellen und immer
schnelleren, immer härteren Verurteilung des ihr Unverständ-
lichen, Unerklärlichen gefällt. «Diese monströse Rechtschaffenheit». Früher dachte ich mal, sie sei ein typisch deutscher Cha-
rakterzug. Das stimmte natürlich nicht. Spätestens das Internet
machte das klar. Und manchmal fragte ich mich, ob es nicht auch

diese monströse Rechtschaffenheit gewesen war, die mich in die Reihen der deutschen Jägerschaft getrieben hatte. Beziehungsweise meine Not, gegen sie anzustrampeln. Ob es sie und mein Strampeln waren, über die ich mich den Jägern verbunden fühlte. Diesen auf ewig, wenn schon nicht um Liebe, dann wenigstens um Anerkennung ringenden Stiefkinder einer urteilsverliebten Gesellschaft. Das konnte gut sein. Aber natürlich war die monströse Rechtschaffenheit ebenso in den Reihen der Jäger zu finden. Und richtete sich blöderweise gegen mich. Der Himmel war also nirgends. Die Hölle, wenn man so wollte, war überall.

Das alles ist meiner Tochter kein Trost. Nicht im Geringsten. Eher, so fürchte ich, bewirkt mein Bekenntnis bei ihr das Gegenteil. Jedes Mal, wenn wir diese Unterhaltung führen, aufs Neue. Ich meine: Dass ich *wusste*, dass Justus so eine Art Scheißkerl war, und ich *trotzdem* mit ihm befreundet sein wollte, treibt sie nur noch weiter hinauf, auf ihre Palme. Obwohl sie «diesen Typen», den sie so verachtet, nicht wirklich kennt. Nicht mal erinnern kann. Meine Tochter war damals elf. Sie kennt Justus allein aus meinen Erzählungen. Das Einzige von Justus, an das sie sich erinnert, ist Henni. Und die liebten wir alle.

Justus' Schuppen war eine Hölle für sich. Aus toten, von den Dachbalken hängenden, nackten Leibern, auf dem Betonboden gestapelten Häuten, Gerippehaufen. Aus Eimern, bis zu den Rändern gefüllt mit Blut und Gedärmen. Und Drahtfallen, in denen er die Bisamratten, die hier in ihren Einzelteilen herumhingen und -lagen, zu Hunderten fing. «Kroppzeug. Die gehören hier nicht her!» Ein tschechischer Graf oder Fürst hatte 1905 fünf der nordamerikanischen Nager von einer Reise nach Alaska mitgebracht und leichtfertig in Böhmen, in der Nähe von Prag, ausgesetzt. Drei Weibchen und zwei Männchen. *Ondatra zibethicus.* Familie: Wühler. Unterfamilie: Wühlmäuse. Der Bisam trägt die Ratte nur im Namen, nicht in der DNA. Lebensspanne: drei Jahre.

Fortpflanzungszeit: März bis September. Zwei bis drei Würfe pro Jahr. Bei guten Witterungsbedingungen sind auch Winterwürfe möglich. Wurfgröße: sieben bis acht Junge. Die Jungen produzierten bereits im folgenden Jahr selbst Bisamratten. So breitete sich die Art entlang ihres natürlichen Lebensraums, stromauf- und -abwärts der Flüsse, rasend schnell aus. 1915 hatten sie es von Tschechien bereits in den Bayerischen Wald geschafft. 1935 tauchten sie erstmals in Rheinauen bei Breisach auf. Mittlerweile bevölkerten sie nahezu ganz Europa. Untergruben im Küstenbereich Dämme, Deiche und Uferbefestigungen und richteten jedes Jahr Schäden in Millionenhöhe an. Dagegen setzte Justus seine Fallen, tobte sich damit auf mehr als nur einem Schlachtfeld aus. Er zog in die Kriege, wo er sie fand.

Die Pelze, einst begehrt, waren jetzt nicht mehr wirklich etwas wert. Nur hin und wieder, wenn die Mode einen entsprechenden Trend erfuhr. Als Gewinnausgleich fraß Justus seine Beute. Bisam, gebraten. So konnte er die ertragen. Hinter den gehäuteten Toten, an der Wand, hatte er eine Reichskriegsflagge aufgehängt. Ich fragte ihn nie danach. Es gibt Leute, mit denen willst du *trotzdem* befreundet sein. Das geht nur, wenn du über das Trotzdem nicht allzu viel weißt.

Unterordnung. Die stand als Erste auf dem Programm. Selbstverständlich. Parole: «Ihr müsst euch den Hund unterwerfen, bevor ihr ihn zu eurem Partner machen könnt.» Genau wie im richtigen Leben, dachte ich. Und wie schade war das. Wir marschierten auf dem abgeernteten Feld auf und ab, in Reih und Glied. Unsere Hunde an kürzester Leine neben uns. Brüllten: «Bei Fuß!» Ruckten an der Leine. Marschierten an. Zwei, drei, zwanzig Meter weit. Blieben zackig stehen. Brüllten: «Sitz!» Warten. Und wieder: «Bei Fuß!» Ruck an der Leine. Anmarsch. «Sitz!» Hund sitzt nicht. Darum noch einmal, lauter: «SITZ!» Und wieder marschieren. Stehen bleiben. Auf und ab, hin und her. Immer wieder, wie die

Bekloppten. Wie in einem selbsterklärten Krieg. Ach, selbstverständlich wusste ich, dass das hier bitter notwendig war. Unterordnung! Den Hund das Parieren lehren, zu einem Jagdpartner machen. Statt zu einer vierbeinigen Katastrophe.

Es gab doch nichts Schlimmeres, Lachhafteres als einen Köter, der seine Frau oder seinen Herrn unkontrolliert an der Leine umherzog und umtanzte! Und keinen unglücklicheren, weil restlos überforderten Hund als den, der die Führung übernehmen musste. Weil seine Frau oder sein Herr nicht zum Führen taugte. Ich wusste das alles, na klar. Und doch kam ich mir vor wie ein Idiot. Ging es nicht anders? Weniger militärisch? Weniger reichskriegsflaggenmäßig? Lernte der Hund nicht genauso parieren, wenn man ihn in normaler Laustärke ansprach? Weil: Hören konnte er doch. So rein physikalisch. Nicht unbedingt besser als der Mensch, wie gemeinhin angenommen. Aber über eine breitere Frequenz. Die Hunde waren in der Lage, weit tiefere und weit höhere Töne wahrzunehmen als wir. Auf unseren Spaziergängen hatte Henni mich gelehrt: Es war effektiver, sie mit hoher Stimme zu rufen, als nach ihr zu brüllen. Das alles sagte ich. Justus zog die buschigen Brauen zusammen und sagte nichts. Drehte sich um und stampfte davon. In einem Stil, dass man wusste: Mir Klugscheißer würde er's zeigen!

Schon dass ich den Hund im Haus hielt, war ein Affront. Was für ein Irrsinn, einem Jagdhund, der mehr als jeder andere Hund auf seine Nase angewiesen war – auf dessen Nase wir Jäger angewiesen waren –, mit der Flut naturfremder, artenwidriger Gerüche eines Haushalts diese exzellente Nase zu versauen! Überhaupt verweichlichte ein Hund im Haus nur. Ich würde schon sehen: Ein paar Monate auf meinem Sofa, und die arme Henni wäre aus den komfortablen Kissen nicht mehr hoch und hinaus in den Wald zu bringen. Davon, dass sie sich bei solcher Behandlung schnell wie die wahre Herrin fühlen musste, ganz abgesehen. Ein Hund, und erst recht ein Arbeitshund, gehörte in den Zwinger. «Ihr Korb steht gleich neben meinem Bett», sagte ich trotzig. Justus' Gesicht färbte sich rot vor Wut. War mir beinahe egal. «Ein Hund, und erst recht ein Jagdhund, gehört ins Haus», sagte ich. Zittrig, aber bestimmt. «Jagdhunde sind, gemäß ihrer Aufgabe, über Generationen auf eine extreme Bindungsfähigkeit an den Menschen hin gezogen worden. Sie sind uns mehr zugetan und folgen leichter als jede andere Hundeart. Was willst du so einen fernab von dir in einen Käfig sperren? *Das* ist der Irrsinn!» – «Na», bellte er. «Den Jagdschein eben mal so in der Tasche und gerade den ersten Hund gekauft, aber weiß schon alles. Hab's mir gleich gedacht, bist nicht besser als alle anderen.» Was die schmerzhafteste seiner Beschimpfungen war. Weil womöglich wahr. Auf meinen Spaziergängen mit Henni während der Woche übte ich mit ihr dagegen an.

Bei Fuß gehen an der Leine. Bei Fuß im Freilauf. Den Hund im Feld ablegen. Sich von ihm entfernen. Erst in, später außerhalb seiner Sichtweite. Den Hund zu sich rufen. Konnten wir an den Samstagen alles schon. Ich war jetzt wie der Eiferer, damals im Lehrgang. Kam nicht mehr her, um zu lernen. Ich kam, um Justus zu zeigen, dass wir konnten, und wie! Ich dachte: dem Hund zuliebe. Aber natürlich war das nur die halbe Wahrheit. Wenn überhaupt.

Wir waren jetzt Widersacher, Justus und ich. Die schärfsten. Als wir erstmals in der Gruppe das Ablegen übten, reichte er mir den Stock. «Nein!», sagte ich. Er hielt dagegen. «Mach dich nicht unglücklich. Ich habe nie einen Hund gesehen, der das Ablegen und Liegenbleiben ohne Stock gelernt hätte! Und wenn sie erst ein paarmal aufgestanden ist, hast du sie schon versaut.» Nichts fürchtete ich mehr als das. Aber Henni lag, zitternd vor Erwartung. Sprang erst auf und kam zu mir, als ich sie rief. Mit hoher Stimme. Sie war außer sich vor Glück. Und ich erst! «Schwein gehabt», knurrte Justus. «Dieser Hund macht doch alles von allein!»

Der brauchte mich nicht. «Dieser Hund *will* einfach arbeiten. Und er *denkt*!» So etwas habe er in all seinen Hundezüchter- und Ausbilderjahren noch nicht gesehen. «Die denkt nicht nur für sich. Die denkt für dich mit. Gott sei Dank.» Und hatte er's mir nicht gleich gesagt: Kein Hund war wie dieser! Ein Selbstgänger. Alleskönner. Selbst noch in der Hand einer Idiotin.

Ich war hin- und hergerissen: Zwischen seiner Missachtung für mich und seiner Hochachtung für meinen Hund. Den er sah, wirklich *sah*. Was dieser Hund war, was er sein konnte. Und ich dachte: Wenn einer zu solcher Einsicht und Achtung, ja Liebe für einen Hund in der Lage war, war dann nicht vieles andere egal?

DER MANN ALS TIER

OXFORD 2016

VORAUSGESCHICKT SEI, ich bin es dem Mann schuldig, dass jener Charles Foster, den ich an einem Maitag in Oxford erlebte, selbstverständlich nicht der wahre Charles Foster war. Sondern nur meine Charles-Foster-Reflexion. Es war *ein* Bild von ihm, mit meinen Augen gesehen. «Ich habe keine Ahnung, was Sie sehen. Was Sie hören. Ihr Kopf ist für mich eine ganz andere Welt. So wie ich umgeben bin von Tausenden anderen Welten», sagte der Mann, den ich im sonnenbeschienenen Garten des Green Templeton College als Charles Foster wahrnahm: schlank, fast zwei Meter lang, mit lichtem Haar. In heller Jacke, blassgewaschenen Jeans, kariertem Hemd, grünem Leinenrucksack auf dem Rücken und einem Fahrradhelm in der Hand. «Das ist der einfache Teil», rief der Charles-Foster-Mann. «Der winzige Teil, dessen ich mir noch relativ sicher sein kann.»

Wenn man so etwas wie «sein» – ihn, mich, uns alle betreffend – überhaupt sagen konnte. Foster hegte diesbezüglich nämlich die größten Zweifel. Weshalb sich der Gelehrte und Naturalist einem beinahe rigorosen Selbstversuch unterworfen hatte.

Zwei Jahre zuvor hatte er einen Farmerfreund gebeten, ihm im Wald von Wales mit dem Bagger eine Grube in einen Hang zu graben. Er bedeckte das Loch mit Ästen und Laub und hauste darin, zusammen mit seinem damals achtjährigen Sohn, sechs Wochen als Dachs. Er ließ sich als Hirsch die Fußnägel wachsen, um

216

zu fühlen, «wie es ist, auf überlangen Hufen zu laufen». Er durch-
wühlte als Vorstadtfuchs die Mülltonnen im Londoner East End.
Er schwamm als Otter in den Flüssen von Exmoor und folgte –
«fraglos mein vermessenster Versuch von allen» – dem winter-
lichen Zug der Schwalben nach Zentralafrika. Seine fünf Leben als
Wildtier fasste er in einem lehrreichen, vergnüglichen, bisweilen
grundtraurigen und – auch das – furchterregenden Buch mit dem
Titel *Being a Beast* zusammen. Er nannte es ein «Reisebuch». Die
britische Presse staunte und applaudierte. «Man ist alles in allem
meinem Buch überaus freundlich begegnet.» Und Foster wusste
das zu schätzen. «Aber leider», sagte er bekümmert, «ist das Wort,
das immer und überall wiederkehrt, ‹bonkers›.» Also: bekloppt.
Die britische Tageszeitung *The Guardian* nannte ihn, neben aller verdienten Schmeichelei, «ein erstklassiges Beispiel dafür,
dass die englische Oberklasse der schrägste Menschenschlag
der Welt ist». Was vergnüglich, wenn auch vielleicht nicht ganz
treffend war.

Charles Foster hatte das Buch seinem Vater gewidmet. Einem
Grundschuldirektor, der «nie ohne ein totgefahrenes Tier in einer
Plastiktüte nach Hause kam und der mir mein Formalin und die
Glasaugen kaufte». Es war nicht allein dieser Satz, der mich ihm
hatte verbunden fühlen lassen. Als Teenager hatte ich mir beim
Schlachter Schweineaugen besorgt und sie in Gießharz gegossen.
Ich fand das Auge, wie es zwar tot, aber jetzt auf ewig intakt aus
dem harten, klaren Block starrte, faszinierend. Schulkameraden
fanden es bestenfalls zweifelhaft. Später, in den langen, bisweilen
schmerzhaften Monaten, in denen ich hoffte, Henni und mich
zu einem von allen bestaunten Jagdteam zu machen, kratzte ich,
was ich an überfahrenen Wildtieren fand, von den Straßen und
trug sie heim. Durfte ich mich nicht bei erwischen lassen. War bei
Strafe verboten, weil Wilderei. Wirklich wahr. In Deutschland ist
noch das von Autoreifen zermatschte, geplättete Wild unantast-

barer Besitz des jeweiligen «Jagdausübungsberechtigten». Henni
aber liebte die Leichen. Wenn ich unsere Beute kopfüber im Stall
an einen Haken hängte und ausnahm und häutete, saß sie an meiner Seite und der Sabber troff von ihren Lefzen und sie fiepte vor
Gier. Angesichts solcher Leidenschaft konnte ich gar nicht anders,
ich machte mich immer wieder zum Räuber. Auch Foster, geboren in Manchester, aufgewachsen in der Stahl- und Joe-Cocker-
Stadt Sheffield, spürte früh den Sog der «Andersartigkeit». In den
schwarzgelben Augen der Amsel in seinem Jugendgarten sah er
ein Wissen, das ihm verschlossen war. «Ihr Blinzeln offenbarte
mir einen flüchtigen Blick auf die Schatzkarte eines Piraten. Ich
wusste, irgendwo darauf war ein Kreuz und markierte die Stelle.
Etwas lag dort vergraben. Etwas, das großartig und lebensverän-
dernd war.» Er las alles über Amseln. Er fragte jeden über Amseln.
Er langweilte alle mit allem über Amseln. Er besorgte sich ein Am-
selgehirn, legte es in ein Glas mit Formalin und drehte es wieder
und wieder in der Hand. Er versuchte, wie die Amsel zu denken,
Amsel zu sein. Oft schlief er mit dem Glas in der Hand ein. Die
Amsel blieb ihm unbegreiflich. Wie er sagte: Zum Glück!

«Wäre ich nur für einen Augenblick dem Glauben verfallen,
dass ich begriffen hatte, das wäre eine Katastrophe gewesen.» Er
fürchtete, er hätte als Ölhändler enden müssen, als Banker oder
als Zuhälter. «Die frühe Überzeugung, sie hätten alles verstanden,
alles gemeistert, macht Menschen zu Monstern.» Foster, der später in einem Café sagen würde, dass das Karrieremachen unbedingt zu vermeiden sei, wusste, wovon er sprach. Natürlich. Seine
Entfremdung von den Amselfragen im Speziellen und der Natur
überhaupt hatte mit dem begonnen, was er «meine widerwärtige,
westliche Erziehung» nannte. Die einen wahnsinnigen, geradezu
obszönen Wert auf Worte und Präpositionen legte. So sah er das.
«Man sagte mir, am Wichtigsten ist, dass du lesen und schreiben
lernst.» Er drehte sich auf dem kurzen Gras. «Da, sehen Sie diesen

Baum dort! Es ist also wichtiger, den Baum beschreiben zu können, als der Baum selbst? Das ist doch verrückt!», rief er. «Anmaßend! Arrogant!»

Wir haben unsere Vorstellung von der Natur über die Natur selbst erhoben, sagte Foster. Und wir klammern uns an der erbärmlichen Vorstellung fest und fürchten uns, sie durch die Wirklichkeit zu ersetzen. «Wie fürchten uns vor dem Wilden. Ganz besonders fürchten wir uns vor dem Wilden ins uns.» War es nicht diese Furcht, aus der noch der wohlmeinendste Kritiker ihn am Rande verlacht und einen Bekloppten genannt hatte? «Möglich», sagte ich und meinte es so.

Charles Foster sagte, das größte erzieherische Geschenk, das seine Frau und er ihren vier Kindern (er hatte zwei weitere Kinder, aus erster Ehe) heute machen könnten, sei der Satz: «Ich weiß es nicht.» Was konnte bildender für den Menschen sein als die Erkenntnis seines Unwissens und seiner Fehlbarkeit? Beides hielt, wie die Unergründlichkeit der Amsel, das Ego im Zaum. Diese Unergründlichkeit, sagte Foster, habe ihn überdies von der erfrischenden Unergründlichkeit aller Lebewesen überzeugt. «Einschließlich, ja, vielleicht sogar ganz besonders, der Unergründlichkeit der Menschen.» Die seiner Frau und Kinder eingeschlossen. Und, selbstverständlich, seiner selbst.

So war sein Versuch, dem Dachs, Hirsch, Otter, dem Fuchs und der Schwalbe näherzukommen, auch der Versuch einer Annäherung an sich selbst gewesen. Denn die ihn drängendste Frage war geblieben: «Wer bin ich? Wer ist dieser Charles Foster, von dem ich behaupte, dass er die Entscheidungen trifft? Der am Morgen bestimmt hat: Heute ziehe ich diese Hose an, dieses Hemd, diese Jacke? Wie kann ich sicher sein, dass ich BIN? Dass es mich gibt? Dass ich mehr bin als nur eine Illusion?» Er verzog schmerzlich das Gesicht und lachte. «Ich hatte diese Hoffnung, dass, wenn ich in den Dachs oder Fuchs etwas mit hinübernehmen könnte, von dem ich glaube, dass es den Menschen Charles Foster ausmacht, wenn also noch im Dachs oder Fuchs etwas, irgendetwas Foster-öses identifizierbar ist, dass es dann *mich* tatsächlich geben muss.» Er atmete durch. «Dessen bin ich mir jetzt einigermaßen sicher.»

So sprach der Mann, der nicht mit letzter Sicherheit Charles Foster zu sein wagte. Während wir im Collegegarten über den kurzen Rasen schlenderten, immer im Kreis. Das, was Foster da sagte, klang nicht halb so verrückt, wie es sich in den Zeitungen gelesen hatte. Oder möglicherweise hier liest. Wie gesagt: Es ist selbstverständlich nur meine Reflexion dieses Mannes und der Dinge. Und was weiß ich schon, wie ein Leser meine Reflexion reflektiert. Wirklichkeit und Illusion, Sein oder Nichtsein, das alles sind so verflucht verwirrende, furchtbar komplizierte Dinge. So furchtbar und kompliziert, dass man sich – will man sie für sich entwirren – am besten für ein paar Wochen vorzeitig in ein Erdloch legt und den Würmern ringsum beim Kriechen zuhört. Und ab und an einen von ihnen isst.

Erdwürmer machen fünfundachtzig Prozent der Dachsnahrung aus. Foster, der Dachs, hatte die Würmer verschiedener Herkünfte verkostet und geschmacklich kategorisiert: «Würmer aus Chablis haben einen langen, mineralischen Abgang. Würmer aus Picardy sind modrig, mit dem Geschmack von Verfall und gesplittertem Holz. Würmer aus der Gegend um Kent sind frisch und unkompliziert. Und die Würmer aus den Schwarzen Bergen in Wales schwer zu platzieren.» Allen gemein sei der Geschmack von Schleim. Und der Erde, in der sie von Anbeginn leben. Für Foster waren sie «die ultimative lokale Speise». «Der Dachs isst den Wurm, der einmal seine Großmutter war. Und er wird selbst als Wurm enden.» Ein Dachs, sagte Foster, bestehe aus der wiederverwerteten Erde weniger Quadratkilometer Umkreis. Konnte es eine größere Verbundenheit mit der Scholle, ein definitiveres Gefühl von Heimat geben? Also: eine unzweifelhaftere Form von

Sein? All das fragte sich der Dachs Charles Foster, während er in seinem Erdloch lag. Ab und an brachte der Farmerfreund Chorizo, Lasagne und Fischauflauf zum Bau. Und weil der Dachs nicht nur Schleimiges, sondern alles frisst, nahmen Foster und Sohn sie besten Gewissens in ihren Speiseplan auf.

Für seine Dachswerdung, so fand Foster, waren größere Herausforderungen zu meistern. Breitere Gräben zu überwinden. Das Dachsleben ist von der Dachsnase bestimmt. Sie setzt das Dachsweltbild zusammen aus den millionenfachen, augenblicklich von ihr eingefangenen Gerüchen. Der Mensch dagegen ist ein olfaktorischer Krüppel. «Hier, beispielsweise diese Wiese», sagte er. «Ach, nein, das ist ein schlechtes Beispiel. Dieses hier ist ein besseres Beispiel.» Er ging die paar Schritte vom kurzrasierten Grün zu dem kleinen Fleck Wildwiese, langhalmig und von Himmelschlüsselchen durchblüht. «Sehen Sie», sagte er und setzte einen Fuß in das grüngelbe Universum, «in unserer Vorstellung ist dieses Stück Wiese», er setzte den Fuß zwei Zentimeter weiter, «genau identisch mit diesem Stück Wiese.» Aber natürlich sei das nicht wahr! «Für einen Dachs, dessen Nase auf dieser Höhe ist», er beugte sich nieder und hielt seine Hand auf Höhe der gelben Blüten, «liegen Welten zwischen den beiden Stücken. Dieses Stück hier riecht komplett anders als das gleich daneben!» Von dieser Vielfalt schließe sich das Sichttier Mensch aus.

«Die ganze Zeit sind wir umwallt von Gerüchen. Wogen starker Gerüche, die wir nicht wahrnehmen, nicht nutzen, nicht einbinden in unser Bild von der Welt. So bleibt es farblos, eindimensional – bestimmt von der Tyrannei der Augen.» Die beherrsche uns seit jenem schicksalhaften Tag, an dem wir uns auf zwei Beine erhoben hatten. Sicher, das alles machte größten Sinn. «Hier oben, auf fast zwei Meter Höhe, brauchen wir vor allem Augen, na klar.» Eine Dachsnase nützte uns da wenig, wir brauchten keinen Geruchssinn zum Überleben. Also bildete der sich zurück, um den sensorischen Overload zu verhindern. «Und doch ging uns etwas verloren!» In Vorbereitung auf sein Leben als Dachs hatte Foster ein Nasenschulungsprogramm erdacht. Er legte in den Ecken seines Wohnzimmers Käsestücke aus, eine andere Käsesorte in jeder Ecke, räumte die Möbel aus dem Zimmer, verband sich die Augen, drehte sich ein paarmal um die eigene Achse und versuchte sodann eine Standortbestimmung anhand des Käsedufts aus den Ecken. Im Alltag nutzte er das Begrüßungsritual britischer Mittelklasse – Küsschen links, Küsschen rechts – für ein tiefes Duftporträt seines Gegenübers.

Später, auf allen vieren im Wald, mit der Nase im Gras, lernte er, dass flache, schnelle Schnupperzüge ein exakteres Bild ans Gehirn übermitteln als eine tiefe Nasenatmung, die die Duftinformationen in die Lunge fehlleitet. «Man nennt diese Art des Schnüffelns ‹Odour Sampling›, Geruchsproben nehmen.» Sein Sohn hatte es ihm vorgemacht. Der Graben zwischen einem Achtjährigen und einem Dachs, so registrierte der Vater mit Anerkennung und einem gewissen Kummer, hatte offenbar noch keine unüberwindbare Breite erreicht. Bald war der Sohn in der Lage, die Pissestraßen der Wühlmäuse zu erschnüffeln, und hörte die Zunge des Spechts hinter der Borke nach den Käfern spüren: «Stell dir das Flüstern einer Nagelfeile vor.» Der Vater, auf Ohren und Nase so gut wie taub, stellte es sich vor und quälte sich mit der Frage, wie zur Hölle er den Sohn je zurück in die Schule schicken könne. Zurück zu jener «widerwärtigen, westlichen Erziehung», ausgerichtet darauf, ihm all das in diesem Sommer Erlernte wieder zu nehmen.

Fürs Erste schickte er ihn und die Geschwister an die Ufer der Flüsse im Exmoor, wies sie an, «Dufthaufen» abzusetzen, als Markierungen, wie es die Otter tun. Und lernte gemeinsam mit ihnen zu erschnuppern, welcher Haufen aus welchem Geschwisterkind stammte. Er ließ sich als Hirsch von einem Bluthund über die schottischen Berge hetzen, um einmal nicht Jäger zu sein. Sondern Gejagter. Sein Gewehr hatte er seit langem beiseitegelegt. «Ich habe genug getötet.» Sein Ton war klar, faktisch. «Kein Gefühl von Schuld?», fragte ich, nur um sicherzugehen. «Kein Gefühl von Schuld!» Er sagte, ohne seine Jägerjahre hätte er den Tieren nicht so nahekommen können. Ein Mann mit einem Gewehr, schreibt er in seinem Buch, sieht, riecht, hört, erspürt sehr viel mehr als derselbe Mann mit einem Vogelbuch und Fernglas in der Hand. Und weil ich mal eine Frau mit einem Gewehr war, wusste ich: Das ist wahr. Die Jagd erhebt uns nicht über die Natur, sie macht uns zu einem Teil von ihr. Sie reduziert uns auf das Wilde, Ursprüngliche, Unmittelbare. Und mit alldem kommt die Sterblichkeit. Und der Tod. Und die Angst.

Foster hatte sie gespürt, als er in Wales in der Erdhöhle lag und ringsum in der Erde die Käfer, die Würmer und anderes Kleingetier kratzten und schabten. Doch je länger er lag und lauschte, je mehr wurden sie Teil seiner Welt. Und er der ihren. Plötzlich schreckte ihn das Wissen nicht mehr, eines Tages von den Würmern und Käfern gefressen zu werden. Ja, sagte er, es schien ihm geradezu akzeptabel. Der Wurm, der einmal Charles Foster war, landete erst im Bauch und würde dann Teil des Dachses. Vielleicht nicht die idealste, aber doch ultimative Form des Seins. Es war, wie alles, eine Frage der Reflexion.

INS HERZ

NORDFRIESLAND 2001

AM FOLGENDEN SAMSTAG, einem von ihr extra angesetzten Lehrnachmittag in unserer üblichen Kneipe, erwartete Magda mich schon im Kreis ihrer Liebsten. Ich war ohne weitere Ankündigung das Programm. «In unserem Kurs ist jemand, dem das Klima nicht passt. Antje, nimm bitte Stellung!» Ich wiederholte, was ich schon auf dem Schießstand gesagt hatte. Die gleichen Worte. Der gleiche Ton. Während ich sprach, sah ich von einem zum anderen. Blickte in starre Gesichter. Magdas Armee der Schweiger. Ihr gegenüber, sank mir das Herz. «So», sagte Magda. «Und ich finde, dass das Klima im Kurs wunderbar ist, und wer sich in unsere Gruppe nicht einfinden kann, der hat hier nichts verloren.» Damit war wenigstens dieses Thema schon mal für sie abgeschlossen. Sie hatte noch ein zweites. Brennenderes. Jedenfalls erweckte sie den Anschein, es sei das Brennendere von diesen beiden.

«Antje kam gestern mit einer fremden Waffe auf den Schießstand. Erzähl mal!» Ich erzählte, widerwillig. Hörte: Ich hatte alles falsch gemacht. Hätte keine Waffe haben dürfen. Nicht einmal transportieren. Waffen transportieren und führen darf man nur mit Jagd- beziehungsweise Waffenberechtigungsschein. Meine schriftliche Genehmigung des Waffenbesitzers? Firlefanz! Der hatte gar nichts zu erlauben. Fazit konnte nur sein: Ich war unzuverlässig. «Wenn das rauskommt!», zischte der dicke Ulli. «Dann

Jagdschein ade!» Ich zitterte. Vor Angst oder Überlebenswillen, wer kann das schon einwandfrei sagen? Nahm all meinen Mut zusammen zu einer Frage: «Nach welchen demokratischen Grundsätzen läuft diese Diskussion hier eigentlich ab?» Magda schnappte nach Luft. Brüllte dann, was wir hier eh alle wussten: «Auf dem Schießstand gibt es keine Demokratie! Du hast zu machen, was wir sagen!» Ich stand auf. Langsam, mit wackligen Knien. Ich sagte: «Also, vielleicht gibt es unter uns welche, denen das hier so seltsam vorkommt wie mir.» Die bat ich, sich jetzt zu melden. Die Gruppe schwieg.

Ich dachte: «Nicht schon wieder.» Dieses elendste aller Gefühle. Das der absoluten Verlassen- und Verlorenheit, des Nirgendwohin-Gehörens. Niemanden-Habens. Rings um dich nur grottenschwarze, abgrundtiefe Einsamkeit. Mein Lebensgefühl. Und wie immer dachte ich, es lag allein an mir. Dass ich es war, die nicht passte, nicht dazugehörte. Zu keinem. Jemals. Dass ich diejenige war, die störte. Meine Mutter liebte meinen Stiefvater. Dass er sie nicht zurückliebte, konnte sie nicht riskieren. Darum erzählte sie ihm lange Zeit nicht von mir. Sie gingen schon ein Jahr miteinander aus, als sie ihm sagte, dass es zuvor einen anderen Mann in ihrem Leben gegeben hatte. Einen, der ihr gegenüber von Liebe und Ehe sprach und weglief, als sie im fünften Monat schwanger war. Alles, was ihr von ihm geblieben war, war ein Gefühl abgrundtiefer Verlassenheit und rabenschwarzer Verlorenheit. Und natürlich ich. Vielleicht war es darum kein Wunder, dass sie das Gefühl und mich auf ewig miteinander verband. Und dass sich das Gefühl auf mich übertrug. Zwar Gott sei Dank nicht auf ewig, aber für eine verdammt lange, viel zu lange Zeit. Damals, als ich in dem Jagdkurs saß, war es noch da. Und vielleicht saß ich überhaupt nur darum da. Weil ich so dringend, verzweifelt nach dieser Heimat suchte, die nicht zu finden war.

Dort zitterten mir jetzt in altbekannter Weise die Knie. Und die Hände. In meinem Kopf und Magen war ein Loch, bodenlos, haltlos. Ich dachte: Ich muss gehen. Nur weg von hier. Für diesen Moment oder für immer. In jedem Fall aber: bevor ich in Tränen ausbreche. Vor Hilflosigkeit und Wut. Ich fuhr nicht nach Hause zu meinem Mann. Nicht dorthin, wo ich hätte zu Hause sein sollen. Ich fuhr zu Karl. «Weitermachen!», sagte der. «Du bist es dir schuldig.»

Wir probierten eine neue Flinte. Miroku, MK-60 Game, Kaliber 12. Mit der würde ich schießen lernen. Heimlich, auf dem Schießstand im zwanzig Kilometer entfernten Dänemark, unter der Anleitung von Karls Geschäftspartner. Auf den heimischen Stand würde ich nur noch fahren, um Magda die Stirn zu bieten.

In der Gruppe war ich jetzt Persona non grata. Aussatz. Keiner wollte durch Freundlichkeit mir gegenüber seine Prüfung gefährden. Magda hatte die Parole ausgegeben: «Wir lassen sie weiter bei uns mitmachen. Sie wird schon sehen, was sie von ihrem Verhalten hat.» Ich erfuhr es von denen, die zumindest in Magdas Abwesenheit wagten, den Mund zu öffnen. Wenigstens das.

Altjäger sprachen mir zu. Karl, der Bär vom Schießstand und ein paar wenige andere. An ein oder zwei Händen abzählbar. Aber: Sie zählten. Manche von ihnen sprachen mir heimlich zu, andere laut. Sie heilten mich von dem immer wieder neu aufflammenden Wunsch zur Kapitulation. Sagten: «Zeig's Magda! Zeig es allen! Du schaffst das!» Wer von den Furchtsamen in meiner Gruppe hätte das gedacht?

Montags schoss ich im Nachbarland, um das Treffen zu lernen. Mittwochs und freitags, auf dem heimischen Schießstand, drückte ich einfach nur ab. Ich präsentierte mich Magda als sicherer Verlierer. Am Abend vor der Prüfung ordnete Karl freundlich an: «Morgen schießt du zu Magdas Überraschung mit deiner Flinte. Vorher zu niemandem ein Wort. Im Beisein der Prüfer wird sie nicht wagen, etwas zu sagen. Und dann holst du sechs Tauben herunter.

Oder acht.» Ich schoss vier. Eine mehr als genug, um zu bestehen. Ich war nicht die Einzige, die sich freute. Ein Fürsprecher gratulierte: «Die Falle, die sie dir gestellt hat, hast du gemeistert. Der Rest ist ein Kinderspiel.»

Ich bestand. Nach der schriftlichen Prüfung Anfang Mai auch die mündliche. War jetzt Jägerin wider Magdas Willen. Der Nistkastenbauer und der arme Schlucker fielen durch. Stürzten ab im von allen gefürchteten mündlichen Teil. «Wer sich nicht fügen will, wer das Maul nicht hält, den fragen die Prüfer in den Ruin.» Diese Angst hatte die Jagdschüler über Monate kleingehalten. Diese Angst machte Magda groß. Wer wollte ihr übelnehmen, dass sie sie schürte? «Geht demütig in die Prüfung, dann habt ihr nichts zu befürchten.» Schuldig macht sich, wer solche Sätze glaubt. Auf Kosten aller. Mein Bestehen, entgegen der vermeintlichen Regeln, erklärte Magda sich und mir zähneknirschend mit einer neuen Regel: «Frechheit siegt!» Das oft genug auch, ja. In erster Linie aber siegt man, wenn alles gutgeht, mit Mut. Und das ist gut so.

«SCHADE, DASS DIE HUNDE
SIE NICHT ZERRISSEN HABEN»

ENGLAND 2016

AM ERSTEN APRILWOCHENENDE 2016 kam auf einem
Feld in Gloucestershire, Südengland, die neunjährige Bonamie Armitage zu Tode. An diesem Samstagvormittag ritt das Kind, von
Familie und Freunden «Bonnie» genannt, auf seinem Shetlandpony «Lindsay» in der «Cotswold Hunt» mit, einer von Englands
berüchtigten Jagdgesellschaften, die zu Pferd und mit einem Rudel Hunde den Füchsen nachstellen. Mit ihr ritten Freunde und
Familie. Eine große Gruppe, dreißig bis vierzig Reiter und noch
einmal so viele Hunde. Bonnies Pony lief neben dem Pferd einer
Freundin. Dann schlug das Pferd vor ihnen nach «Lindsay» aus.
Seine Hufe schlugen dem Kind mit Macht in die Brust und katapultierten es aus dem Sattel. Bonnie lag schwerverletzt im Feld.
Hubschrauber und Krankenwagen eilten zum Unglücksort, nahe
einer Farm gleich außerhalb eines der typisch malerischen Cotswold-Dörfer. Familie, Mitreiter und Anwohner sahen hilflos zu,
wie sich Sanitäter und ein Arzt um Bonnie bemühten. Nach den
ersten Hilfsmaßnahmen brachte der Hubschrauber sie ins naheliegende Gloucestershire Royal Hospital. Das Kind starb noch am
selben Tag.

Kurz nachdem Bonnies Tod bekannt wurde, meldeten sich auf
den Facebook-Seiten britischer Jagdgegner und -saboteure erste
Nutzer zu Wort: «Karma! Hoffentlich lernen die Eltern daraus

und nehmen künftig nicht mehr an einem so widerlichen Zeitvertreib teil!» – «1:0 für den Fuchs gegen mörderische Eltern» – «Tragisch und unnötig, aber Blutrünstigkeit bringt nun mal nichts Gutes. Wie anders wäre dieser Tag geendet, hätten die Eltern ihr Kind nicht solchem Risiko ausgesetzt!» – «Eine Jagd ist ein ganz und gar unpassendes Umfeld für ein Kind. Vielleicht denken ihre Eltern jetzt endlich mal an die anderen Unschuldigen, die bei der Jagd getötet werden: die Füchse».

Da war sie wieder, diese monströse Rechtschaffenheit. Diese so vielen von uns innewohnende Überzeugung – vielleicht auch nur das Bedürfnis –, der bessere Mensch zu sein. Und die gnadenlose Bereitschaft, dafür alles Verständnis und Mitgefühl, jeden Funken von Menschlichkeit fahrenzulassen. Stattdessen: «Das hast du nun davon!» und «Wehe dir!» auf allen Kanälen. Und, sobald die Gelegenheit sich ergab, eine erbärmliche, hundsgemein traurige Schadenfreude. War unter Jägern wie Nichtjägern gleichermaßen zu finden.

War ich auch mal so gewesen? Ich war vielleicht auch mal so gewesen. Nicht im Stil wie die Kommentatoren oben und nicht wenn jemand zu Schaden gekommen war. Jedenfalls konnte ich mich an ähnliche Ausfälle nicht erinnern. Aber Ansätze davon, die hatte ich gezeigt. Natürlich immer nur mit den besten Absichten, wie wir alle. Einmal hatte ich launig unter dem Pferdeverkaufsvideo eines Herrn dessen Reiterei kommentiert. Ich kannte den Herrn als Großmaul, darum hatte ich selbstgefällig entschieden, er habe die öffentliche Zurechtweisung und Blamage verdient. Na, und sein Pferd, das arme, hilflose Geschöpf, tat mir leid. Was ja immer ein schlagender Grund für das Zuschlagen ist. Aber: Hatte mein Kommentar positiven Einfluss auf seine Großmäuligkeit? Hatte er dem Pferd irgendetwas gebracht? Wer glaubte ich zu sein, dass ich ungebeten und in aller Öffentlichkeit meinen scharfen Senf dazugab? Im Nachhinein schämte ich mich dafür.

Vielleicht hätte ich, wäre der Herr schwer gestürzt, nicht gleich geschrieben: «Geschieht ihm recht!» Aber ich hätte es vielleicht gedacht.

Dann las ich in den Kommentaren zu Bonnies Unglück diesen: «Warum jammern, wenn das Schicksal zuschlägt? Schade, dass die Hunde sie nicht dazu zerrissen haben!» Ich nahm an, dass der letzte Satz sich auf den Fuchs bezog, der bei diesen Jagden von den Hunden gehetzt und zerrissen wird. Und nun wünschte jemand, der diesen Fuchstod zu Recht als barbarisch empfand, den gleichen Tod einem neunjährigen Mädchen.

Ich verstand das nicht. Ich verstand – und verstehe – nicht, wie jemand glauben kann, dass ein Kind, das mit seinem Pony an einer Fuchsjagd teilnimmt, verdient, unter Schmerzen zu sterben. Wie er das zu einer Art «höherer Gerechtigkeit», möglicherweise einer Strafe Gottes, erklären kann. Zu weisem «Karma». Eine Freundin sagte einmal erbost zu einer Dame, die Gott im Gebet bat, ihre Ehe zu retten: «Du, das eine sage ich dir, wenn Gott bei all dem Trubel auf der Welt nichts Besseres zu tun hat, als sich um deine blöde Ehe zu kümmern, dann will ich nichts mit ihm zu tun haben!» Ich will nichts zu tun haben mit einem Gott oder wie auch immer gearteten Karma, die herumstolzieren und kleine Kinder von Ponys schubsen. Und ich will genauso wenig zu tun haben mit Leuten, die zu einem solchen Gott beten oder auf solches Karma hoffen.

Die Zeitungen veröffentlichten Bilder von Bonnie und Lindsay. Ein glücklich lächelndes Kind – mit Reithelm und Sicherheitsweste – neben einem pfiffig dreinschauenden, braun-weiß gescheckten Pony. Meine Enkelin hat genau so ein Pony. Sie ist drei. Ich versuchte mir vorzustellen, was ich empfände, wenn meine Enkelin mit ihrem Pony auf einer Fuchsjagd mitritte, tödlich verunglückte und jemand unter ihr Bild schreiben würde: «Eins zu null für den Fuchs!» Oder: «Schade, dass die Hunde sie nicht zerrissen haben.» Es ging nicht. Es ging nicht, weil allein die Vorstellung mich taub machte vor Schmerz. Ich dachte: In einer Welt, wo mir jemand so etwas schreibt, will ich nicht leben.

Als ich erstmals in einem Berliner Magazin von meiner Jägerwerdung erzählte, schrieb eine Leserin an die Chefredaktion: «Das Septemberheft war das schlechteste Heft seit Jahren!» Dazu hatte ich nach Empfinden der Schreiberin maßgeblich beigetragen. «Was war das für ein furchtbar niveauloser Beitrag von der A. Joel? Das geht ja wohl gar nicht! Wir verstehen nicht, dass sie so etwas drucken konnten! Wer nicht ganz verroht ist, kann das nur abstoßend finden! Wir werden das Magazin nicht mehr kaufen!» Weitere Abonnements-Kündigungen folgten. Was hatte in dem Artikel gestanden? Warum und wie ich Jägerin geworden war. Auch dass ich einmal mein Kind mit auf den Ansitz genommen hatte. Und wie dieses Kind, neun Jahre alt und mit einem großen Herzen für alles, was vier Beine hat, plötzlich und unerklärlich jenem Gefühl verfallen war, das man Jagdfieber nennt, und wie es mich im grauen Morgenlicht gedrängt hatte, doch endlich zu schießen. Wohlgemerkt vergeblich, denn ich schoss nicht an jenem Tag und an keinem anderen. Ich tötete auf der Jagd nie auch nur ein einziges Tier. Auch das hatte in der Geschichte gestanden. Die Leser tobten trotzdem. Vor allem die Leserinnen. Jede einzelne Abo-Kündigung kam von einer Frau.

Der zweite Abdruck, im Magazin der *Süddeutschen Zeitung* und auf deren Facebook-Seite, lockte die Internetkommentatoren. Ein Mann schrieb: «Ich kann Frauen nicht verstehen, die Tiere, die ihnen nichts getan haben, einfach aus Tötungslust über den Haufen schießen.» Eine Frau antwortete: «Männer aber genauso wenig!» Was ich – in seinem Ansatz – in Gedanken beklatschte. Denn wie kam einer dazu, mich weniger verstehen zu wollen als einen scheinbar tötungslustigen Mann? Was berechtigte Männer zu größerer Tötungslust, zu kälterer Kaltherzigkeit? Wie kamen dieser Schreiber und so viele andere dazu, mich mit ihrer übersteigerten, verdrehten Erwartung an Frauen zu gängeln? Wenn meine Omma mich als Kind rügte: «Also, von DIR hätte ich das aber nicht erwartet!», war das nicht Ausdruck ihres enttäuschten Vertrauens in mich. Es war eine ausgefuchste emotionale Knebelei. Als Kind wusste ich das natürlich nicht. Heute, gut vierzig Jahre später, weiß ich es manchmal schon.

Das *Hamburger Abendblatt* hielt es noch 2014 in einem Artikel über Frauen auf der Jagd für erwähnenswert, dass die von ihm porträtierte Jägerin «blond und hübsch» ist. Als täte das etwas zur Sache. Ich dachte: Das klingt fast, als fühle man (und frau) sich betrogen. Von der so Schönen und Blonden aufs Übelste ausgetrickst und hintergangen. Als erkenne man jetzt, wo sie mit der Knarre in der Hand vor einem stand, dass man aufs Äußerste hätte auf der Hut sein müssen vor einer, die man mit keinem Auf-der-Hut-sein-Müssen freiwillig jemals in Verbindung gebracht hätte. Weil man ihr nichts Übles zugetraut hätte. Die *Süddeutsche Zeitung* brachte im selben Jahr einen Artikel zum selben Thema, unter dem Titel: *«Und Sie schießen wirklich selbst?»* Ein Ausruf, den die Jagdfrauen, von denen in dem Artikel die Rede war, häufig zu hören bekamen. Die Hauptfrau in der Geschichte hieß Madeleine, aber eben nur in der Geschichte. Ihren richtigen Namen wollte sie nicht veröffentlicht haben: Zu viele könnten ihre Leidenschaft nicht verstehen. Das zu einer Zeit, als laut Artikel schon jeder zehnte Jagdscheininhaber eine Frau war. Zwanzig Jahre zuvor hatte der Frauenanteil unter den Jägern noch bei einem Prozent gelegen.

Unter meiner eigenen Geschichte urteilte ein Dritter: «Die Lust am Töten – und nichts anderes ist die Jagd – ist ein perverses Hobby von machtgeilen Menschen, die sich daran ergötzen, sich über andere mittels Waffen zu erheben. Psychopathen also – unabhängig vom Geschlecht!» Immerhin! Eine Dame rief – ähnlich wie später in den Kommentaren zu Bonnies Tod – zur Jagd auf mich auf: «Herzlose Menschen wie Sie sollten gejagt werden. Treibjagd. Null Ethik, die Alte!» Worauf ein Herr antwortet: «Ah ja. Und wer jagt dann die Jäger, die die Jäger jagen? Oder ist das nicht mehr null Ethik, sondern vier oder fünf Ethik und somit okay?» Genau das war die Frage. Wenn das Schießen eines Rehs, das Hetzen eines Fuchses verwerflich und abstoßend war, wie viel verwerflicher und abstoßender war es, sich an dem Tod eines Kindes zu freuen? Welchen Platz auf der offenbar nach unten offenen Ethikskala belegten die Schreiber solcher Kommentare?

Die britischen Tageszeitungen, in ihrem Aufruhr und vielleicht auch in dem Versuch, selbst gnadenlos gut zu sein, veröffentlichten die Namen der rücksichtslosesten Kommentatoren. Der brutalste Kommentar, der mit den Hunden, stammte von einer Frau. Und ich ertappte mich kurzfristig bei jenem dämlichen Schrecken. Als sei es ein ganz kleines bisschen *weniger* schlimm, wenn ein Mann einem Kind wünschte, von Hunden zerrissen zu werden.

Ich sah mir die Facebook-Seite der Schreiberin an. Auf dem Profilbild umarmte eine lachende blonde Frau von Mitte vierzig ihre lachende blonde Teenagertochter. Die Mutter hatte – im Februar – die Edeka-Weihnachtswerbung geteilt, auf Deutsch mit englischen Untertiteln, in der ein einsamer, trauriger Opa alle Jahre wieder seine Kinder und Enkel zusammenzurufen versucht, aber keiner Zeit hat. Bis der Opa in einem Jahr statt der üblichen Einladung rundum seine eigene Todesanzeige verschickt. So trickst er die Familie zum Fest zusammen. Ein Tränenschocker. Auch ich hatte ein verdruckstes bisschen heulen müssen, als ich sie Weihnachten das erste Mal sah. Im Januar teilte sie das Foto des gerade verstorbenen David Bowie. Im März von einer «Heiler»-Seite die Mahnung: «Du hast nur ein Leben. Wie willst du es verbringen? Indem du ständig bereust? Weinst? Hinterfragst? Indem du dich hasst? Oder Leuten hinterherläufst, die einen Scheiß auf dich geben? Du hast ein Leben. Nutze es, geh raus in die Welt und lebe. Mach dir Ehre.»

Die Tageszeitungen hatten die Kommentarschreiber als «Internet-Trolle» bezeichnet. Als Menschen, die aus schierer Bösartigkeit kommentierten, mit dem Ziel, andere zu verletzen oder wenigstens auf die Palme zu bringen. «Internet-Trolle nehmen Familie des verunglückten Mädchens ins Visier» und «Widerliche Trolle quälen trauernde Familie» und «Ekelhafte Trolle posten kranke Sticheleien». Aber die lachende Frau mit der Tochter im Arm sah nicht aus wie ein Troll. Und ihre Facebook-Seite las sich nicht wie die Seite eines gleichgültigen, abfälligen Menschen. Geschweige denn wie die einer Psychopathin mit Lust am Quälen. Sie las sich wie die Seite einer Frau, die sich Gedanken über die Welt und das Leben machte. Die mal verletzt worden und jetzt umso verletzlicher war. So ein Gefühl der Verletzlichkeit, das kannte ich aus Erfahrung, macht Angst. Und all das, was man nicht kennt, was außerhalb des eigenen Erlebens und Begreifens liegt, macht Angst. Es macht umso mehr Angst, je verletzlicher man sich erlebt. Dagegen muss man an. Mit Sinnsprüchen, notfalls mit Macht.

Die Kommentatorin, ich nenne sie Mary, gehörte klar zu den Guten. Zu den Rechtschaffenen. Dass Marys Goodwill und Rechtschaffenheit in dem Kommentar monströse Formen angenommen hatten, war ihr nicht bewusst. Dessen war ich mir sicher.

Ich schrieb Mary eine E-Mail. Ich schrieb, dass ich bei meinen Recherchen für ein Jagdbuch unvermeidlich auf ihren Kommentar gestoßen sei. Ich schrieb, dass ich selbst nicht gegen die Jagd an sich sei und dass ich gern das Thema betreffend Einblick in die Ansichten anderer Leute bekäme, ob sie nun gegen die Jagd seien oder nicht. Ich schrieb: «Es liegt mir fern, Ihren Kommentar meinerseits zu kommentieren. Schon gar nicht will ich ihn verurteilen. Ich würde stattdessen begrüßen, wenn Sie mir Gelegenheit gäben, mit Ihnen darüber zu sprechen, damit ich möglichst verstehen kann, was an der Jagd sie so aufregt, dass es zu jenem Kommentar geführt hat.» Und das meinte ich so. Ich schickte die E-Mail ab und wartete.

Wenn mir einer als Kind gesagt hätte, dass ich eines Tages in den Wald ziehen werde, bereit, Tiere zu erschießen, ich hätte wahrscheinlich geweint. Nicht um die Tiere. Sondern um mich. Ich hätte nicht verstanden, wie einer etwas derart Gemeines über mich sagen konnte. Ich war ein so nettes Kind. Etwas unsicher, oft ängstlich. Und ich liebte Tiere. Ich liebte Tiere, wie überhaupt nur ein Kind Tiere lieben kann. Genauer: Ich liebte Tiere, wie nur ein ziemlich einsames Kind Tiere lieben kann. Geschwister hatte ich keine. Und Freunde zu finden, tat ich mich schwer. Noch genauer: Ich liebte Tiere, wie nur ein ziemlich einsames, ängstliches Kind, dessen Eltern Tiere aus den verschiedensten Gründen nicht ausstehen können, Tiere lieben kann. Manchmal denke ich, das ist schon die ganze unfehlbare Rezeptur. Aber wer weiß.

Einmal brachten Freunde meiner Eltern von ihrem Italienurlaub eine Salami mit. Eine dürre, runzelige, weiß bestäubte Wurst, die sich augenscheinlich in nichts von den Salami unterschied, die es in der Wurstabteilung vom Realkauf unten im Industriegebiet zu kaufen gab. Ich schnitt sie mir unbekümmert aufs Brot. Ich wusste nicht, welches Tier in Italien traditionell zu Salami wird. Bis mein Stiefvater, der, zusammen mit meiner Mutter, auf den Aufschnittmoment gelauert hatte, «Iii-ah!» sagte. Ich begriff nicht gleich. Und als ich begriff, aß ich weiter. Einerseits weil ich meiner grinsenden Mutter und dem Stiefvater nicht den Triumphmoment gönnte. Anderseits sah das arme Eselchen so gar nicht mehr nach einem Esel aus. Es sah aus wie die Würste im Kühlregal vom Realkauf.

In den fünfziger Jahren stellte der amerikanische Sozialpsychologe Leon Festinger den zweifelnden Kollegen erstmals seine Theorie von der «Kognitiven Dissonanz» vor. Sie revolutionierte die Psychologie. Bis zur Veröffentlichung von Festingers Erkenntnissen war die Theorie der Verhaltensforscher dominierend gewesen. Sie ging vom Menschen als einem «Gewohnheitstier» aus, dessen Verhalten stets eine Reaktion auf einen jeweiligen Auslöser war. Diese Reaktionen konnten durch positive Einflussnahme (Belohnung) oder negative Einflussnahme (Strafe) verstärkt werden. In jedem Fall, so glaubten die Verhaltensforscher, lagen die Auslöser für jede menschliche Reaktion außerhalb des Menschen selbst. Sie sahen keinen Hinweis auf rein interne Auslöseprozesse, durch Bewusstsein oder Emotionen. Festingers Theorie hingegen sah «soziales Verhalten als die Reaktionen eines denkenden Organismus, der kontinuierlich bemüht ist, seine (Innen-)Welt in Balance und in eine Ordnung zu bringen. Im Gegensatz zum blinden Impulsverhalten eines Wesens, das rein aus Gefühl und Gewohnheit reagiert.»

Gegensätzliche innere Einstellungen, Glaubenssätze oder ein widersprüchliches Verhalten, so Festinger, lösen in uns Gefühle von Unsicherheit und Unbehagen aus (Kognitive Dissonanz). Vor denen versuchen wir uns zu bewahren, indem wir die eine Einstellung der anderen angleichen, den einen Glauben dem anderen anpassen und unser Verhalten in Einklang bringen. Grundlage von Festingers Theorie ist, dass wir alle das Bedürfnis haben, unsere Einstellungen und Glaubenssätze in Balance zu halten und eine Disharmonie zwischen ihnen zu vermeiden. Gemäß dem alten Handwerkersprichwort: «Was nicht passend ist, wird passend gemacht!»

Ein Raucher beispielsweise, der weiß, dass Rauchen Krebs verursacht und tödlich sein kann, wird dieses Wissen versuchen zu entwerten. Mein rauchender Nachbar (und leidenschaftlicher Verschwörungstheoretiker) belehrte mich einmal in meiner Küche, dass Rauchen nicht wirklich schädlich ist. Dass die Warnhinweise auf den Zigarettenpackungen vielmehr nur dazu dienten, die Bevölkerung auf nervösem Trab zu halten und von «den Schweinereien abzulenken, in die unsere Regierungen so verwickelt sind». Weil ich damals noch nichts über Kognitive Dissonanz und ihre Alltäglichkeit wusste, reagierte ich etwas barsch und bat ihn, meine Küche zu verlassen und mich nicht mehr mit seinem Ballaballakram zu belasten. Das war vor drei Jahren. Wir haben seither nicht mehr miteinander gesprochen. Der Nachbar raucht noch. Ich nehme an, er steht kurz vor einer bahnbrechenden Enthüllung über alle Schweinereien der verschiedenen, mit Warnhinweisen um sich schlagenden Regierung und die tatsächlichen gesundheitlichen Vorteile des Tabakgenusses, die uns von ihnen jahrzehntelang vorenthalten wurden.

Festinger wurde erstmals auf das Phänomen der Kognitiven Dissonanz aufmerksam, als er das Verhalten von Mitgliedern einer indischen Sekte studierte. Kernglaube dieser Sekte war, dass die Welt an einem bestimmten, von ihr benannten Datum von einer Flutwelle zerstört werden würde. Die strenggläubigsten Mitglieder verkauften ihre Häuser, gaben ihre Arbeit auf und verschrieben sich ganz und gar ihrem Kult. Der von ihnen prophezeite Weltzerstörungstag kam, und die Flut fand nicht statt. Während die weniger überzeugten Glaubensmitglieder bereit waren, sich und Festinger einzugestehen, dass sie einen Fehler gemacht hatten und ihn in die Kategorie «Man lernt immer noch was dazu» einordneten, hielten die Strenggläubigen an der Richtigkeit ihres Glaubens fest. «Die Welt wurde nur darum nicht zerstört», sagten sie Festinger, «weil wir unserem Kult so gläubig und treu ergeben waren.»

Kognitive Dissonanz ist auch das Gefühl von Betrug, das uns befällt, wenn wir einer hübschen Blonden gegenüberstehen, die eine Knarre unter dem Arm trägt und ein totes Wildschwein über der Schulter. Kognitive Dissonanz ist das Unbehagen, das wir empfinden, wenn unser Tierarzt erzählt, dass er am Wochenende einen kapitalen Bock geschossen hat. Wortwörtlich, im Wald, mit der Büchse. Oder wenn über dem Artikel einer Autorin, die den Jagdschein hat, steht, dass sie schon immer sehr tierlieb war. Kognitive Dissonanz ist der Unglaube, dass der brutale Kommentar zum Tod eines Kindes von einer herzlichen, strahlenden Frau geschrieben wurde, die so liebevoll ihre eigene Tochter in den Armen hält. Und die dazu aufruft, das eigene, viel zu kurze Leben zu nutzen, die Welt zu einem besseren Ort zu machen. Wenn auch nur über Facebook.

In den achtziger Jahren brachte der *Stern* einen Artikel mit dem Titel «Sind Vegetarier die besseren Menschen?». Unter den berühmten Vegetariern, die das Magazin als Beispiele nannte, fehlte der berühmteste: Adolf Hitler. Der Verfasser litt vielleicht unter einem Anfall von Kognitiver Dissonanz. Wer könnte es ihm verübeln?

Hitler, ein ausgewiesener Tierfreund und beispielloser Massenmörder – verspüren Sie bei der Kombination ein leichtes bis mittelschweres Unbehagen? Das dringende Bedürfnis, Ihre Gefühlswelt wieder ins Lot zu bringen? Es wird noch schlimmer, warten Sie's ab! –, verachtete Jäger als «unfair». Darüber hinaus verlangte er, dass die Abneigung gegen das Fleischessen allgemein werden müsse. Seine Sekretärin Christa Schröder schrieb nach Kriegsende: «Um seinen Gästen den Fleischgenuss zu verekeln, führte er bei Tisch gern aus, dass Fleisch ein toter und verwester Stoff sei.» Und: «Er hatte eine so grausige Art, die blutige Arbeit in den Schlachthöfen und das Gemetzel des Viehs zu beschreiben, dass es vielen Gästen übel wurde.» Hitler, immerhin, hatte scheinbar kein Problem mit der Kognitiven Dissonanz.

Oder vielleicht war er auch nur jener grassierenden Art von Gutmenschlichkeit verfallen, die glaubt, dass «Tiere die besseren Menschen sind». Die sich in armseligen Sätzen äußert wie: «Seit ich die Menschen kenne, liebe ich die Tiere.» Ich habe mal ähnlich gedacht und gesprochen. Es war eine eher traurige Phase meines Lebens. Heute denke ich: Wenn man schon keine Empathie der eigenen Spezies gegenüber aufbringen kann, wie dann erst gegenüber einer anderen?

Auf Marys Antwort warte ich noch.

AUSGEJAGT

NORDFRIESLAND 2003

IM SPÄTHERBST 2003, drei Jahre nachdem ich wider Magdas Hoffnungen und Mühen die Jägerprüfung bestanden hatte, brachte ich meine Waffen zurück zu Karl. Auch meine Flinte, Miroku, MK-60 Game, an der mein Herz hing. Weil ich mit ihr bei und von den Dänen das Schießen gelernt und schließlich, an einem sonnigen Vormittag im Mai, triumphiert hatte. Nicht nur über Magda und den dicken Ulli. Sondern im Großen und Ganzen. Überhaupt. Mein alter Cowboy in Idaho hatte mal zu mir gesagt: «Es gibt zwei Arten Pferde. Die einen, wenn du die in die Ecke drängst, dann legen sie sich einfach hin und sterben. Die anderen aber, wow, dräng die in die Ecke, und du kannst was erleben!» Er sagte, er sei die letztere Art Pferd. Legte mir die Hand auf den Arm, lächelte, nickte, sagte: «Du weißt, was ich meine.» Na, klar! Ich brachte auch endlich die Büchse zurück, die Karl mir vorab schon mal zur Verfügung gestellt hatte und die ich dann doch nie kaufte, weil mir immer das Geld fehlte. Selbstverständlich. 6000 Euro, wer hat die schon einfach mal so. Ich konnte von Glück sagen, dass ich es schaffte, die siebzig Euro zusammenzukratzen, die der Ansitz im Staatsforst über das Wintervierteljahr kostete. Nur fürs Dortsitzen und Warten. Jedes Wild, das ich währenddessen schoss, geschossen hätte, war zusätzlich zu bezahlen. Ich schoss nichts. Was von einem finanziellen Standpunkt her natürlich erleichternd war. Aber vom jagdlichen doch eher enttäuschend. Oder?

Ich hatte gern dort gesessen. Allein, in den frühesten Morgenstunden. So früh, dass sie genaugenommen noch Nachtstunden gewesen waren. Erst in Dunkelheit, dann, mit der aufsteigenden Sonne, in der Dämmerung. Und immer in Kälte. Und Stille ringsum, wie man sie sonst nirgends fand. Ich hatte ein Fernglas gekauft. So ein kleines, altes, aber mit Restlichtverstärkung, damit man auch in der Dämmerung noch ein bisschen was sah. Aus Beständen der Volksarmee. Hundert Euro. Das konnte ich mir leisten. Fand es auch passend für mich, irgendwie. Mit so einem 2000-Euro-Präzisionsgerät tschechischer Bauart, auf deren Schärfe und Lichtstärke die Kollegen Lobhymnen sangen, hätte ich mich unwohl gefühlt. Mehr wie ein Jäger als wie ein Jager. Was ich auf keinen Fall sein wollte. Ich dachte immer, ich könnte ein Jager sein, ich hätte das Zeug dazu. Ich dachte, das war es, warum der Koch mich damals mitgeschleppt hatte. Weil er spürte, was ich noch nicht wusste: dass wir, er und ich, aus dem gleichen Holz gemacht waren. Die gleiche Art Pferd. Und das fühlte sich verdammt gut an.

Vielleicht war das der Grund, warum ich mich den Winter lang mitten in der Nacht aus den warmen Bettdecken schälte. Warum ich meinen schnarchenden Mann liegen ließ. Ihn in der stickigen Behaglichkeit dieses Hauses, in dem ich mich lange schon nicht mehr zu Hause fühlte – vielleicht noch nie wirklich zu Hause gefühlt hatte –, zurückließ. In diesen Nächten zog ich aus. In die Kälte, die so kalt nicht war, wenn man sie mit anderen Kälten verglich. Beispielsweise mit solchen, die einen in der Behaglichkeit eines Zuhauses befallen, das kein Zuhause mehr ist.

Anfangs fiel es mir noch schwer, mich zu trennen. Von der trügerischen Wärme des Betts und des Körpers. Früh um drei in die kalte, dunkle, verlassene Küche hinunterzugehen, wo ich mir die langen Unterhosen, die wattierten, wasserabweisenden Cargo-Hosen, die wollenen Socken (zwei Paar, übereinander getragen), das Unterhemd mit den langen Ärmeln, das Hemd, den Bundeswehrwollpullover und die dicke Jagdjacke am Vorabend zurechtgelegt hatte. Über den Stuhl, neben das Paar kniehoher, neoprengefütterter Stiefel aus echtem Gummi. Die einzigen Stiefel, die *wirklich* warm hielten, auch noch nach reglosen Stunden. So rüstete ich mich aus. Bereitete mich vor. Sicherte Stück für Stück, Lage für Lage, mein Überleben. Klar, blieb ich im Bett liegen, was immer eine Möglichkeit war, war das alles nicht nötig. Aber dass es diese Notwendigkeit plötzlich gab – dass ich sie, ohne Not, selbst geschaffen hatte –, fühlte sich verdammt gut an. So wie sonst nichts.

Kaffee in der Thermoskanne. Ein Apfel. Ein Brot. Das Fernglas. Ich nahm die Waffen und ausreichend Munition aus dem Verschluss. «Metall-Waffenschrank der Kategorie A+++, mit Munitions- und Handfeuerwaffen-Depot. Zwei Schlüssel. Für die sichere Verwahrung von bis zu fünf Langwaffen, 499 Euro.» Mit dem Schloss hatte ich immer Schwierigkeiten. Schlüssel rein, drehen, hakte, also ein Stück wieder raus. Wie weit rein? Wie weit wieder raus? Wie jetzt am gefühlvollsten drehen? Und warum bitte ging das Scheißding trotz allen Drehens und Fummelns wieder für eine gefühlte Ewigkeit nicht auf? Ich dachte: Mein Schrank traut mir nicht. Vielleicht hatte er seinen Grund.

Dann lagen die Waffen im Kofferraum des Wagens. Die Tasche mit Kaffee, Fraß, Munition und Volksarmee-Fernglas auf dem Beifahrersitz. Auf meinem Weg zum Wald durch die erleuchteten, menschenlosen Dörfer zu fahren, fühlte sich jedes Mal wie ein Abschied an. Von einem Leben, in dem ich so oft nicht zu Hause war. Dann dachte ich an Hanne, die nicht ein letztes Mal durch die nachtleeren Dörfer gefahren war, die Waffen im Kofferraum. Die lagen ja schon bei den Nachbarn. Zu ihrer eigenen Sicherheit. Ich dachte: Wenn überhaupt, hätte das hier mehr Stil gehabt. Ihren. Oder?

Den am Waldrand geparkten Wagen dann wirklich zu verlassen, im Stockdunkeln, kostete noch mal Kraft. Da war ein Unbehagen in mir. Jedes Mal. Anfangs dachte ich: Das wird vergehen. Mit der Erfahrung, mit jedem Mal, das du in den Wald hinausfährst und die Sicherheit deines Wagens hier im Stockdunkeln verlässt, wird das Unbehagen weniger werden und irgendwann ganz verschwinden. Es verschwand nicht. Wurde nicht weniger, zumindest nicht so, dass es für mich gefühlsmäßig einen Unterschied gemacht hätte. War das nur Unsicherheit? War es echte Angst? Wenn ja, vor wem? Vor was? Ich war doch bewaffnet! Mir konnte doch keiner was. Ich dachte: Das hier, diese Zittrigkeit vor dem Wald, vor seiner nachtschwarzen Fremdartigkeit, vor der plötzlichen Einsamkeit, mit der er mich umfing, ist ein Gefühl für Jäger! Ein Jager spürt so etwas nicht. Oder war es eher umgekehrt? War das hier Instinkt? Und damit ein Zeichen wahrer Jagerschaft?

Der Jäger mit seinem Bravado und Ballermann-Brimborium erklärt den Instinkt für lachhaft. Die Angst vor dem Wilden, Fremden. Vor Schaden. Und Tod. Was ja ungefähr das Gleiche ist. Waren Jäger und Jagdgegner sich darin nicht gleich? In ihrer Verleugnung von Tod und Instinkten? Nachtgedanken. Am schwarzen Wald.

Ich öffnete den Kofferraum, nahm die Patronen aus der Munitionsbox und lud das Gewehr. Was gegen die Vorschrift – beziehungsweise die allgemeine Empfehlung – war. «Nicht mit geladener Waffe durch den Wald laufen», hatte Magda gewarnt. «Wenn ihr mit der Waffe auf dem Rücken stolpert, fallt und sich ein Schuss löst, na dann gute Nacht! Darum: Immer erst auf dem Ansitz laden!» Ich legte den Sicherungsbolzen um. Damit sich, auch wenn ich stolperte und fiel, kein Gute-Nacht-Schuss lösen konnte. Ich hatte immer Angst, zu stolpern und zu fallen. Schien mir in diesem struppigen Dunkel, jenseits der befestigten Wege geradezu garantiert. Ich fürchtete immer, mein erstes Opfer zu sein. Trotzdem lud ich die Waffe jedes Mal schon am Wagen. Weil ich auch wusste, dass es dämlich war, das Gewehr am Ansitz zu laden, da das Wild, tief im Wald, vor jedem unbekannten, unnatürlichen Geräusch erschreckte. Zu Tode. Zu Recht. Das metallische Klicken des Waffenverschlusses war so ein Geräusch. Hell. Und weit in den Wald hinein hörbar. Wie leise man auch immer seine Waffe öffnete, die Patronen hineinschob und die Kammer schloss. Für das Wild war es nicht leise genug. Es hörte, verharrte und hielt sich dem Geräusch fern. Etwas in mir hatte das als das höhere Risiko kalkuliert. Machte mich das zu einem Jäger?

So lange her. Beinahe zwanzig Jahre. Aber die Erinnerung, das Gefühl in mir ist unauslöschlich. Geradezu frisch. So, dass ich ganz zappelig werde vor Sehnsucht, wenn ich es hier aufschreibe. «Man kann auch ohne Waffe im Wald spazieren gehen und die Tiere beobachten!», sagen Jagdgegner gern. Ich sage: Klar doch, man kann. Aber ihr habt ja keine Ahnung! Das eine ist nicht wie das andere. Nicht einmal beinahe. Einer, ein Exjäger, hat mal zu mir gesagt: «Ein Mann, der mit einem Gewehr durch den Wald läuft, sieht, hört und riecht mehr als ein Mann, der nur ein Fernglas mit sich trägt.» Eine Frau mit einer Waffe auch. Sieht mehr, hört mehr, riecht mehr. *Ist* mehr. Ein Teil von allen. Und darum voll und ganz da.

Einmal, als ich im Morgendunkel dort oben auf meinem Ansitz saß, hörte ich etwas die Leiter heraufkommen. Spürte es auch. Ein Knacken und Beben im Holz und in meinen Füßen. Ich erstarrte. Das, was da kam, in der Dunkelheit, bewegte sich immer weiter hinauf zu mir. Es hörte und fühlte sich gewaltig an. Dinosauriergroß. Mindestens. Das Gewehr stand noch in eine Ecke gelehnt, weil ich noch auf Licht und Sicht gewartet hatte. Auf Wild. Ich dachte: Verflucht! Jetzt erwischt dich hier etwas, bevor du es erwischen kannst. Mir raste das Herz. In meinem Mund lag die Zunge, fett und klamm. Das Gepolter unter mir hielt für den Augenblick inne. Ich beugte mich atemlos vor, sah durch die Luke, auf die obersten Sprossen der Leiter. Es war gerade hell genug. Da saß ein Schemen. Aufrecht. Pelzig. Klein. Das Eichhörnchen sah mich an. Um ein Haar hätte ich geweint. Vielleicht war ich kein Jager.

Ein anderes Mal nahm ich meine Tochter mit auf die Jagd. Die zweitälteste. Die missbilligend den Kopf schiefgelegt hatte, als sie hörte, dass ich den Jagdschein machte, und gesagt hatte: «Tiere erschießen? Das finde ich nicht gut.» An einem Oktobermorgen begehrte sie, mit in den Wald genommen zu werden. Schlich Seite an Seite mit mir durch den Regen. Stieg die Stufen zum Ansitz hinauf. Oben lauschte sie ins Dunkle. Hob bei jedem Knacken die Brauen und sah mich an. Ich schüttelte den Kopf. Das Kind senkte das Kinn zurück in den aufgestellten Jackenkragen. So saßen wir und schwiegen.

In der aufsteigenden Sonne wechselte die Landschaft vor uns von Schwarz zu Grau. Das Kind spähte in den Regen. Da war es! Ein Reh. In dem verwaschenen Morgen kaum auszumachen. Das Kind stieß mich an. Ich konnte sein Knie, gegen mein Bein ge-presst, zittern spüren. Ich hob das Gewehr. «Schschsch», wisperte das Kind. Ich legte den Lauf auf die Brüstung, presste den Schaft in die Schulter, legte die Wange ans Holz. Das Kind hielt das Volks-armee-Glas an die Augen gedrückt. Stieß mich an, ungehalten. Seine Stimme vibrierte. «Schieß! Jetzt schieß!» Ich schüttelte den Kopf. «Ich kann nicht gut genug sehen.» Als die Beute sich in dem Grau auflöste und ich endlich den Lauf von der Brüstung nahm, weinte das Kind vor Enttäuschung.

Einmal sagte der Mann, den ich frühmorgens immer leichter im Bett zurückließ, er wolle jetzt auch den Jagdschein machen. Ich erschrak. «Du bist Vegetarier», sagte ich lahm. «Na und?», sagte er. «Ich muss ja nur schießen. Nicht das, was ich geschossen habe, auch fressen.» Ich dachte: Welch ein Affront! Was für eine beschissene Sinnlosigkeit! Und dass sein Wunsch, Plan, was im-mer es war, wahrhaft furchterregend war. Auch darum sagte ich:

«Nein!» Aber natürlich stand mir das gar nicht zu. Ein Altjäger, dem ich von meiner Furcht erzählte, sagte bedächtig: «Da mach dir mal keine Sorgen. Der muss ja nicht nur den Lehrgang durchstehen. Der muss auch die Prüfung bestehen.» Und ich verstand: Da hatte er keine Chance. Zwei Jahre darauf wurden wir geschieden. Was der Hauptgrund dafür war, dass ich meine Waffen an Karl zurückgab: Ich brauchte das Geld. Anders hätte ich sie behalten.

Ich gab auch Henni zurück. An Justus. Der jetzt Krebs hatte, Kehlkopfkrebs. Paffst du deine zwanzig oder wer weiß wie vielen Zigaretten am Tag und treibst sonst wie Raubbau mit dir an Körper und Seele, zahlst du irgendwann dafür den Preis. Ist ja klar. Sie hatten ihm vorn den Hals aufgetrennt, den Tumor herausgeschnitten. Im Grunde hatte er keine schlechte Prognose. Es hieß, er würde überleben. Wenn er von nun an Rücksicht auf sich nahm. Na ja. Die im Krankenhaus kannten ihn halt nicht sehr gut. Aus dem Schlitz im Hals hingen noch ein paar Schläuche, als ich ihn erstmals nach der Operation sah. Er war schon wieder zu Hause. Hatte es in dem Krankenhaus keinen Tag länger als unbedingt notwendig ausgehalten.

Seine Frau öffnete mir die Tür. Beinahe hätte sie geweint. Nicht wegen Justus. Wegen mir. Weil ich ihn tatsächlich besuchen kam. «Da bist du die Einzige!», rief sie. Was, wie ich fand, beides kein großes Wunder war. Sie schob mich in das Esszimmer. Und da saß er dann. Unglaublich klein. Und zerbrechlich. So klein und zerbrechlich, wie er wohl war, nur dass das kaum einer wusste. Jetzt weinte er. Tatsächlich. Tränen rannen ihm aus roten Augen über die eingefallenen Wangen bis in den grauen Bart. Er gestikulierte, dass ich mich setzen solle, ihm gegenüber. Sprechen konnte er nicht. Er griff mit seinen derben, rauen Händen nach meiner Hand auf dem Tisch, drückte sie, schüttelte sie, weinte stumm. Seine Frau drehte sich um, weg von alldem. Sie glaubte sicher, wenn einer heult, ist das genug. Und für einen idiotisch schwachen Moment wünschte ich, ich wäre vielleicht besser nicht gekommen. Mit Justus, dem Scheißkerl, dem «Räuber», hatte ich leben gelernt, das war ein Leichtes gewesen. Für Justus, den Menschen, hatte ich vielleicht nicht die Kraft. Außerdem fürchtete ich den Tod. Und der saß mit am Tisch, Justus im Nacken.

Er ging schon wieder auf Jagd. Allein, mit Infusionsbeutel in der Jackentasche und Schläuchen aus dem Hals hängend. Und ich dachte: Siehste! Ich weiß schon, was ich an dir altem Scheißkerl liebe. Auch er: der gleiche Typ Pferd. Einer, der nicht liegen blieb, egal, was kam. Er war ein Jager. Wofür ein tatsächliches Auf-die-Jagd-Gehen gar nicht erforderlich war. Höchstens, dass es ein bisschen half. Weil es das Leben, den Tod und alles dazwischen in eine gewisse Perspektive rückte. Ich meinte: die richtige. Und wie viele triffst du von dieser Art schon? Aber wenn dir einer von ihnen über den Weg läuft, oh Mann, das ist ein Fest.

Was er an diesem Nachmittag zu sagen hatte, schrieb er auf einen Notizblock und Zettel, die er mir über den Tisch schob. Es waren einige. Und weil ich es komisch fand, hier die einzige mit einer Stimme zu sein, schrieb ich zurück. Das ging über zwei Stunden. «Ich will dir Henni zurückgeben», schrieb ich irgendwann. «Hast du Interesse?» Da weinte er wieder. Ich schrieb: «Ich brauche sie nicht wirklich. Ich gehe kaum noch auf Jagd.» Ich schrieb nicht: «Ich glaube, *du* brauchst sie wirklich. Nicht nur auf Jagd.» Vielleicht verstand sich das von selbst. Ein paar Wochen später kam er, um sie zu holen. Er konnte schon wieder sprechen. Im Tausch für den «Hund seines Lebens» brachte er mir einen Anhänger voll Heu. Das brauchte ich tatsächlich. Aber natürlich war das für eine wie Henni so gut wie nichts. Die Kinder brummten: «Er ist doch ein Räuber!» Und weinten: «Die arme Henni! Nun muss sie in einem Zwinger leben.» Aber ich ahnte schon: Wenigstens das war nicht wahr.

Er legte ihr eine dicke Decke in seinen Wintergarten, gleich am ersten Abend. Seine Frau hat es mir später erzählt. Am Telefon, kurz bevor ich nach Irland zog. Sie war noch immer fassungslos. «Ein Hund im Haus! Bei Justus! Und überhaupt, was der für ein Gewese um diesen Hund macht. Da herrscht ein ganz neuer Ton.» Sie hätte es nicht für möglich gehalten. Na, dachte ich, wer denn schon? Die meisten kannten ihn wohl nur als Scheißkerl, darauf legte er's an. Auf dem königlichen Wintergartenplatz ruhte Henni von nun an. Vorausgesetzt, sie und Justus hatten nichts Besseres zu tun. Was selten vorkam. Und das war gut so. Ich habe keinen von beiden je wiedergesehen. Ich nehme an, Henni hat mich, wenn überhaupt, nicht sehr vermisst. Sie hatte ja eine Aufgabe. Und einen Herrn, der nicht nur begriff, dass sie dafür lebte, an seiner Seite zu sein. Sondern auch ihre Leidenschaft für die Jagd teilte.

Bevor ich endgültig die Gewehre an Karl zurückgab, saß ich noch ein paarmal da, auf meinem Ansitz, im Staatsforst. In den Frühnebeln oder im Regen. Meist war ich allein. Und schon das war gut. War das Kind dabei, war es besser. Dann saßen wir gemeinsam dort oben, über Stunden, und schwiegen. Ich meine: Wann und wo spürt man dafür heutzutage sonst noch die Notwendigkeit? Ich schoss nichts. Nicht ein einziges Mal. Ich meine: Es ergab sich nicht die Gelegenheit. Aber vielleicht fürchtete ich ja auch nur zu sehr oder zu wenig den Tod.

KONTROLLE

IDAHO 2017

DIES ALSO IST MEIN ENDE. In wunderbar wilder Natur. Hinter einem, na ja, etwas weniger wunderbar wilden Mann. Wir krachen, jetzt zu zweit auf seinem Schneemobil, an der Kliffkante entlang. Durch den tiefen, von den paar Schneemobilen, die wer weiß wann vor uns hier fuhren, zerfurchten Schnee. Immer wieder drängt er uns aus der Spur, dicht und immer dichter an den Abhang heran. Vom Absturz trennen uns, bestenfalls, nur jeweils ein oder zwei Zentimeter. Es ist mitnichten so, wie Robert mir versichert hat. Das Schneemobil macht nicht «alles von allein». Der Schnee hat auch noch sein Wort. Und wie. Dagegen lehnt Robert mit aller Kraft an. Mal aus dem Sitzen. Öfter aus dem Stand. Ich lehne mit ihm. «So habe ich Schneemobilfahren gelernt!», hat Marilyn gesagt. «Auf dem Sitz hinter meinem Dad. Ich weiß, es sieht furchtbar gefährlich aus, aber glaub mir, mein Dad weiß, was er tut. Du musst einfach nur machen, was immer mein Dad macht. Dann bist du sicher.» Aber das Gesicht, dass sie dabei zog, war nicht beruhigend. Sie zog ein Gesicht, als täte ihr etwas schrecklich weh.

Noch knapp fünfzig Kilometer bis zu Roberts Fallen. Ich denke: Niemand, der nicht mit Robert Roman auf seinem Schneemobil mit hundert Sachen den Saint Joe River entlanggeknallt ist, hat auch nur einen blassen Schimmer, wie weit fünfzig Kilometer sind! Dass wir die niemals schaffen werden, ist keine Frage. Dass wir über diese Kante fliegen werden, ist keine Frage. Früher oder später. Ich denke: Mein Endzeitgefühl hat mich dieses Mal nicht getrogen. Ich werde Tony nicht wiedersehen. Ich werde niemanden wiedersehen. Und Robert wird meiner Enkelin kein Bild schicken können, wie ich in Sallys dicker, eigentlich zuverlässig warmer, nun aber tödlich mit Wasser vollgesogenen, original kanadischen Daunenjacke flussabwärts treibe. Als traurig-lustiger immobiler Daunenwasserballon. Denn: Wir werden beide dort unten treiben. In allerkürzester Zeit. Und entweder ist Robert das scheißegal, was ich für möglich halte, oder er weiß nicht, was ich mit hysterischer Sicherheit spüre: Gleich ist es so weit und mit uns zu Ende! Ich denke: Komisch, als es eben tatsächlich so weit war, spürte ich vor dem Absturz nichts. Kein grimmes Goodbye-Gefühl. Kein Apokalypse-Kitzeln. Im Gegenteil. Ich war glücklich. Und was bitte soll mir das jetzt sagen? Dass so ein Gefühl oder Nichtgefühl nichts zu sagen hat? Oder dass es diesmal nun wirklich ernst ist?

Wo ist Marilyn? Ich versuche, mich halbwegs umzudrehen, um nach ihr zu sehen, aber der nächste Schnee-Eis-Buckel auf der Piste katapultiert mich schon wieder vom Sitz. Ich krache zurück. Hänge seitwärts, über dem Schnee. Zieh, denke ich. Zieh dich doch endlich hoch! Und auch: Ach, komm, was soll's! Aber meine Hände suchen nach Halt, links und rechts vom Sitz. Haltegriffe hat diese verfluchte Kiste nicht. Meine Hände klammern sich, an was immer sie zu fassen bekommen. Metallstreben. Kunstleder. Ich ziehe. Mit aller Kraft. Bis ich sitze. Hinter Robert, dem Wahnsinnsmann. Bis zum nächsten Buckel. Ich habe das Visier des Helms hochgeschoben. Warum, weiß ich nicht mehr. Ich muss einen Grund gehabt haben. Robert, Marilyn, alle fahren hier mit hochgeschobenem Visier. Vielleicht war das mein einziger Grund. «Tu, was immer mein Dad tut, und dir wird nichts passieren.» Ach, Marilyn! Der Fahrtwind beißt in meinen Augen. Er schneidet in meine Wangen.

Mein Kopf mit dem Helm drum herum schlägt unkontrolliert gegen Roberts behelmten Kopf vor mir. Klong. Klongklong.

Die erste Falle, gleich links neben dem Highway, ist leer. Der Schnee über ihr und um sie herum ist unberührt. Robert bewegt mit dem Schuh sachte den Schnee zur Seite, um mir zu zeigen, wo er das Schnappeisen mit dem Köder versteckt hat. «Gleich neben einem Pissbaum.» Einem Ort, wo der Wolf mit erhobenem Bein sein Revier erklärt. Und von dem Robert darum sicher sein kann, dass er ihn regelmäßig aufsuchen wird. Wühlt der Wolf im Schnee oder Laub nach der Verlockung, löst er das Schnappeisen zuverlässig aus.

Robert gibt wieder Gas. Ich denke: Ich könnte doch glücklich sein, dass ich nun so ende. Hier draußen. An der frischen Luft. Die ich gleich nicht mehr brauchen werde. Dass ich nicht an einer den Körper und die Seele zerfressenden Krankheit lang und elendiglich dahinsiechen muss. In einem stickigen Krankenzimmer, in Kissen gebettet. In einem Sessel. Oder im Bett. Mein alter Cowboy ist so gestorben. Er litt seit Jahrzehnten an einem Lungenemphysem, bekam wenig und immer weniger Luft. Ein paar Jahre lebte er mit einem Sauerstoffpack auf dem Rücken und Schläuchen in der Nase. Das heißt: So hätte er leben sollen. Tat er aber meist nicht. Wohl trug er den Rucksack beim Frühstück, stieg aber ohne ihn auf die wildesten Pferde. Wenn's hart auf hart kam, kippte er da oben vornüber und stützte einen Unterarm schwer vor sich auf das Sattelhorn. Mit der anderen Hand hielt er noch immer die Zügel. Er schnaufte. Keuchte. Bekam trotzdem kaum Luft. Wir alle, die wir dastanden, dachten: «Au Scheiße, jetzt stirbt er!» Wenn dann einer von uns nach dem lebensrettenden Rucksack rannte und ihn rauf, zu dem Erstickenden, reichte, dann fuhr der grob mit der Hand durch die Luft. Mit einer Miene, die furchterregender war als sein Erstickungsanfall. Als wir beide einmal nebeneinander auf seiner Veranda saßen, sagte er: «Ich will da draußen sterben. Zu Pferd. Ganz sicher setze ich mich nicht in einen Sessel und warte, dass es passiert!»

Sechs Jahre später war es dann so weit. Er saß in dem gefürchteten Sessel. Aufs Pferd kam er bei allem Willen nicht mehr. Wayne, mein Cowboyfreund aus dem Süden Idahos, der für ihn arbeitete, hat es mir erzählt. Und auch, was das mit dem Alten machte: «Mann, wenn du denkst, du hast ihn grantig erlebt, dann sei froh, dass du ihn in seinen letzten Monaten nicht kanntest!» In einem stillen Moment zwischen ihnen sagte er zu Wayne: «Die sollten uns einen Schalter einbauen, Wayne. Den man einfach umklappen kann, wenn's vorbei ist.» Denn vorbei war es. Das, was er da für die letzten Monate in dem verfluchten Sessel durchmachen musste, war kein Leben mehr. Daran musste keiner sein Herz hängen.

Ich denke: Eigentlich liege ich ja ganz gern im Bett. Besonders im Winter. Und warum muss mir das erst jetzt einfallen? Wenn es zu spät ist? Robert bringt das Schneemobil an einer Abzweigung zu unserer Rechten zum Halten. Vor uns ist eine Brücke. Und irgendwo hinter uns, unsichtbar, unhörbar, ist Marilyn. «Verflucht!», sagt Robert. Wir haben nur noch wenig Zeit. Ich habe ihn schon zu viel davon gekostet. Mein «kleiner Stunt», wie er ihn nennt, hat ihn zu viel Zeit gekostet. Das Licht wechselt bereits ins Graugelbe. Kurz vor der Brücke hat Robert ein paar «Snares», Drahtschlingen, ins Dickicht gehängt. Er sagt, er hat sich viel über Wölfe und deren Verhalten angelesen. Mehr noch in den Wäldern gelernt. «Du kannst über etwas Bestimmtes lesen und es trotzdem nicht verstehen. Dann gehst du raus, in den Wald, und du siehst, wie die Wölfe sich benehmen, und denkst: ‹Aha!› Dann liest du es noch mal und hast es begriffen.» Zum Beispiel diese «Snares». «Idealerweise gerät ein laufender Wolf mit dem Kopf da hinein, die Schlinge zieht sich fest und schnürt den Blutstrom zum Gehirn ab. Er stirbt innerhalb von Minuten.» Vorausgesetzt, man hing die

Schlingen im Dickicht auf, wo der Wolf sie nicht sah, also nicht wusste, was ihn attackiert hatte. Dann tobte er ein bisschen sinnlos herum, und zack, das war's. «Hängst du sie aber im offenen Gelände auf, sieht er den Draht und geht ihn gezielt an.» Jetzt waren die Schlingen leer.

Ein paar Meilen hinter der Brücke hat er ein Schnappeisen aufgestellt. Da müssen wir hin. Wir können Marilyns Schneemobil hören, bevor wir es sehen. Robert winkt. «Hier entlang!» Wir biegen nach rechts und überqueren die Brücke. Der Weg dahinter ist nur ein Drittel so breit wie der Highway. Der Schnee tief und uneben. Rechts von dieser schmalen Buckelpiste gurgelt in der Tiefe ein Seitenarm des Saint Joe. Ich denke: Just wenn du glaubst, es kann nicht mehr schlimmer kommen! Robert dreht auf zu seinem üblichen Wahnsinnstempo. Das Schneemobil röhrt und pflügt und rutscht durch den Schnee. Robert wirft sich nach links und rechts und nach vorn. Er kämpft hier doppelt so hart um Kontrolle. Wir schlittern am Abhang entlang und fliegen über die Buckel. Meile um Meile. Bis sich der Weg weitet, Robert zu einem Bogen ausholt und stoppt. Die Falle am Wegrand ist leer. Und mir ist es scheißegal. Ich will nur noch runter von diesem Schneemobil-Ding. Will raus aus der gottverlassenen Fichtenwalddüsternis. Aber nicht auf dem Ding! Was unmöglich ist. Und ich bin fast bereit, über die Unlösbarkeit dieses Problems in Tränen auszubrechen, da fragt Robert: «Wo zur Hölle ist jetzt wieder Marilyn?» Wir lauschen. Kein Motorengeräusch. Nirgends.

«Warten wir einen Moment», sagt Robert. Und ich bin für jede Minute, die wir hier stehen können und nicht fahren müssen, dankbar. Obwohl ich besorgt sein sollte. Denn Marilyn kommt nicht. «Okay», sagt Robert schließlich und wendet das Schneemobil. «Wir müssen eh zurück zum Truck. Ich hoffe, sie liegt nicht im Fluss.» Und auf geht's. Zurück auf dem Weg, auf dem wir gekommen sind. Aber Marilyn ist für lange Zeit nirgendwo. Und als wir ihr endlich begegnen, an einer Riesenschneewehe, ist sie in Tränen aufgelöst. Sie hat das Schneemobil in die Wehe gekracht. Und es nicht mehr herausbekommen. Sie hat gezogen. Gezerrt. Gas gegeben. Das Schneemobil röhrte, aber rührte sich nicht. «Das ist gar nicht das wirklich Schlimme», schluchzt sie. «Das Schlimme ist, dass ich dieses Bild nicht aus dem Kopf kriege, wie Antje über die Klippe fliegt!» Die Erinnerung an meinen urkomischen Beinahe-Hemingway-Moment bringt Marilyn zum Weinen. Und Robert, der Ärmste, steht fassungslos da und sieht aus, als wolle er jeden Moment sagen: «Du liebe Zeit, nun reicht's mir bald wirklich!»

Wir müssen zurück zum Highway. Zum Truck. Ich denke: Wer weiß, was sich in der zunehmenden Dunkelheit bereit macht, *uns* zu fangen. Aber Robert hat ja seine Knarre. Er ist der beste Jäger in diesen Wäldern. Ein Jager. Der erfolgreichste Wolfs-Trapper in Idaho. Vielleicht in den Vereinigten Staaten überhaupt. Wie lange hat er gebraucht, dieser Jager und Trapper zu werden? «Oh», sagt er. «Ich bin damit noch nicht durch. Ich habe längst nicht genug gelernt.» Als Siebenjähriger stellte er seine ersten Fallen auf. Er fing darin Eichhörnchen. Als Futter für seine Katzen. Später fing er Kojoten. «Die sind ähnlich drauf wie die Wölfe.» Fünfzig Jahre sind seit diesem ersten Fallenstellen vergangen. Er hat seitdem sein Leben in den Wäldern hier verbracht. «Je öfter und länger du dadraußen bist, umso mehr lernst du.» Er überlegt. «Ich weiß nicht, vielleicht gibt es Leute, die so etwas wie eine natürliche Ader für die Jagd und das Fallenstellen haben. Etwas, das sie mehr befähigt als andere. Vielleicht versetzt die Art, wie sie denken und fühlen, sie in die Lage, Dinge zu registrieren, die anderen verschlossen bleiben.» Er lacht. «Na, vielleicht ist es auch nur verfluchtes Glück. Aber ist gut, wenn man's hat.» Und weil ich an Glück noch weniger glaube als er, frage ich: «Was, glaubst du, ist es, das manche Menschen besser sein lässt?» Er zögert nicht einen Augenblick mit der Antwort: «*Verlangen!* Du brauchst *Verlangen*, um zu erreichen, was du erreichen willst. Ganz gleich, wie hart es ist und wie lange es dauert, du musst es *wollen*. Mit jeder Faser deines Seins.» Und darum gilt: «Der Tag, an dem ich sterbe, das wird der Tag sein, an dem ich ausgelernt habe.»

Der wahre Superräuber ist der Mensch. Er kann nicht nur die Alten und Schwachen erbeuten. Er reißt nicht nur die Jungen und die Verirrten. Er kann, dank seiner hoch- und immer höher entwickelten Waffen, alles erlegen, was er erlegen will. Jede begehrte Beute machen. Und das tut er auch. Der Mensch ist das erfolgreichste Raubtier der Welt. Er hat die Kontrolle.

Und genau das ist es, was ich mir wünsche auf diesen grässlich endlosen Meilen. In diesen endlosen Horrorstunden. In denen ich verdammt bin, hinter Robert auf seinem Schneemobil durch die Wälder zu rasen. Das ist es, was diese Fahrt und ihre Haarscharf-an-der-Kante-Momente so verdammt schrecklich macht. Weit schrecklicher als meinen tatsächlichen Absturz. Woran ich, an Robert geklammert, leide, ist der Verlust von Kontrolle. Die will ich zurück. Will nicht länger Beifahrer, Mitfahrer sein. Ich will mein eigenes Schneemobil steuern. Wenn's sein muss, über den Abhang. Selbst das erscheint mir tröstlicher als dies hier: zwischen Leben und Tod sein und nichts tun können. Ausgeliefert sein. Einfach nur ertragen müssen. Das ist die Hölle.

HÖHENFLUG

WIR FINGEN AN JENEM gottverfluchten Tag am Saint Joe River nichts. Keinen einzigen Wolf. Wir machten auch sonst keine Beute. Was für einen Tag auf der Jagd normal war. Zu Tony sagte ich später: «Das Einzige, was Robert an diesem Tag um ein Haar erwischt hätte, war ich.» Weil ich mich daran erinnert hatte, wie wir nach meinem Absturz nebeneinander an dem Abhang standen, Robert und ich, und auf das Exschneemobil unter uns starrten und wie Robert abwägend zu mir herübersah und wieder zurück, auf das Schwimmmobil, sich das Kinn rieb und schließlich bedächtig sagte: «Hm, das hat nicht geklappt.» Ich dachte: Das ist hoffentlich ein Witz. Aber ich lachte trotzdem.

Wir fingen nicht einmal einen Puma, den ich am Schwanz hätte halten können, bis Robert am vorderen Ende mit seinem Jackenzauber und der großen Pfotenbefreiungsaktion fertig gewesen wäre. Davon hätte ich Magda gern mal ein Bild geschickt. Das allein wäre es wert gewesen, einen leibhaftigen Puma am Schwanz zu halten. Nun aber gab's nur Bilder von mir, wie ich heulend am Abhang hockte. Die Bilder bekam ich nie zu sehen. Die sah nur, wer in Roberts Facebook-Familiengruppe war. Allein an der Zahl *seiner* Kinder und Enkelkinder gemessen, mussten es schon Tausende sein.

Weil Robert und natürlich auch seine Tochter katholisch waren, fingen sie auf dem Rückweg im Truck an zu beten. Zum Dank. Für mich. Die hier wunderlicherweise noch im Truck saß und Brote aß, statt in schwarzes Plastik geknotet auf der Pritsche des Trucks nach Hause gefahren zu werden. Selbst für einen wie Robert war das gleichbedeutend mit einem Wunder! Hier konnte nur die Mutter Maria persönlich ihre heiligen Hände im Spiel gehabt haben. Davon war dieser knallharte Kerl überzeugt. Sie beteten mir zu Ehren den Rosenkranz. Was eine besonders ausgeprägte Form der Gebetsfolter ist, weil extralang und monoton. Die Katholiken sind in dieser Disziplin Experten. Und der Rosenkranz ist ihr Gebetsfolter-Spitzenprodukt. Ich weiß das, weil auch ich katholisch aufgewachsen bin. Den Rosenkranz mitbeten konnte ich trotzdem nicht.

Robert fragte vorher höflich, ob mir das mit dem Beten recht sei. Aber was konnte ich schon groß sagen, ich war ja die von Maria großzügig Gerettete. Und es war nicht mein Truck. Ein Apostolisches Glaubensbekenntnis, ein paar «Ehre sei dem Vater» und unüberschaubar viele «Vaterunser» und «Ave Marias» später sagte Robert, er wolle mal besser seinen Onkel anrufen. Den Mann, dem das Schneemobil, das jetzt im Fluss trieb, gehörte. Offenbar fühlte er sich gestärkt. Ich dachte: Vielleicht hat er die Rosenkranzbeterei doch nicht allein zu meinen Gunsten auf sich genommen. Das war okay. Robert wählte also und stellte zu unser aller Unterhaltung das Telefon im Truck laut. Der Onkel klang gleich von Beginn an ein bisschen auf der Hut. Es war schon spät. Und sicher kannte er seinen Neffen.

«Ray?», fragte Robert speziell munter. Und lachte. Auf eine Art, die den Onkel hörbar noch mehr auf die Hut brachte.

«Jaaa?», fragte der, mit aller gebotenen Vorsicht.

«Ähm – mit deinem Schneemobil ist alles in Ordnung...»

«Ja...?»

«Dank einer sanften Landung im Fluss!»

«Oh... na ja.»

«Wir haben es aufs Ufer gezogen. Und da sitzt es nun. Ist angebunden. Morgen kommen Mark und Chris mit raus, und wir ziehen es mit der Winde den Abhang hoch, zurück auf den Highway. Chris wird das Öl ablassen, und sicher ist auch Wasser reingekommen. Aber wir trimmen es dir wieder perfekt hin.»

«Wer ist denn baden gegangen?», wollte der Onkel wissen.

«Ich nicht!», schrie Marilyn.

«Nein, nicht Marilyn. Es war die Ukrainerin.»

«Na, ist egal, um mein Schneemobil mache ich mir keine Sorgen.»

«Das Schneemobil ist okay. Und sie ist okay. Nicht ein bisschen verletzt. Und verflucht, das ist ein langer Weg diesen Berg runter!»

«Was zur Hölle ist denn passiert?!»

Robert wandte sich an mich: «Würdest du ihm das gern erklären?» Er lachte. Sagte zum fernen Onkel: «Nun, sie fuhr da lang, schön konzentriert, und ganz plötzlich kriegt dieses Schneemobil seinen eigenen Kopf und saust geradewegs über die Kante.» – «Na», sagte der Onkel. «Ich liege schon im Bett. Erzähl mir die Geschichte lieber ein andermal.» Und das war es für ihn. Und ich war froh.

Am nächsten Tag fuhr Tony mit Robert raus, das Schneemobil bergen. «Eigentlich solltest du auch mit rausfahren!», sagte Tony. «Hast es ja in den Fluss geflogen. Da solltest du es auch wieder rausholen helfen.» Aber er meinte es nicht böse. Und dass ich mich nicht noch einmal auf ein Schneemobil setzen wollte, nicht entlang des Saint Joe River, und schon gar nicht hinter Robert, konnte er vielleicht schon am Morgen, bevor er mit ihm rausfuhr, ein bisschen verstehen. Abends, nach seiner Rückkehr, verstand er es wie sonst keiner. Er kam so spät heim, dass seine Tochter, während wir warteten und immer länger warteten, ein paarmal sagte: «Ich sag's dir: Mein Vater liegt im Fluss!» Über diese Wahrscheinlichkeit, die sie offenbar schon für gegeben hielt, schien sie nicht weiter besorgt. Sie waren Kummer, oder wie sollte man das nennen, mit ihm gewohnt. Tony war in Vietnam zweimal mit seinem Helikopter aus dem Himmel geschossen worden. Und hatte das überlebt. Was anderes war wohl auch in Bezug auf einen potenziellen Mördertrip mit Robert entlang des Saint Joe River, in dem er jetzt höchstwahrscheinlich lag, nicht von ihm zu erwarten.

Es zog ihn mit seinen vierundsiebzig Jahren auch noch immer in jedem Herbst raus, ins Jagdcamp. Mit seinen Pferden, Packmulis, Jagdkumpels, mit allem Drum und Dran. «Ohne diese Wochen im Jagdcamp ist Tony für den Rest des Jahres nicht zu genießen», sagte seine Frau. Das wusste sie so genau, weil er neulich mal nicht ins Jagdcamp hatte ziehen können. Wegen einer Albernheit mit seinem Herzen, die er liebend gern ignoriert hätte, aber an der sich sein Arzt festbiss. Und die er darum nicht länger ignorieren konnte. Verflucht. Das Jahr, das folgte, war dann ein ungenießbares Jahr gewesen. Immerhin fuhr er jetzt einmal in der Woche zur Herzgruppe und setzte sich da brav eine Stunde in den Kreis alter Leute. Umso dringender brauchte er sein Camp. Da ließ sich nicht drüber streiten.

Im Vorjahr war er auf Jagd in der Dämmerung über eine Klippe getreten und in die Tiefe gestürzt. Ein paar Meter unterhalb hielt ein schmales Plateau seinen Sturz auf. Da lag er dann, in der zunehmenden Kälte und Dunkelheit, konnte nicht hoch, zurück auf den Berg, und nicht runter. Die Freunde, mit denen er an jenem Abend losgezogen war, hatte er längst irgendwo in den Wäldern verloren. Als er im Alleingang einem Hirsch gefolgt war. Jetzt dirigierten sie, mit seiner Hilfe, über das Handy einen Rettungshubschrauber zu seiner Absturzstelle. Als der zu ihm abgeseilte Sanitäter ihn an sich binden und mit hochziehen lassen wollte, sagte Tony: «Nein!» Er kannte Hubschrauber zur Genüge.

Er wusste, welche Gefahren einem mit ihnen drohten. Unter keinen Umständen hängte er sich unter so ein Ding und ließ sich von ihm nach oben ziehen! Tat er dann aber nach einer angemessenen Zeit des Zeterns natürlich doch. Er war ja nur mit Erfahrung geschlagen, nicht mit Blödheit.

«Robert aber», rief Tony, nachdem er von der Bergungsaktion dann tatsächlich heil heimgekehrt war, «der ist verrückt!» Und zwar: komplett! Das wisse er jetzt. «Du liebe Güte, der knallt da die Kliffkante lang wie ein Berserker! Mit mindestens hundert Sachen! Nie würde ich mich hinter den setzen und mit ihm fahren!» Gott sei Dank hatte Robert ihm ein eigenes Schneemobil mitgebracht. Auf dem fuhr Tony ihm hinterher. Aber nicht in Roberts Tempo. «Bin ich wahnsinnig!», rief Tony. Was keine Frage war. *Er* war es nicht. Und weil er das wieder einmal bewiesen hatte, glühte er vor Glück. Aber nicht nur deshalb. Stacey lehnte sich zu mir herüber. «Lass dir nichts vormachen. Mein Dad ist heilfroh, dass du ihm einen Grund geliefert hast, mit dem bekloppten Robert da rauszufahren.» Er lebe für solche Momente. «Überhaupt ist er dir von ganzem Herzen dankbar für diese Geschichte.» Schon dieser Geschichte wegen sei ich in seinem Haus nun auf ewig und jederzeit willkommen! Was auch mir selbstverständlich eine Freude war. Kehrt doch jeder gern an den Ort seines Beinahe-Verderbens zurück! Zu den paar speziellen Menschen, die Teil deines Dann-doch-nicht-Verderbens waren. Ich meine: Nirgendwo und mit niemandem feierst du passender das Fest des Lebens. Denn darum ging es doch hier. Darum ging es immer. Vor allem, in allem.

Ich musste an Hanne denken, die eine große Freundin des Lebens gewesen war, und wie wir einmal über jenes unerhörte Gefühl sprachen, das uns bisweilen befiel. Wir nannten es: «diese seltsame Lust zu springen». Ich hatte mich erinnert, wie ich einmal auf der Besucherplattform der Dresdner Frauenkirche stand, vornübergebeugt am Geländer, die Finger um das warme Metall gekrallt, und in die Tiefe starrte. Es war Mitte August. Wolkenlos, sonnenheiß. Kein Wetter für dunkle Gefühle. Mich drückte kein Unglück. Ich litt nicht unter Depressionen. Ich spürte nur einfach den Drang, meine Finger von dem Metall zu lösen, auf das Geländer zu steigen und jenen Schritt ins Leere zu tun. Das war's.

Ich hatte keine Erklärung für dieses Gefühl und die Regelmäßigkeit, mit der es mich befiel. Stand ich auf Türmen, Brücken, Klippen, wollte ich mich, ziemlich oft, hinunterstürzen. Nein, nicht ich. Etwas in mir wollte sich hinunterstürzen. Ich griff es in letzter Sekunde und riss es zurück. Das bekannte ich meiner Freundin. Und dass ich fürchtete, dass einmal der Tag kommen würde, an dem ich es nicht mehr rechtzeitig erwischte. Von Türmen, Brücken und Klippen in eine metertiefe Leere starrend, empfand ich mich als Gefahr. Dieses Gefühl äußerte sich auch an anderen Stellen: Mal war es die Lust, meine Geldbörse mit den letzten zweihundert Euro und der Kreditkarte von der Brücke zu werfen. Mal presste ich die Lippen zusammen, damit ich zu dem netten Bankangestellten oder einem Geschäftspartner nicht «Du Wichser!» sagte. Die Konsequenzen wären gewiss ähnlich furchtbar, sagte ich zu Hanne. Fast so, als fiele ich aus siebzig Meter Höhe. Sie stieß einen kleinen Schrei aus, vor Wiedererkennenslust. Für den Augenblick fühlten wir uns beide erleichtert. «Was ist das?», rief ich. Sie wusste es nicht. Einmal habe sie eine Psychologin gefragt. Aus Sorge. Die Psychologin habe sie beruhigt: «Ein verbreitetes Phänomen. Vollkommen ungefährlich. Wer den Drang fühlt, zu springen, tut es nicht.» Ein Jahr später war meine Freundin tot. Von ihrem Dachbalken in eine lachhafte Tiefe gesprungen, mit dem Pferdestrick um den Hals. Ich dachte: «Den Psychologen ist nicht zu trauen.»

Jahre später las ich: Das Gefühl hatte nicht nur uns beschäftigt.

Wissenschaftler in Florida hatten diesem Drang einen Namen gegeben: «High Place Phenomenon» (HPP). Höhenphänomen. Die Psychologiedoktorandin Jennifer L. Hames hatte mit Kollegen ihre eigenen Erfahrungen mit dem Gefühl diskutiert. Sie hofften, Sigmund Freuds Theorie erhellen zu können, dass manche Menschen einen starken Todeswunsch hegen. Und dass manche Selbstmorde im Affekt geschehen. Ohne jede Vorwarnung, ohne Anzeichen von Depression. Die Forscher fragten 431 Psychologiestudenten: «Wie oft erleben Sie das Phänomen? Wie sensibel sind Sie gegenüber Ihren Ängsten und deren Begleiterscheinungen wie Zittern, Herzrasen, Atemnot?» Denn schon diese können von demjenigen, der sie erfährt, als Gefahr gedeutet werden. Ein Drittel der Befragten gab an, wenigstens einmal den Sog in die Tiefe gespürt zu haben. Zwar bekannten sich Teilnehmer, die schon einmal daran gedacht hatten, sich das Leben zu nehmen, häufiger dazu, doch kannte auch über die Hälfte derjenigen, die nie mit dem Gedanken an Selbstmord gespielt hatten, den Sog. Das Höhenphänomen war in beiden Gruppen gleich weit verbreitet.

Die Forscher fanden einen Zusammenhang zwischen HPP und der Sensibilität der Befragten gegenüber ihren Ängsten: Letztere nahm bei akutem Selbstmordwunsch ab. Tatsächlich war die Verbindung zwischen HPP und dem eigenen Angstbewusstsein bei denjenigen Teilnehmern am stärksten, die nie oder kaum je mit dem Gedanken gespielt hatten, sich selbst zu töten. Es sah aus, als habe die Psychologin damals doch recht gehabt: Wer Angst hat, er könne springen, tut es nicht. Jedenfalls nicht in Florida.

Zur Erklärung entwarfen die Forscher ein Szenario: Eine Person mit starker Verbindung zu ihren Ängsten lehnt sich über den Rand des Grand Canyon. In einer extrem schnellen Reaktion auf die körperlichen Anzeichen ihrer Furcht zwingt ihr Überlebenstrieb sie, vom Canyon-Rand zurückzuweichen. Wenn die Person sich dann aus sicherer Distanz die Kante anschaut, erkennt sie, dass diese stabil ist und sie selbst nie in Gefahr war. Ihr Gehirn sucht daraufhin nach einer Antwort auf die Frage: «Warum bin ich zurückgewichen, wenn es doch sicher war?» Ihre logische Schlussfolgerung ist: «Ich muss versucht gewesen sein, zu springen.» Jennifer L. Hames veröffentlichte ihre Studie unter dem Titel: *Der Drang, zu springen, ist der Beweis für den Drang, zu leben.* Ich las das und verstand: Ich war für mich keine Gefahr. Im Gegenteil. Ich hatte das instinktive Bedürfnis, mich in Sicherheit zu bringen, als einen Sog in die Tiefe missdeutet. Ich wollte nicht springen, würde nicht springen. Mein vermeintlicher Drang, zu springen, war also ein Missverständnis. Er bedeutete genau das Gegenteil: meinen extrem ausgeprägten Willen zu leben. Ich dachte: Hätte das bloß mal einer Hanne rechtzeitig gesagt!

Und ich war nicht etwa mit Todesabsicht hinaus in die Wildnis gestiefelt und über den Abhang gesaust. Ich war nur einfach nicht gut im Schneemobilfahren. «Vertrau mir», sagte Tonys Tochter. «Diese verfluchte Geschichte wird mein Dad noch in zehn Jahren jedem erzählen.» Sie hatte recht: Zwar sind noch keine zehn Jahre vergangen, aber Tony erzählt noch immer und überall diese verfluchte Geschichte. Nämlich: was die Ukrainerin für ein Schweineglück gehabt hatte, dass sie nicht in einer Metallbox nach Hause geflogen werden musste. «Man muss dort gewesen sein! Man muss es *gesehen* haben, um das irre Glück dieses Mädchens zu begreifen!», ruft Tony immer wieder. Zweihundert Meter! Wusch, mit dem Schneemobil über die Kante und dann die Klippe hinunter und *nicht* im reißenden River gelandet und elendiglich ersoffen! Nicht einmal einen Kratzer! Chapeau!

Zwei Tage später schickte er mich dann doch noch mal auf die Jagd. Mit dem Schneemobil. Aus Fürsorge und rein therapeutischen Gründen: «Damit du nicht ein Leben lang Angst vor dem Schneemobilfahren haben musst!» In alter Katholikenmanier dachte ich: «Au Backe, wir fordern das Glück hier vielleicht ein bisschen zu sehr heraus …» Und dass Tony es womöglich auf meine Kosten herausforderte, wegen der möglichen, tollen Geschichten. Aber er schickte mich nicht mit Robert los. Sondern mit einem anderen Trapper und dessen Frau. «Das sind ganz vernünftige Menschen», versprach Tony. Und das waren die beiden wirklich, glaube ich zumindest. Sie nahmen stets ihre siebenjährige Enkelin mit auf die Jagd. Wenn die mal nicht hinter dem Großvater auf dem Schneemobil saß und mit ihm in der Werkstatt ihre selbsterlegten Wölfe, Bobcats und Stinktiere häutete für den nächsten großen Fellverkauf irgendwo, ging sie im Haus auf Großwildjagd: «African Safari», so hieß ihr Lieblingscomputerspiel.

Das Trapperpaar, seine Enkelin und ich, wir fuhren nie schneller als fünfzig Sachen. Kein Abhang und kein reißender Fluss weit und breit. Nur schönster, tiefverschneiter Wald, wie ich ihn seit Kindertagen nicht mehr gesehen hatte. Und während wir nahezu gemächlich durch diesen Zauberwald brummten, von einer Wolfsfalle zur nächsten, briet das liebe Schneemobil für uns Würstchen: Die hatte das Trapperpaar in einer Aluschale unter die Haube auf den Motorblock geklemmt. Machten sie immer so. War das Highlight ihrer Fahrten. Immerhin, denn natürlich fingen auch wir drei hier nichts. «Liegt zum Teil sicher am verfluchten Wetter», sagte der Trappermann. «Der Schnee und Schneeregen und der Wind der vergangenen Tage. Da liegen die lieber an einem geschützten Ort und warten auf bessere Zeiten. Genau wie die Hunde zu Hause.» Den letzten Wolf hatte er hier vor nicht ganz drei Wochen gefangen. Und drei Wochen in etwa brauchten sie, um ihren Streifzug durch ihr Revier zu komplettieren, ihre Runde durch die rund fünfunddreißig Quadratkilometer zu ziehen. Für den Trapper hieß das: Erst in ein paar Tagen konnte er einen Wolf in einer der Fallen erwarten. Und selbst dafür gab es keine Garantie. Was du dagegen machen kannst? Nichts. Du jagst mit der Natur, nicht gegen sie. Was bedeutet: Öfter, als dass du etwas fängst und schießt, fängst und schießt du nichts. Das ist normal. Zumindest für einen Jager.

Ich finde: Wer einfach mal eben schnell etwas über den Haufen schießen will, aus Mord- oder sonstwelchen Gelüsten, der muss sich ein anderes Hobby suchen. Und wer glaubt, dass es andere nur aus solchen Gründen auf die Jagd hinauszieht, der soll selbst hinausziehen. Nur mal so, probeweise. Und gucken, wie viel Schießbares ihm vor die Flinte läuft. Er kann ja nur gucken. Muss ja nicht abdrücken. Wenn er nicht will.

Natürlich bekam auch das Trapperpaar mit den Würstchen die tolle Geschichte von Tony zu hören, sie war damals ja gerade erst zwei Tage alt. Die beiden waren überrascht. Nur anders als von Tony erwartet. Die Trapperfrau rief: «Aber die Roman-Brüder sind *komplett wahnsinnig*, Tony! Das weiß doch *jeder*! Wie konntest *du* es *nicht* wissen?!» Der Trappermann lachte. «Da war auch mal was mit einem Flugzeug. Mit dem bekamen sie nicht genug Auftrieb und krachten in eine Scheune. Aber ich glaube, das war Roberts Bruder.» Und ich konnte noch schnell zum Besten geben, wie Marilyn, Roberts Tochter, ihn nach dem Rosenkranzbeten gefragt hatte: «Dad, als ich so ungefähr drei Jahre alt war und oben auf dem Berg bei dir vorn mit auf dem Schneemobil gefahren bin, bist du da wirklich so haarscharf dicht an die Klippe mit mir herangefahren, wie ich glaube, das in Erinnerung zu haben? Oder kam mir das in meiner Angst damals nur so vor?» Der Trapperfrau entfuhr ein kleiner Schrei. «Na, jetzt bin ich ja über ihn im Bilde», brummte Tony.

Aber natürlich gab er sich nicht so leicht geschlagen. Sagte später, schon wieder strahlend, zu mir: «Weißt du, es hätte noch tausend Mal schlimmer ausgehen können! Stell dir nur vor, das wäre im Sommer passiert! Und es hätte *kein* Schnee gelegen, der deinen Fall gebremst hätte! Was *dann* passiert wäre.» Und ich stutzte, für einen Augenblick, dann sagte ich: «Aber Tony, wenn kein Schnee gelegen hätte, wären wir doch auch nicht Schneemobil gefahren.» – «Hm», sagte er zögerlich. «Das ist wahr.» Er klang enttäuscht. Ich konnte ihn bestens verstehen.